マリアナ基地 B29部隊の爆撃目標
市街地空襲の目標となった都市

米　軍　資　料

日本空襲の全容

SUMMARY OF XXI
BOMCOM MISSIONS／
RESUME 20TH
AIR FORCE MISSIONS

マリアナ基地 B29部隊

新装版

小山仁示訳

SUMMARY
OF XXI BOMCOM MISSIONS

東方出版

まえがき

1．原資料について

　本書は、マリアナ基地(サイパン、テニアン、グアム)のアメリカ陸軍航空軍B29
部隊の「作戦任務要約」(Mission　Summary)と「作戦任務概要」(Mission
Resume)を翻訳したものである。翻訳に当たっては、大阪国際平和センター(ピ
ースおおさか)所蔵のマイクロフィルムを利用した。1981年8月設立の大阪府平和
祈念戦争資料室は、設立準備段階において、ワシントンの国立公文書館から「戦
術作戦任務報告」(Tactical Mission Report,「戦術任務報告」「作戦任務報告書」
などとも訳されている)をはじめ、多くの空襲関係資料のマイクロフィルムを入手
した。これらのマイクロフィルムは、1991年9月開館の大阪国際平和センターに
引き継がれた。このなかに、「作戦任務要約」「作戦任務概要」が存在するのであ
る。
　マリアナ基地のB29部隊による日本本土空襲については、「戦術作戦任務報告」
が極めて重要な資料であり、各地の空襲を記録する運動の団体・個人や自治体
史・資料館関係者がこれに着目するようになって久しい。おかげで、空襲に関す
る日本側資料の空白部分を埋め、さらには日本側の伝聞・憶測の誤りや軍発表の
虚構を克服できるようになった。しかし、「戦術作戦任務報告」はなにぶん大部
なものであり、てがるに読めるというようなものではない。これに対して、本書
に収録した「作戦任務要約」「作戦任務概要」は、作戦任務(Mission)ごとに作
成されており、箇条書きの至極簡潔な短文のなかに、日付、コード名、第1目標、
参加部隊、出撃爆撃機数、第1目標爆撃機数、第1目標上空時間、攻撃高度、目
標上空の天候、損失機数、さいごに作戦任務の概要として爆撃成果、日本側の対
空砲火、日本機の迎撃、平均爆弾搭載量、平均燃料残量などが記されている。
1945年6月1日(作戦任務187号)から書式が変わり、爆弾の型と信管、投下爆弾ト
ン数、および文書作成の日付が記載されるようになった(コード名はこれ以前から
記載なし)。なお、「作戦任務要約」(Mission Summary)と称したのは、マリア
ナ基地のB29部隊が第21爆撃機軍団(XXI Bomber Command)と呼ばれていた時
期であり、1945年7月15・16日の作戦任務第270号までである。アメリカ陸軍戦略

— 1 —

航空部隊の編成替えによって、B29部隊は第20航空軍（20th Air Force）として改編されたために、7月16・17日の第271号からは「作戦任務概要」（Mission Resume）と称するようになった。

　本土空襲の「戦術作戦任務報告」の存在が私たちに知られているのは、作戦任務第26号の1945年2月4日神戸市街地空襲の報告書からである。作戦任務第1号から第25号までの「戦術作戦任務報告」は、私たちには不明なのである。さらに、第27・28・30・31・32・33・35・36号と断続的に欠落している。欠落の理由は、次のとおりである。この段階では、サイパン・アイズリー（Isley, イスレイ）飛行場の第73航空団とテニアン北飛行場の第313航空団という複数の航空団が共同作戦を行った場合に、広い範囲に報告書を配付したようである。2月4日神戸空襲の「戦術作戦任務報告」のまえがきには、「これ以前の攻撃は、正式報告（formal report）を必要とする作戦ではなかったし、単独の爆撃航空団によって遂行されたので、その報告は限定された配布先にのみ受理されていた」と記されている。「これ以前の攻撃」のすべてが「正式報告を必要とする作戦ではなかった」とは到底思えないが、配布先が限定されたために、現在の私たちに知られていないものと思われる。これら「戦術作戦任務報告」の欠号分は、本書収録の「作戦任務要約」で補うことができる。

2．用語の定義

　「作戦任務要約」「作戦任務概要」に記されている用語については、可能な限りアメリカ軍の規程を参考にして訳し、または説明した。たとえば、作戦任務第14号に出てくるTB29についての **［訳者注］** での説明は、TB29についての規程（REGULATION 15-110, 1945.1.18）などによっている。爆撃成果については、「投下弾」メッセージ（"Bombs Away" Message REGULATION 100-26, 1945.2.2）により、次のように訳した。

Excellent：meaning, pattern centered on aiming point
甚大　　　　　　　　　（投弾は照準点に集中）
Good：meaning, few hits on aiming point
多大　　　　　　　　　（照準点にほとんど命中せず）
Fair：meaning, hits in the target area（no hits were observed on aiming point）
良好　　　　　　　　　（目標地域に命中、照準点に命中せず）

Poor：meaning, missed the target area

僅少　　　　　　　（目標地域に命中せず）

Unobserved

未確認

1945年8月5日付の第20航空軍司令部の12ページからなる「用語の定義」（Definitions of Terms）は重要である。本書と関連のある部分と私が使った訳語を次に記す。

(1)初期の作戦任務に出てくるShakedown Missionを、私は訓練爆撃のための作戦任務と訳した。次のように定義されており、訓練爆撃が最も適当と思ったからである。

Shakedown Mission：A mission flown for training purposes against enemy-held islands outside the Marianas and on which enemy antiaircraft or pursuit interception is possible.（作戦任務第1号の［訳者注］の箇所に訳文を記載）

(2)Non-effectiveは無効果出撃と訳した。主要目的（primary purpose）を達成できなかった出撃機、つまり臨機目標（Target of Opportunity）への投弾もなかった出撃機と考えるとよい。

Non-effective Sortie：A sortie which for any reason fails to carry out the primary purpose of the mission is considered non-effective.

(3)Attackは敵機すなわち日本機による攻撃（迎撃）を指す。敵機が味方機に機関銃または機関砲の射撃を開始；敵機が味方機にロケット物体または空中爆弾を発射；射程内で味方機が敵機に射撃を開始；敵機が味方機に体当たりを試みる。

(4)Claims of Enemy A/C: claimは、攻撃、機銃掃射、爆撃の結果、敵機に損害を生じたとき行われる。したがって、No claims.は「敵機に与えた損害の申告なし」となる。

Destroyedは撃墜。地上では破壊。Probably destroyedは不確実撃墜。地上では不確実破壊。Damagedは撃破。地上でも撃破。

(5)Anti-Aircraft Fire：日本軍の対空砲火

　a.Heavy AA Fire：重砲

　　口径75㎜から150㎜の大口径・高射砲（AA gun）。通常、時限信管弾を発射。曳光弾を伴わない大きな爆発（large burst）により識別。

　b.Medium AA Fire：中口径

— 3 —

口径20㎜から50㎜の中口径・高射機関砲(automatic weapon)。通常、着発信管曳光型弾(percussion fused tracer type projectiles)を発射。

通常、自爆曳光弾(tracer with self-destruction burst)により識別。

c.Light AA Fire：小口径

口径7.7㎜から13.2㎜の小口径・高射機関銃(AA machine gun)。通常、曳光弾を発射。爆発しない曳光弾(tracer without burst)により識別。

(6)対空砲火の確度と弾量(Accuracy・Amount of Fire)

a.重砲(高射砲)

確度

Accurate：正確

すぐ近くで爆発、そのために飛行機に命中、または振動、あるいは砲弾の爆発音が聞こえた。

Inaccurate：不正確

危険空域(danger area)の向こうで爆発。

弾量

Meager：貧弱

1秒当たり2回より少ない爆発。(Less than 2 bursts per second.)

Moderate：中程度

1秒当たり2回から5回の爆発。

Intense：激烈

1秒当たり5回を超える爆発。

b.中口径(高射機関砲)と小口径(高射機関銃)

確度

Accurate：正確

すぐ近くに曳光弾の流れ(tracer streams)、または命中。

Inaccurate：不正確

かなり離れた所に曳光弾の流れ、そして命中せず。

弾量

Meager：貧弱

4基より少ない火器が応戦。(Less than 4 weapons in action.)

Moderate：中程度

4基ないし12基の火器が応戦。

— 4 —

Intense：激烈

12基を超える火器が応戦。

　日本軍機の迎撃の程度についての表現はさまざまであり、次のように訳した。

heavy＝強烈、strong＝強力、light＝軽微、slight＝微弱、weak＝薄弱。

(7)爆撃高度（Bombing Altitudes）は、1945年5月11日付けCOMAF 20によって次のように定義されている。

Minimum altitude：0-900フィート．　　超低高度

Low altitude：900-8,000フィート．　　低高度

Medium altitude：8,000-15,000フィート．　　中高度

High altitude：15,000-25,000フィート．　　高高度

Very High altitude：25,000フィート以上．　　超高高度

3．目標について

Primary Targetは第1目標と訳した。第1目標に、Visual Target（目視目標）とRadar Target（レーダー目標）が別個に指定されている場合は、第1目視目標の気象条件が悪いときに第1レーダー目標を攻撃せよということである。

Secondary Targetは第2目標、Last Resort Targetは最終順位目標と訳した。

Target of Opportunityは臨機目標と訳した。機体の不調、飛行条件、搭乗員の過失などで指示された目標を攻撃できない場合、臨機に目標を定めて投弾したことをいう。

本書収録の「作戦任務要約」「作戦任務概要」において目標が複数列挙されている場合は、優先目標と予備目標の両方、または予備目標だけが爆撃されたことが多い。

4．航空団について

Bombardment Wingは航空団と訳した。第73航空団はサイパン・アイズリー（Isley, イスレイ）飛行場、第313航空団はテニアン北飛行場、第314航空団はグアム北飛行場、第58航空団はテニアン西飛行場、第315航空団はグアム北西飛行場を基地とした。

5．換算

1フィートは0.3048メートル、約0.3メートル。1ヤードは3フィート。

1マイルは約1.61キロメートル。1平方マイルは2.59平方キロメートル。

1エーカーは4,840平方ヤード。1平方マイルは640エーカー。

1ポンドは約0.45キログラム。

1ガロンは約3.8リットル。

　原資料ではKタイム、マリアナ時間を使用している。そこで訳文中では1時間を減じ、日本時間とした。月の表示も加えた。作戦任務第1号を例にすると、280958Kを10月28日8時58分と記した。また、[訳者注]において、「戦術作戦任務報告」のZタイムをしばしば引用した。これはグリニッジ標準時であるから、9時間を加えると日本時間になる。

　なお、本書収録の「作戦任務要約」「作戦任務概要」の記載内容が誤記と思われる場合もあれば、「戦術作戦任務報告」と異なる場合もある。明らかな誤記の場合に限って訂正し、[訳者注]において説明することにした。

　本書によって、マリアナ基地B29部隊の日本本土空襲の概要を知ることができる。ただし、模擬原爆投下を含めた原子爆弾投下作戦は除外されている。これについては、奥住喜重・工藤洋三・桂哲男訳『原爆投下報告書』（東方出版、1993年）を参照されたい。なお、第315航空団による臨海石油基地への夜間爆撃の効果については、奥田英雄・橋本啓子訳編『日本における戦争と石油』（石油評論社、1986年）が参考になる。アメリカ海軍の艦上機の行動に関しては、石井勉編著『アメリカ海軍機動部隊』（成山堂、1988年）がある。その他、目標別・地域別の参考文献は数多く存在する。しかし、本書をみると、まだ手を着けられていない空襲がたくさんあることがわかる。50年前の日本各地への、さまざまな形の空襲、半ば忘れられた空襲への関心が高まり、聞き取りと資料収集に基づく研究が進むことを念願する。

　　　　　1995年2月12日

　　　　　　　　　　　　　　　　　　　　　　　　小山　仁示

目 次

まえがき　　**1**

1944年10月————————————**13**
第73航空団(サイパン・アイズリー飛行場)がトラック環礁を目標
に訓練爆撃を開始。

1944年11月————————————**15**
硫黄島・中島飛行機武蔵製作所・東京市街地への空襲を開始。

1944年12月————————————**20**
三菱重工業名古屋発動機製作所などへの空襲を開始。

1945年1月————————————**25**
名古屋市街地への空襲を実施。川崎航空機明石工場に多大の損
害(超高高度精密爆撃の成功例)。第313航空団(テニアン北飛行場)
が訓練爆撃を実施。

1945年2月————————————**32**
神戸市街地への空襲に第313航空団が参加。洋上捜索作戦を実
施。東京市街地空襲に第314航空団(グアム北飛行場)が参加。

1945年3月————————————**40**
東京・名古屋・大阪・神戸への夜間低高度焼夷弾攻撃を実施(対
日戦略爆撃の新段階)。沖縄作戦支援のための九州飛行場爆撃作
戦開始。関門海峡・瀬戸内海への機雷敷設作戦開始。

1945年4月————————————**50**
軍事工場と東京・川崎市街地への空襲続行。硫黄島基地のP51

戦闘機ムスタングがB29を掩護して来襲。九州・四国の飛行場
爆撃作戦が本格化。

1945年5月 ————————————100

九州・四国の飛行場と瀬戸内海の石油補給基地への爆撃。中
国・インド基地から転属の第58航空団(テニアン西飛行場)が参
加。機雷敷設作戦本格化、太平洋・日本海沿岸に拡大。東京・
名古屋・横浜が壊滅。

1945年6月 ————————————134

神戸・大阪が壊滅。中小都市への夜間焼夷弾攻撃開始。複数の
軍事工場を同時に昼間爆撃する作戦「エンパイア計画」開始。
第315航空団(グアム北西飛行場)が臨海石油施設に対する夜間爆
撃を開始。

1945年7月 ————————————174

中小都市への焼夷弾攻撃激化。臨海石油施設への爆撃も激化。
機雷敷設作戦が朝鮮半島東海岸全域に及ぶ。

1945年8月 ————————————225

8月15日未明、空襲終了。

あとがき　　247
地名・施設名索引　　261

装幀◆森本良成

SUMMARY
OF XXI BOMCOM MISSIONS

Prepared by the INTELLIGENCE SECTION
REPORTING UNIT — XXI BOMBER COMMAND

COPY NO.

Resume

米 軍 資 料

日本空襲の全容

マリアナ基地Ｂ29部隊

1944年10月

作戦任務第1号

1. 日付　　　　　　　　　1944年10月27日
2. コード名　　　　　　　トラック（Truk）
3. 目標　　　　　　　　　トラック－デュブロン島、潜水艦泊地
　　　　　　　　　　　　　（submarine pens）
4. 参加部隊　　　　　　　第73航空団
5. 出撃爆撃機数　　　　　18機
6. 第1目標爆撃機数の割合　78％（14機）
7. 第1目標上空時間　　　10月28日8時58分～9時2分
8. 攻撃高度　　　　　　　25,900～27,450フィート
9. 目標上空の天候　　　　視界良好（CAVU）
10. 損失機数合計　　　　　0機
11. 作戦任務の概要　　　　訓練爆撃のための作戦任務（Shakedown Mission）。爆撃成果は僅少ないし良好。4機が無効果出撃（non-effective）。敵機の迎撃はなし。対空砲火は重砲、貧弱ないし不正確。平均爆弾搭載量6,000ポンド。平均燃料残量1,540ガロン。

［訳者注］　　日付が10月27日と記されているのに、目標上空時間は28日となっている（近接地域への出撃は同じ日付が普通）。これについては、第20航空軍の『戦記』（Narrative History）の資料（Strike Mission No. 1, 28 October 1944）が、攻撃日を10月28日と明記している。したがって、28日の方が正しい。

Shakedown Missionは、マリアナ諸島の外側、敵の対空砲火、戦闘機の迎撃の可能性のある敵占領の島々へ、訓練のために行われる作戦任務。「手ならし作戦」とか「腕ならし攻撃」との訳語があるが、ここでは「訓練爆撃のための作戦任務」と訳した。マリアナ諸島から南約900キロのトラック諸島は、日本海軍の重要基地であった。日本統治時代には、デュブロン島は夏島、行政の中心のモエン島（作戦任務第21号以降参照）は春島と呼ばれていた。

作戦任務第 2 号

1. 日付　　　　　　　　　　　1944年10月30日
2. コード名　　　　　　　　　トラック(Truk)
3. 目標　　　　　　　　　　　トラック環礁－デュブロン島、潜水艦泊地
4. 参加部隊　　　　　　　　　第73航空団
5. 出撃爆撃機数　　　　　　　18機
6. 第1目標爆撃機数の割合　　44％(8機)
7. 第1目標上空時間　　　　　10月30日11時2分～11時22分
8. 攻撃高度　　　　　　　　　25,500～27,450フィート
9. 目標上空の天候　　　　　　5/10の積雲
10. 損失機数合計　　　　　　　0機
11. 作戦任務の概要　　　　　　訓練爆撃のための作戦任務。爆撃成果は僅少。1
機が無効果出撃。敵機の迎撃はなし。対空砲火は貧弱ないし全くなし。9機は
レーダーによって目標の2マイル彼方に投弾。集結は計画どおり行われた。平
均爆弾搭載量6,000ポンド。平均燃料残量1,210ガロン。

1944年11月

作戦任務第 3 号

1. 日付　　　　　　　　　1944年11月 2 日
2. コード名　　　　　　　トラック（Truk）
3. 目標　　　　　　　　　トラック環礁－デュブロン島、潜水艦泊地
4. 参加部隊　　　　　　　第73航空団
5. 出撃爆撃機数　　　　　20機
6. 第 1 目標爆撃機数の割合　85％（17機）
7. 第 1 目標上空時間　　　11月 2 日 9 時34分～10時35分
8. 攻撃高度　　　　　　　25,900～27,300フィート
9. 目標上空の天候　　　　7/10－8/10
10. 損失機数合計　　　　　0 機
11. 作戦任務の概要　　　　訓練爆撃のための作戦任務。爆撃成果は僅少。3
機が無効果出撃。敵機の迎撃はなし。この作戦任務は、レーダー爆撃方式を用
いての演習を行うよう計画された。対空砲火は重砲、貧弱ないし不正確。集結
は計画どおり行われた。平均爆弾搭載量5,000ポンド。平均燃料残量2,053ガロ
ン。

作戦任務第 4 号

1. 日付　　　　　　　　　1944年11月 5 日
2. コード名　　　　　　　イオウジマ（Iwo Jima）
3. 目標　　　　　　　　　硫黄島の 2 飛行場
4. 参加部隊　　　　　　　第73航空団
5. 出撃爆撃機数　　　　　36機
6. 第 1 目標爆撃機数の割合　67％（24機）
7. 第 1 目標上空時間　　　11月 5 日16時20分～16時35分
8. 攻撃高度　　　　　　　26,750～27,500フィート。
9. 目標上空の天候　　　　9/10－10/10

10. 損失機数合計　　　　　　0機

11. 作戦任務の概要　　　　　　訓練爆撃のための作戦任務。この作戦任務は、昼
間目視爆撃の訓練と基地の夜間着陸施設のテストを行うため計画された。2機
が無効果出撃。目標に到達した10機は、編隊長機（lead aircraft）の爆弾倉のド
アの故障のために成果をあげられなかった。爆弾は種々の間隔で目標の彼方に
投下された。敵機の迎撃はなし。対空砲火は重砲、貧弱ないし不正確。爆撃成
果は僅少。平均爆弾搭載量10,000ポンド。平均燃料残量1,384ガロン。

作戦任務第5号

1. 日付　　　　　　　　　　　1944年11月8日
2. コード名　　　　　　　　　イオウジマ（Iwo Jima）
3. 目標　　　　　　　　　　　硫黄島の飛行場（複数）
4. 参加部隊　　　　　　　　　第73航空団
5. 出撃爆撃機数　　　　　　　17機
6. 第1目標爆撃機数の割合　　35％（6機）
7. 第1目標上空時間　　　　　11月8日12時32分～12時34分
8. 攻撃高度　　　　　　　　　27,650～29,000フィート
9. 目標上空の天候　　　　　　4/10－5/10
10. 損失機数合計　　　　　　　1機
11. 作戦任務の概要　　　　　　訓練爆撃のための作戦任務。爆撃成果―写真なし。
搭乗員の報告によると成果甚大。編隊長機が進入点をオーバーランしたとき、
編隊の8機は全く目標を誤った。1機が無効果出撃。1機は北緯19度東経141
度に不時着水した。敵機の迎撃は微弱、敵8機が攻撃してきた。燐爆弾（phos-
phorus bombs）6個が編隊の上に落とされた。対空砲火は重砲、中程度ないし
不正確。平均爆弾搭載量10,000ポンド。平均燃料残量1,167ガロン。

［訳者注］　燐爆弾（phosphorus bomb）とは、日本軍の空対空爆弾、空中散布式
の親子爆弾「三号爆弾」「夕弾」のことであろうか。

作戦任務第6号

1. 日付　　　　　　　　　　　1944年11月11日

1944年11月

2．コード名　　　　　　　トラック(Truk)

3．目標　　　　　　　　　デュブロン島、潜水艦基地(Submarine Base)、

　　　　　　　　　　　　　第2目標－デュブロン島の船舶

4．参加部隊　　　　　　　第73航空団

5．出撃爆撃機数　　　　　9機

6．第1目標爆撃機数の割合　89％(8機)

7．第1目標上空時間　　　11月11日12時55分～12時57分

8．攻撃高度　　　　　　　26,000フィート

9．目標上空の天候　　　　2/10－3/10

10．損失機数合計　　　　　0機

11．作戦任務の概要　　　　訓練爆撃のための作戦任務。爆撃成果は良好。1
機が無効果出撃。敵機の迎撃は微弱、5回の非積極的な攻撃。敵機を1機撃破。
平均爆弾搭載量10,000ポンド。平均燃料残量1,761ガロン。対空砲火は貧弱、
不正確。

作戦任務第7号

1．日付　　　　　　　　　1944年11月24日

2．コード名　　　　　　　サン・アントニオ(San Antonio)No.1

3．目標　　　　　　　　　東京－中島飛行機武蔵製作所(357)、

　　　　　　　　　　　　　第2目標－東京市街地と港湾地域

4．参加部隊　　　　　　　第73航空団

5．出撃爆撃機数　　　　　111機

6．第1目標爆撃機数の割合　32％(35機)

7．第1目標上空時間　　　11月24日12時12分～14時26分

8．攻撃高度　　　　　　　27,000～33,000フィート

9．目標上空の天候　　　　2/10－9/10

10．損失機数合計　　　　　2機

11．作戦任務の概要　　　　50機が東京の市街地と港湾地域を攻撃し、5機が
臨機目標として松崎村を攻撃した。爆撃成果は僅少－16,058平方フィートを破
壊、または損害を与えた。目標上空での対地速度は時速445マイル－目標地域
内での爆弾破裂は16か所。23機が無効果出撃。1機が不時着水、全搭乗員を救

— 17 —

助した。敵機の体当たり(collision)で、1機を損失したと思われる。敵機の迎撃は貧弱、中程度ないし激烈－攻撃回数200。敵機を7機撃墜、18機不確実撃墜、9機撃破。対空砲火は重砲、貧弱ないし中程度、不正確ないし正確。平均爆弾搭載量10,000ポンド。平均燃料残量1,180ガロン。

[訳者注]　アメリカ軍は、日本の地域や軍事施設にTarget Numberを付していた。中島飛行機武蔵製作所は、Tokyo Area(90.17)の357であり、それが目標の箇所に記されているのである。日本が90、東京地域(京浜、多摩、湘南、埼玉県南部)が17、武蔵製作所が357である。

松崎村(Matsuzaki village)とは、伊豆半島南西岸の松崎のことである。この日のB29部隊は静岡県賀茂郡(伊豆半島南部)の上空から侵入しており、内務省防空総本部警防室「東京地方空襲被害状況」によると、静岡県内に爆弾9個と焼夷弾2個が投下されている。

作戦任務第8号

1．日付　　　　　　　　　　1944年11月27日

2．コード名　　　　　　　　サン・アントニオ(San Antonio)No.2

3．目標　　　　　　　　　　第1目標－東京－中島飛行機武蔵製作所(357)、
　　　　　　　　　　　　　　第2目標－東京市街地と港湾地域

4．参加部隊　　　　　　　　第73航空団

5．出撃爆撃機数　　　　　　81機

6．第1目標爆撃機数の割合　第1目標0機、第2目標59機

7．第1目標上空時間　　　　第2目標11月27日13時7分～14時25分
　　　　　　　　　　　　　　臨機目標11月27日13時20分～13時23分

8．攻撃高度　　　　　　　　第2目標30,000～33,000フィート、
　　　　　　　　　　　　　　臨機目標32,500フィート

9．目標上空の天候　　　　　10/10

10．損失機数合計　　　　　　1機

11．作戦任務の概要　　　　　爆撃成果は未確認。第1目標は全くわからなかった。59機が第2目標をレーダーで爆撃した。7機が浜松を爆撃した。この作戦任務遂行中、9機ないし11機の敵機がアイズリー(Isley)飛行場を攻撃した。1機を除いて、全敵機が対空砲火と戦闘機によって撃墜された。3機のB29が

— 18 —

破壊され、2機が大損傷を受け、数えきれないほどのB29に損傷があった。14機が無効果出撃。基地への帰投のさい1機が不時着水し、搭乗員12人が行方不明。敵機の迎撃と対空砲火は全くなし。平均爆弾搭載量10,000ポンド。平均燃料残量1,093ガロン。

作戦任務第9号

1. 日付 1944年11月29日
2. コード名 ブルックリン(Brooklyn) No. 1
3. 目標 第1目標－東京工業地域、第2目標－なし、最終順位目標－いずれかの工業都市
4. 参加部隊 第73航空団
5. 出撃爆撃機数 29機
6. 第1目標爆撃機数の割合 83%(第1目標24機、最終順位目標2機)
7. 第1目標上空時間 第1目標11月29日23時50分～30日4時27分
   最終順位目標11月30日0時8分～30日0時57分
8. 攻撃高度 第1目標25,000～33,200フィート
   最終順位目標21,000フィート～30,300フィート
9. 目標上空の天候 第1目標10/10、最終順位目標10/10
10. 損失機数合計 1機
11. 作戦任務の概要 レーダーによる爆撃、成果は未確認。最終順位目標は横浜、沼津。2機が無効果出撃。1機が未確認の原因(unknown reasons)で行方不明。対空砲火は重砲、貧弱ないし不正確。敵機の迎撃は微弱－攻撃回数5。平均爆弾搭載量7,000ポンド。平均燃料残量1,238ガロン。

[訳者注] マリアナ基地のB29部隊が始めてIndustrial Area Tokyo、すなわち特定の軍事目標ではなく、東京工業地域の名のもとに市街地を第1目標とした作戦であった。また、同部隊の最初の夜間攻撃でもあった。

1944年12月

作戦任務第10号

1. 日付 　　　　　　　　1944年12月3日
2. コード名 　　　　　　サン・アントニオ (San Antonio) No. 3
3. 目標 　　　　　　　　東京－中島飛行機武蔵製作所 (357)、
　　　　　　　　　　　　第2目標－東京市街地と港湾地域
4. 参加部隊 　　　　　　第73航空団
5. 出撃爆撃機数 　　　　86機
6. 第1目標爆撃機数の割合　81% (70機)
7. 第1目標上空時間 　　　12月3日14時4分～?
8. 攻撃高度 　　　　　　29,000～31,000フィート
9. 目標上空の天候 　　　視界良好
10. 損失機数合計 　　　　5機
11. 作戦任務の概要 　　　爆撃成果は第1目標については不十分－2,580平
　　方フィートを破壊、第2目標については未確認。2.5%が目標に命中。8機が
　　第2目標に投弾。8機が早期帰還、うち2機がパガン島 (Pagan Island) に投弾
　　した。敵機の迎撃は微弱ないし中程度－攻撃回数75。この交戦で敵機6機撃墜、
　　10機不確実撃墜、5機撃破。対空砲火は重砲、貧弱ないし激烈、不正確。平均
　　爆弾搭載量5,000ポンド。平均燃料残量815ガロン。

[訳者注] 　第1目標上空時間の終わりが、原文には150630Kと記されている。こ
　　れでは、日本時間15日5時30分となり、明らかな誤記である。したがって、こ
　　こでは?としておいた。パガン島はマリアナ諸島北部の島。

作戦任務第11号

1. 日付 　　　　　　　　1944年12月8日
2. コード名 　　　　　　スレッジハンマー (Sledgehammer) No. 1
3. 目標 　　　　　　　　第1目標－硫黄島の飛行場 (複数)、第2目標－パ
　　　　　　　　　　　　ガン島

1944年12月

4．参加部隊　　　　　　　　第73航空団
5．出撃爆撃機数　　　　　　79機
6．第1目標爆撃機数の割合　71％（60機）
7．第1目標上空時間　　　　12月8日9時53分〜10時50分
8．攻撃高度　　　　　　　　19,000〜22,000フィート
9．目標上空の天候　　　　　7/10−10/10
10．損失機数合計　　　　　　0機
11．作戦任務の概要　　　　　爆撃成果は、雲のため未確認。1飛行隊（one squadron）が雲の間から爆撃を目撃。3機のB29が28機のP38の航法援助のために発進したが、これは上記の合計数に含まれていない。15機が早期帰還、4機が第2目標に投弾した。敵機の迎撃と対空砲火は全くなし。平均爆弾搭載量20,000ポンド。平均燃料残量1,454ガロン。

［訳者注］　平均爆弾搭載量20,000ポンド（10米トン）は、余りにも過大であり、誤りと思われる。なお、B29のone squadronは約10機である。

作戦任務第12号

1．日付　　　　　　　　　　1944年12月13日
2．コード名　　　　　　　　メンフィス（Memphis）No.1
3．目標　　　　　　　　　　第1目標−名古屋−三菱重工業名古屋発動機製作所（Mitsubishi A/C Engine Plant）（193）、第2目標−名古屋市街地、最終順位目標−いずれかの工業都市
4．参加部隊　　　　　　　　第73航空団
5．出撃爆撃機数　　　　　　90機
6．第1目標爆撃機数の割合　79％（71機）
7．第1目標上空時間　　　　12月13日13時57分〜15時38分
8．攻撃高度　　　　　　　　26,450〜32,300フィート
9．目標上空の天候　　　　　3/10
10．損失機数合計　　　　　　4機
11．作戦任務の概要　　　　　爆撃成果は多大−目標地域で230か所が爆発し、主要建築物の691,050平方フィートを破壊し、その他にも損害を与えた。15機

— 21 —

が早期帰還。2機が不時着水。1機が未確認の原因(unknown causes)で損失。1機が対空砲火で撃墜された模様。戦闘機の迎撃は強烈ないし軽微、非積極的ないし積極的－攻撃回数106。この交戦で敵機を4機撃墜、1機不確実撃墜、撃破なし。対空砲火は重砲、中程度ないし激烈、正確。平均爆弾搭載量5,000ポンド。平均燃料残量783ガロン。

[訳者注]　ここでは三菱重工業名古屋発動機製作所のコード名はメンフィスであったが、第14号からはエラディケイトとなる。

作戦任務第13号

1．日付　　　　　　　　　　　　1944年12月18日
2．コード名　　　　　　　　　　ヘスティテーション(Hestitation) No. 1
3．目標　　　　　　　　　　　　名古屋－三菱重工業名古屋航空機製作所
　　　　　　　　　　　　　　　　(Mitsubishi A/C Plant) (194)
4．参加部隊　　　　　　　　　　第73航空団
5．出撃爆撃機数　　　　　　　　89機
6．第1目標爆撃機数の割合　　　71%(第1目標63機、第2目標0機、最終順位目標と
　　　　　　　　　　　　　　　　臨機目標10機)
7．第1目標上空時間　　　　　　12月18日13時0分〜14時43分
8．攻撃高度　　　　　　　　　　29,400〜32,000フィート
9．目標上空の天候　　　　　　　5/10
10．損失機数合計　　　　　　　　4機
11．作戦任務の概要　　　　　　　爆撃成果は多大－921,670平方フィートを破壊、
　　または損害を与えた。住宅地域2,500,000平方フィートを破壊、造船所とその他の工場に中程度の損害を与えた。敵戦闘機の迎撃は中程度、非積極的な攻撃を106回。敵機を6機撃墜、11機不確実撃墜、12機撃破。B29は2機が未確認の原因で行方不明、1機が不時着水、1機がサイパンへの帰途に墜落。対空砲火は貧弱、中程度ないし不正確。平均爆弾搭載量5,000ポンド。平均燃料残量705ガロン。

[訳者注]　コード名はHesitationの誤りかと思われるが、第19号もHestitationとなっているので、そのままとした。

1944年12月

作戦任務第14号

1．日付	1944年12月22日
2．コード名	エラディケイト（Eradicate）No. 2
3．目標	名古屋－三菱重工業名古屋発動機製作所(193)
4．参加部隊	第73航空団
5．出撃爆撃機数	78機
6．第1目標爆撃機数の割合	62％（第1目標48機、第2目標0機、最終順位目標3機、臨機目標11機）
7．第1目標上空時間	12月22日13時4分～14時58分
8．攻撃高度	28,800～32,600フィート
9．目標上空の天候	6/10－10/10
10．損失機数合計	3機
11．作戦任務の概要	レーダー爆撃。弾着写真も爆撃効果判定報告もなし。敵機の迎撃は強烈ないし中程度、非積極的ないし積極的－攻撃回数508。敵機を9機撃墜、17機不確実撃墜、15機撃破。対空砲火は重砲、不正確ないし正確。B29は1機がエンジン2基停止し不時着水。目標上空で戦闘機あるいは対空砲火で1機が被弾し、あとで不時着水した。この作戦任務で1機がひどく損傷し、のちに損失と指定され、TB29と再指定された。平均爆弾搭載量5,500ポンド。平均燃料残量1,046ガロン。

[訳者注]　これまでの爆撃が通常爆弾と焼夷弾の混投、または通常爆弾だけの投下であったのに対し、この日の空襲には焼夷弾だけが使用された。焼夷弾攻撃のテスト・ケースであったが、米軍としては失敗だった。TB29とは、B29が主要な機能をもはや果たせず、戦闘不能と判定され、B29の前にTをつけて別個のリストに記載されたことを示している。TはTrainingの頭文字である。

作戦任務第15号

1．日付	1944年12月24日
2．コード名	ロッククラッシャー（Rockcrusher）No. 1
3．目標	硫黄島の第1・第2飛行場
4．参加部隊	第73航空団

5．出撃爆撃機数　　　　　　29機

6．第1目標爆撃機数の割合　88％（第1目標23機、第2目標0機、最終順位目標1機）

7．第1目標上空時間　　　　12月24日13時24分〜14時35分

8．攻撃高度　　　　　　　　19,500〜21,800フィート

9．目標上空の天候　　　　　7/10−10/10

10．損失機数合計　　　　　　0機

11．作戦任務の概要　　　　　爆弾は目視とレーダーの両方で投下された。成果
は僅少。敵機撃滅を任務とした戦闘機の航法援助のために発進した3機のB29
は上記の合計数には含まれていない。敵機の迎撃は全くなし。対空砲火は貧弱、
中程度ないし不正確。平均爆弾搭載量10,000ポンド。平均燃料残量1,832ガロ
ン。

作戦任務第16号

1．日付　　　　　　　　　　1944年12月27日

2．コード名　　　　　　　　エンキンドル（Enkindle）No.1

3．目標　　　　　　　　　　東京−中島飛行機武蔵製作所（357）

4．参加部隊　　　　　　　　第73航空団

5．出撃爆撃機数　　　　　　72機

6．第1目標爆撃機数の割合　54％（第1目標39機、第2目標9機、最終順位目標4機）

7．第1目標上空時間　　　　12月27日12時42分〜14時3分

8．攻撃高度　　　　　　　　28,800〜33,800フィート

9．目標上空の天候　　　　　2/10

10．損失機数合計　　　　　　3機

11．作戦任務の概要　　　　　爆撃成果は僅少。照準点の1,000フィート以内に
爆弾6個命中。第2目標、最終順位目標、臨機目標の爆撃成果は未確認。22機
が早期帰還。1機が離陸後まもなく不時着水、1機が敵機により損失、1機が
帰途に不時着水。敵機の迎撃は中程度ないし強烈、非積極的ないし積極的−攻
撃回数272。敵機を21機撃墜、10機不確実撃墜、7機撃破。対空砲火は貧弱な
いし激烈、おおむね不正確。平均爆弾搭載量5,500ポンド。平均燃料残量1,200
ガロン。

［訳者注］　中島飛行機武蔵製作所のコード名が変更した。

— 24 —

1945年1月

作戦任務第17号

1．	日付	1945年1月3日
2．	コード名	マイクロスコープ（Microscope）No. 1
3．	目標	名古屋市－ドック地帯（Docks）と市街地
4．	参加部隊	第73航空団
5．	出撃爆撃機数	97機
6．	第1目標爆撃機数の割合	59%（第1目標57機、第2目標0機、最終順位目標と臨機目標21機）
7．	第1目標上空時間	1月3日14時45分～15時33分
8．	攻撃高度	28,200～31,500フィート
9．	目標上空の天候	6/10
10．	損失機数合計	5機
11．	作戦任務の概要	爆撃成果は良好－140,000平方フィートを破壊、

75か所から火の手があがった。18機が早期帰還。1機が敵機によって損失、3機が未確認の原因で損失、1機が帰途に不時着水。敵機の迎撃は中程度ないし強烈、非積極的ないし積極的－攻撃回数346。敵機を14機撃墜、14機不確実撃墜、20機撃破。対空砲火は貧弱、正確。平均爆弾搭載量5,300ポンド。平均燃料残量761ガロン。

［訳者注］ 第9号の東京市街地（東京工業地域）に次いで、第1目標を市街地（Nagoya City-Docks and Urban Areas）とした2回目の空襲である。

作戦任務第18号

1．	日付	1945年1月9日
2．	コード名	エンキンドル（Enkindle）No. 2
3．	目標	東京－中島飛行機武蔵製作所（357）
4．	参加部隊	第73航空団
5．	出撃爆撃機数	72機

6．第1目標爆撃機数の割合　25％（第1目標18機、第2目標0機、最終順位目標と臨機目標34機）

7．第1目標上空時間　　　1月9日14時13分〜14時35分

8．攻撃高度　　　　　　　29,500〜34,400フィート

9．目標上空の天候　　　　視界良好

10．損失機数合計　　　　　6機

11．作戦任務の概要　　　　爆撃成果は僅少－目視爆撃－出撃進路のたいへんな悪天候が、広域にわたって、編隊飛行を妨げた。3機の牽制部隊はロープ（レーダー妨害片）を撒布した。19機が早期帰還。2機が敵機によって損失、1機が帰途に不時着水、2機が未確認の原因で行方不明。敵機の迎撃は貧弱ないし中程度、非積極的ないし積極的。対空砲火は貧弱ないし中程度、不正確。平均爆弾搭載量5,000ポンド。平均燃料残量1,174ガロン。

作戦任務第19号

1．日付　　　　　　　　　1945年1月14日

2．コード名　　　　　　　ヘスティテーション（Hestitation）No. 2

3．目標　　　　　　　　　名古屋－三菱重工業名古屋航空機製作所(194)

4．参加部隊　　　　　　　第73航空団

5．出撃爆撃機数　　　　　73機

6．第1目標爆撃機数の割合　55％（第1目標40機、第2目標0機、最終順位目標と臨機目標23機）

7．第1目標上空時間　　　1月14日14時40分〜15時28分

8．攻撃高度　　　　　　　29,080〜32,000フィート

9．目標上空の天候　　　　4/10　高積雲と濃いもや

10．損失機数合計　　　　　5機

11．作戦任務の概要　　　　爆撃成果は良好－166,100平方フィートを破壊し、損害を与えた。19機が早期帰還。1機が出撃進路で不時着水、2機が帰途に不時着水、1機が未確認の原因で損失、1機が毀損調査で損失とされた。敵機の迎撃は中程度ないし強烈、非積極的ないし積極的－攻撃回数583。対空砲火は貧弱ないし中程度、不正確ないし正確。平均爆弾搭載量5,000ポンド。平均燃料残量909ガロン。

1945年1月

作戦任務番号－指定なし（None Assigned）

1．日付	1945年1月16日
2．コード名	パガン島（Pagan Island）
3．目標	パガン島滑走路
4．参加部隊	第313航空団
5．出撃爆撃機数	44機
6．第1目標爆撃機数の割合	73％（32機）
7．第1目標上空時間	1月16日10時33分～16時54分
8．攻撃高度	28,300～28,400フィート
9．目標上空の天候	6/10－10/10
10．損失機数合計	0機
11．作戦任務の概要	第313航空団の訓練爆撃のための作戦任務（shake-

down mission）。爆撃成果とともに最初の奮闘は良好。11機が早期帰還。敵機
の迎撃と対空砲火は全くなし。

平均爆弾搭載量12,000ポンド。平均燃料残量1,854ガロン。

[訳者注]　パガン島はマリアナ諸島北部の島。

作戦任務第20号

1．日付	1945年1月19日
2．コード名	フルーツケーキ（Fruitcake）No.1
3．目標	川崎航空機工業明石工場（1547）
4．参加部隊	第73航空団
5．出撃爆撃機数	80機
6．第1目標爆撃機数の割合	78％（第1目標62機、第2目標0機、最終順位目標と 臨機目標9機）
7．第1目標上空時間	1月19日13時50分～14時24分
8．攻撃高度	25,100～27,400フィート
9．目標上空の天候	2/10－3/10
10．損失機数合計	0機
11．作戦任務の概要	爆撃成果は多大－発動機・組立工場の全屋根面積

— 27 —

の39%に大損害を与えた。

1,032,000平方フィートを破壊、または損害を与えた。7機が早期帰還。敵機の迎撃は軽微ないし中程度、非積極的－攻撃回数159。敵機を4機撃墜、4機不確実撃墜、8機撃破。対空砲火は貧弱ないし中程度、不正確。平均爆弾搭載量5,000ポンド。平均燃料残量1,037ガロン。上記の出撃機数には、ロープ（レーダー妨害片）撒布、浜松へ投弾、写真撮影の牽制部隊として発進した3機も含まれている。うち1機は早期帰還し、2機が浜松を爆撃した。

作戦任務第21号

1．日付　　　　　　　　　1945年1月21日
2．コード名　　　　　　　パンハンドル（Panhandle）No.1
3．目標　　　　　　　　　トラック－モエン島飛行場
4．参加部隊　　　　　　　第313航空団
5．出撃爆撃機数　　　　　33機
6．第1目標爆撃機数の割合　91%（30機）
7．第1目標上空時間　　　　1月21日9時34分～10時8分
8．攻撃高度　　　　　　　25,500～26,000フィート
9．目標上空の天候　　　　1/10－2/10
10．損失機数合計　　　　　0機
11．作戦任務の概要　　　　爆撃成果は多大。爆弾の52%が目標に命中弾として投下された。3機が無効果出撃。敵機の迎撃は全くなし。対空砲火は重砲、貧弱で不正確。平均爆弾搭載量11,000ポンド。平均燃料残量1,817ガロン。

作戦任務第22号

1．日付　　　　　　　　　1945年1月23日
2．コード名　　　　　　　エラディケイト（Eradicate）No.3
3．目標　　　　　　　　　名古屋－三菱重工業名古屋発動機製作所
　　　　　　　　　　　　　（Mitsubishi Engine Plant）（193）
4．参加部隊　　　　　　　第73航空団
5．出撃爆撃機数　　　　　75機

1945年1月

6．第1目標爆撃機数の割合　38%（第1目標28機、第2目標27機、最終順位目標と臨機目標5機）

7．第1目標上空時間　　　 1月23日14時35分～14時47分

8．攻撃高度　　　　　　　 25,300～27,200フィート

9．目標上空の天候　　　　 9/10－10/10

10．損失機数合計　　　　　 0機

11．作戦任務の概要　　　　 爆撃成果は不十分。天候上の理由で、27機が名古屋の市街地を爆撃した。13機が早期帰還。1機が離陸直後に不時着水、1機が敵機と対空砲火によって損失。

敵機の迎撃は強烈で積極的－攻撃回数626。敵機を32機撃墜、22機不確実撃墜、40機撃破。対空砲火は重砲、貧弱ないし中程度、不正確ないし正確。平均爆弾搭載量6,000ポンド。平均燃料残量1,053ガロン。

作戦任務第23号

1．日付　　　　　　　　　 1945年1月24日

2．コード名　　　　　　　 スターリット（Starlit）No.1

3．目標　　　　　　　　　 硫黄島の第1・第2飛行場

4．参加部隊　　　　　　　 第313航空団

5．出撃爆撃機数　　　　　 28機

6．第1目標爆撃機数の割合　71%（20機）

7．第1目標上空時間　　　 1月24日11時28分～12時30分

8．攻撃高度　　　　　　　 26,000～27,500フィート

9．目標上空の天候　　　　 0/10－10/10

10．損失機数合計　　　　　 0機

11．作戦任務の概要　　　　 爆撃成果は多大。第1飛行場を使用不能にした。8機が早期帰還。敵機の迎撃は全くなし。対空砲火は重砲、貧弱で不正確。平均爆弾搭載量12,000ポンド。平均燃料残量1,622ガロン。

作戦任務第24号

1．日付　　　　　　　　　 1945年1月27日

2．コード名　　　　　　　エンキンドル（Enkindle）No.3

3．目標　　　　　　　　　東京－中島飛行機武蔵製作所（357）

4．参加部隊　　　　　　　第73航空団

5．出撃爆撃機数　　　　　76機

6．第1目標爆撃機数の割合　0％（第1目標0機、第2目標56機、最終順位目標と臨機目標6機）

7．第1目標上空時間　　　1月27日14時4分～14時48分

8．攻撃高度　　　　　　　26,000～27,800フィート

9．目標上空の天候　　　　10/10

10．損失機数合計　　　　　9機

11．作戦任務の概要　　　　作戦任務は、武蔵製作所（357）か名古屋の三菱発動機製作所（193）か、天候が悪ければ東京か名古屋の市街地をレーダーで爆撃するよう計画された。気象偵察のために2機が事前に派遣され、武蔵製作所（357）が目標とされるべきだと報告してきた。東京市街地は完全に雲に覆われていたので、レーダー爆撃を余儀なくされた。爆撃成果は未確認。12機が早期帰還。5機が敵機との交戦で失われた。2機が帰途で不時着水した。1機が基地への帰投のさい、破損着陸した。1機が毀損調査で損失とされた。敵戦闘機の迎撃は今までにない激烈さであった－攻撃回数984。敵機を60機撃墜、17機不確実撃墜、39機撃破。敵機は体当たり（ramming）を多く試みた。対空砲火は重砲、中程度ないし激烈、不正確ないし正確。平均爆弾搭載量6,000ポンド。平均燃料残量1,079ガロン。

［訳者注］　いわゆる銀座空襲である。第1目標上空時間は第2目標東京市街地に対するものと判断すべきであろう。

作戦任務第25号

1．日付　　　　　　　　　1945年1月29日

2．コード名　　　　　　　スターリット（Starlit）No.2

3．目標　　　　　　　　　硫黄島の第1・第2飛行場

4．参加部隊　　　　　　　第313航空団

5．出撃爆撃機数　　　　　33機

6．第1目標爆撃機数の割合　85％（28機）

1945年1月

7．第1目標上空時間　　　　　1月29日13時21分～13時47分

8．攻撃高度　　　　　　　　　23,000～25,200フィート

9．目標上空の天候　　　　　　0/10－3/10

10．損失機数合計　　　　　　　0機

11．作戦任務の概要　　　　　　爆撃成果は良好。投下爆弾の14%が目標地域内に
　落ちた。敵機の迎撃は微弱。対空砲火は重砲、中程度で不正確。平均爆弾搭載
　量12,000ポンド。平均燃料残量1,030ガロン。

1945年2月

作戦任務第26号

1.	日付	1945年2月4日
2.	コード名	ミドルマン(Middleman)No.1
3.	目標	神戸地域(90.25)－神戸市街地
4.	参加部隊	第73・313航空団
5.	出撃爆撃機数	110機
6.	第1目標爆撃機数の割合	63%(第1目標69機、第2目標0機、最終順位目標と臨機目標30機)
7.	第1目標上空時間	2月4日14時57分～15時56分
8.	攻撃高度	24,500～27,000フィート
9.	目標上空の天候	5/10－6/10
10.	損失機数合計	2機
11.	作戦任務の概要	目標地域の2,651,000平方フィートを破壊、または損害を与えた。

15機が松阪を、15機がさまざまな他の最終順位目標を爆撃した。1機が帰途に不時着水し、1機が基地に着陸後炎上し、毀損調査の結果、損失とされた。敵機の迎撃は強烈で積極的－攻撃回数273。敵機を4機撃墜、20機不確実撃墜、39機撃破。対空砲火は重砲、中程度ないし激烈、不正確ないし正確。平均爆弾搭載量は第73航空団6,500ポンド、第313航空団5,000ポンド。平均燃料残量717ガロン。

[訳者注] テニアン北飛行場の第313航空団が、サイパン・アイズリー飛行場の第73航空団と共同して、はじめて本土空襲に参加した作戦である。なお、第9号・第17号に続いて、3回目の市街地(Kobe Urban Area)を第1目標とした空襲であった。

作戦任務第27号

1.	日付	1945年2月8日
2.	コード名	パンハンドル(Panhandle)No.2

1945年2月

3．目標　　　　　　　　　　トラックーモエン島第1飛行場
4．参加部隊　　　　　　　　第313航空団
5．出撃爆撃機数　　　　　　31機
6．第1目標爆撃機数の割合　97％（30機）
7．第1目標上空時間　　　　2月8日9時57分〜10時33分
8．攻撃高度　　　　　　　　28,000フィート
9．目標上空の天候　　　　　8/10−9/10
10．損失機数合計　　　　　　0機
11．作戦任務の概要　　　　　爆撃成果は僅少。1機が早期帰還。敵機の迎撃は
　　全くなし。対空砲火は重砲、貧弱で不正確。平均爆弾搭載量10,000ポンド。平
　　均燃料残量1,000ガロン。

作戦任務第28号

1．日付　　　　　　　　　　1945年2月9日
2．コード名　　　　　　　　パンハンドル（Panhandle）No. 3
3．目標　　　　　　　　　　トラックーモエン島第2飛行場
4．参加部隊　　　　　　　　第313航空団
5．出撃爆撃機数　　　　　　30機
6．第1目標爆撃機数の割合　97％（29機）
7．第1目標上空時間　　　　2月9日10時19分〜10時21分
8．攻撃高度　　　　　　　　24,000〜26,000フィート
9．目標上空の天候　　　　　2/10−6/10
10．損失機数合計　　　　　　0機
11．作戦任務の概要　　　　　爆撃成果は良好。1機が早期帰還。敵機の迎撃は
　　全くなし。対空砲火は重砲、貧弱で不正確。平均爆弾搭載量10,000ポンド。平
　　均燃料残量1,620ガロン。

作戦任務第29号

1．日付　　　　　　　　　　1945年2月10日
2．コード名　　　　　　　　フラクション（Fraction）No. 1

3．目標　　　　　　　　中島飛行機太田製作所(1544)

4．参加部隊　　　　　　第73・313航空団

5．出撃爆撃機数　　　　120機

6．第1目標爆撃機数の割合　71％(第1目標84機、第2目標0機、最終順位目標と
　　　　　　　　　　　　臨機目標16機)

7．第1目標上空時間　　2月10日15時5分〜15時41分

8．攻撃高度　　　　　　26,900〜29,400フィート

9．目標上空の天候　　　1/10−2/10

10．損失機数合計　　　　12機

11．作戦任務の概要　　　　　上記の合計数には、浜松へ牽制部隊として派遣さ
　　れた2機が含まれている。爆撃効果判定は、目標地域に屋根面積755,900フィ
　　ートに損害を与えたことを示した。18機が早期帰還。1機が敵機の攻撃で損失、
　　1機が離陸時に墜落、2機が空中で衝突、7機が不時着水、1機が未確認の原
　　因で行方不明。敵機の迎撃は中程度ないし強力−攻撃回数330。敵機を21機撃
　　墜、15機不確実撃墜、25機撃破。対空砲火は薄弱で不正確。平均爆弾搭載量は
　　第73航空団6,000ポンド、第313航空団5,000ポンド。平均燃料残量576ガロン。

作戦任務第30号

1．日付　　　　　　　　1945年2月11日

2．コード名　　　　　　シーサーチ(Sea Search)No.1

3．目標　　　　　　　　北緯30度、東経135度〜148度、両側60マイル

4．参加部隊　　　　　　第313航空団

5．出撃機数　　　　　　9機

6．捜索海域到達機数の割合　88％(8機)

7．捜索海域上空時間　　2月11日14時18分(捜索海域上空到達推定時間)

8．捜索高度　　　　　　3,000フィート

9．目標上空の天候　　　10/10、全曇り

10．損失機数合計　　　　0機

11．作戦任務の概要　　　　　9機が敵の哨戒艇を捜索した。1機が早期帰還。
　　捜索海域は10/10全曇りのためレーダーを用いた。ソフガン(媚婦岩)の対空砲
　　火は重砲、貧弱で不正確。敵戦闘機の迎撃はなし。駆逐艦4隻、油槽船2隻、

— 34 —

1945年2月

貨物船5隻から成る敵護送船団を北緯29度29分、東経140度20分で発見した。
爆弾は搭載せず。平均燃料残量は不明。

[訳者注] ソフガン(Sofu Gan)は、伊豆諸島の南端、鳥島の南の嬬婦岩(嬬婦
島)のこと。

作戦任務第31号

1．日付　　　　　　　　　　　1945年2月12日
2．コード名　　　　　　　　　スターリット(Starlit)No.3
3．目標　　　　　　　　　　　硫黄島の高射砲陣地
4．参加部隊　　　　　　　　　第313航空団
5．出撃爆撃機数　　　　　　　21機
6．第1目標爆撃機数の割合　　100%
7．第1目標上空時間　　　　　2月12日11時11分〜11時50分
8．攻撃高度　　　　　　　　　24,000〜24,500フィート
9．目標上空の天候　　　　　　3/10−4/10
10．損失機数合計　　　　　　　0機
11．作戦任務の概要　　　　　　爆撃成果は多大。敵機の迎撃は全くなし。対空砲
　　火は重砲、貧弱で不正確。平均爆弾搭載量8,000ポンド。平均燃料残量1,015ガ
　　ロン。

作戦任務第32号

1．日付　　　　　　　　　　　1945年2月12日
2．コード名　　　　　　　　　シーサーチ(Sea Search)No.2
3．目標　　　　　　　　　　　北緯30度、東経135度〜148度、両側60マイル
4．参加部隊　　　　　　　　　第313航空団
5．出撃機数　　　　　　　　　10機
6．捜索海域到達機数の割合　　80%(8機)
7．捜索海域上空時間　　　　　2月12日15時43分〜19時30分(推定)
8．捜索高度　　　　　　　　　2,000フィート
9．目標上空の天候　　　　　　1/10−10/10

10. 損失機数合計　　　　　　1機
11. 作戦任務の概要　　　　　　前回捜索不完全のため、作戦任務第30号の反復。
　2機が早期帰還。1機が火災発生、爆発し、テニアン島北西65マイルで墜落した。北緯30度35分、東経144度0分で軽巡洋艦または駆逐艦から対空砲火、貧弱で正確。敵機の迎撃はなし。

　敵の哨戒艇もしくは水雷艇2隻、敵味方未識別の潜水艦2隻、12ないし15隻の未識別の船団、敵駆逐艦1隻、11隻の未識別の船団をこの作戦任務中に発見した。指定海域の20%近くを捜索。爆弾は搭載せず。平均燃料残量は不明。

作戦任務第33号

1. 日付　　　　　　　　　　　1945年2月14日
2. コード名　　　　　　　　　シーサーチ（Sea Search）No. 3
3. 目標　　　　　　　　　　　捜索海域－北緯28度2分・東経145度55分から北緯
　　　　　　　　　　　　　　　28度44分・東経148度0分を基線とする。
4. 参加部隊　　　　　　　　　第313航空団
5. 出撃機数　　　　　　　　　20機
6. 捜索海域到達機数の割合　　90%（18機）
7. 第1目標上空時間　　　　　2月14日13時15分〜16時25分（推定）
8. 捜索高度　　　　　　　　　3,000フィート
9. 目標上空の天候　　　　　　4/10
10. 損失機数合計　　　　　　　0機
11. 作戦任務の概要　　　　　　敵の哨戒艇を海上捜索。2機が早期帰還。対空砲火なし。目標海域内で次の通り敵艦船を発見した。小型貨物船4隻、哨戒艇1隻、貨物船護衛の駆逐艦1隻、小型漁船1隻、未識別の艦船1隻。爆弾は搭載せず。平均燃料残量は不明。

作戦任務第34号

1. 日付　　　　　　　　　　　1945年2月15日
2. コード名　　　　　　　　　エラディケイト（Eradicate）No. 4
3. 目標　　　　　　　　　　　名古屋－三菱重工業名古屋発動機製作所（193）

1945年2月

4．参加部隊　　　　　　　　第73・313航空団
5．出撃爆撃機数　　　　　　117機
6．第1目標爆撃機数の割合　28％（第1目標33機、第2目標0機、最終順位目標54
　　　　　　　　　　　　　　機、臨機目標13機）
7．第1目標上空時間　　　　2月15日14時2分〜14時55分
8．攻撃高度　　　　　　　　25,300〜34,000フィート
9．目標上空の天候　　　　　視界良好ないし3/10
10．損失機数合計　　　　　　1機
11．作戦任務の概要　　　　　爆撃成果−203,000平方フィートを破壊、または
　損害を与えた。これは全屋根面積の5.4％である。出撃途次の悪天候は編隊を
　ばらばらにした。16機が早期帰還。1機が帰途に不時着水。敵機の迎撃は薄弱
　—攻撃回数166。敵機を7機撃墜、8機不確実撃墜、23機撃破。対空砲火は貧
　弱ないし中程度、不正確ないし正確。平均爆弾搭載量は第73航空団6,000ポン
　ド、第313航空団5,000ポンド。平均燃料残量1,156ガロン。54機が浜松の
　2,000,000平方フィートを破壊、または損害を与えた。

作戦任務第35号

1．日付　　　　　　　　　　1945年2月17日
2．コード名　　　　　　　　パンハンドル（Panhandle）No. 4
3．目標　　　　　　　　　　トラック−デュブロン島潜水艦基地
4．参加部隊　　　　　　　　第73航空団
5．出撃爆撃機数　　　　　　9機
6．第1目標爆撃機数の割合　89％（8機）
7．第1目標上空時間　　　　2月17日15時46分〜15時47分
8．攻撃高度　　　　　　　　25,000フィート
9．目標上空の天候　　　　　視界良好
10．損失機数合計　　　　　　0機
11．作戦任務の概要　　　　　爆撃成果は甚大。1機が無効果出撃。敵機の迎撃
　はなし。対空砲火は重砲、中程度で正確。平均爆弾搭載量2,500ポンド。平均
　燃料残量1,335ガロン。

— 37 —

作戦任務第36号

1. 日付　　　　　　　　　　1945年2月18日
2. コード名　　　　　　　　パンハンドル（Panhandle）No.5
3. 目標　　　　　　　　　　トラック－第1飛行場と第2飛行場
4. 参加部隊　　　　　　　　第313航空団
5. 出撃爆撃機数　　　　　　35機
6. 第1目標爆撃機数の割合　100%
7. 第1目標上空時間　　　　2月18日11時27分～12時40分
8. 攻撃高度　　　　　　　　24,000～25,900フィート
9. 目標上空の天候　　　　　1/10－4/10
10. 損失機数合計　　　　　　0機
11. 作戦任務の概要　　　　　爆撃成果は僅少。滑走路に微弱な穴をあけた。対
　　空砲火と敵機の迎撃は全くなし。平均爆弾搭載量9,492ポンド。平均燃料残量
　　1,335ガロン。

作戦任務第37号

1. 日付　　　　　　　　　　1945年2月19日
2. コード名　　　　　　　　エンキンドル（Enkindle）No.4
3. 目標　　　　　　　　　　東京－中島飛行機武蔵製作所（357）
4. 参加部隊　　　　　　　　第73・313航空団
5. 出撃爆撃機数　　　　　　150機
6. 第1目標爆撃機数の割合　0%（第1目標0機、第2目標119機、最終順位目標
　　　　　　　　　　　　　　7機、臨機目標5機）
7. 第1目標上空時間　　　　2月19日14時49分～15時47分
8. 攻撃高度　　　　　　　　24,500～30,000フィート
9. 目標上空の天候　　　　　5/10、もやと巻雲におおわれる。
10. 損失機数合計　　　　　　6機
11. 作戦任務の概要　　　　　第1目標を雲が覆っていたため、レーダーで第2
　　目標を爆撃した。爆撃効果判定は、目標地域の800,900平方フィートと査定し
　　た。13機が早期帰還、そのうち8機が臨機目標と最終順位目標に投弾した。1

1945年2月

機が帰途不時着水、2機が敵機の体当たり（ramming）で損失、1機が未確認
の原因で行方不明、2機が基地への帰投のさい破壊されたが、それは駐機中の
1機に墜落した1機が衝突したためであった。敵機の迎撃は強烈－攻撃回数
570。敵機39機撃墜、16機不確実撃墜、38機撃破。対空砲火は中程度ないし激
烈、不正確ないし正確。いくつかの空対空爆弾が報告された。平均爆弾搭載量
は第73航空団6,800ポンド、第313航空団5,400ポンド。平均燃料残量953ガロン。

[訳者注]　第24号と同じく、第1目標上空時間は第2目標東京市街地に対する
ものと判断されるべきである。

作戦任務第38号

1．日付	1945年2月25日
2．コード名	ミーティングハウス（Meetinghouse）No. 1
3．目標	東京市街地
4．参加部隊	第73・313・314航空団
5．出撃爆撃機数	229機
6．第1目標爆撃機数の割合	75％（第1目標172機、第2目標0機、最終順位目標28機、臨機目標1機）
7．第1目標上空時間	2月25日13時58分～15時52分
8．攻撃高度	23,500～31,000フィート
9．目標上空の天候	10/10
10．損失機数合計	3機
11．作戦任務の概要	3個の航空団が参加した初めての攻撃。市街地の28,000,000平方フィートを破壊した。28機が無効果出撃。2機が航空団集結地点で衝突した。1機が毀損調査の結果、損失とされた。敵機の迎撃は全くなし。対空砲火は貧弱で不正確。平均爆弾搭載量は第73航空団7,100ポンド、第313航空団5,100ポンド、第314航空団4,000ポンド。

[訳者注]　市街地を目標とした4度目の爆撃であり、これまでで最大規模の空
襲であった。グアム北飛行場の第314航空団が初参加した。

1945年3月

作戦任務第39号

1. 日付	1945年3月4日
2. コード名	エンキンドル(Enkindle)No.5
3. 目標	東京－中島飛行機武蔵製作所(357)
4. 参加部隊	第73・313航空団
5. 出撃爆撃機数	192機
6. 第1目標爆撃機数の割合	0％(第1目標0機、第2目標159機、最終順位目標17機、臨機目標1機)
7. 第1目標上空時間	3月5日8時40分～9時51分
8. 攻撃高度	25,100～28,900フィート
9. 目標上空の天候	10/10
10. 損失機数合計	1機

11. 作戦任務の概要　　　　　爆撃成果は未確認。弾着写真または爆撃後の写真による爆撃効果判定は得られていない。15機が早期帰還。敵機の迎撃は全くなし。対空砲火は貧弱ないし中程度で不正確。平均爆弾搭載量は第73航空団6,900ポンド、第313航空団5,700ポンド。平均燃料残量947ガロン。

［訳者注］　　これがB29による軍事工場への超高度からの昼間精密爆撃の最後の作戦であった。しかし、実際には、第2目標の東京市街地への無差別爆撃となった。この場合も、第1目標上空時間は第2目標東京市街地に対するものと考えるべきである。

作戦任務第40号

1. 日付	1945年3月9日
2. コード名	ミーティングハウス(Meetinghouse)No.2
3. 目標	東京市街地
4. 参加部隊	第73・313・314航空団
5. 出撃爆撃機数	325機

1945年3月

6．第1目標爆撃機数の割合　86％（第1目標279機、第2目標0機、最終順位目標5機、臨機目標15機）

7．第1目標上空時間　3月10日0時5分〜3時0分

8．攻撃高度　4,900〜9,200フィート

9．目標上空の天候　3/10

10．損失機数合計　14機

11．作戦任務の概要　469,146,000平方フィートを破壊、または損害を与えた（1,080エーカー、16.8平方マイル）。爆撃成果は甚大。26機が無効果出撃。2機が対空砲火で損失、1機が毀損調査で損失、4機が不時着水、7機が未確認の原因で損失。敵機の迎撃は薄弱−攻撃回数40、敵機に与えた損害の申告なし（no claims）。対空砲火は中程度ないし激烈で正確。平均爆弾搭載量は第73航空団13,880ポンド、第313航空団12,857ポンド、第314航空団9,763ポンド。平均燃料残量1,044ガロン。

[訳者注]　B29による対日戦略爆撃の方法を一変させた3月中旬の日本の4大都市（東京・名古屋・大阪・神戸）に加えられた5回の夜間低高度焼夷弾攻撃の最初のものである。

戦術作戦任務報告（Tactical Mission Report）の最終順位目標15機、臨機目標5機との記載の方が正しい。

作戦任務第41号

1．日付　1945年3月11日

2．コード名　マイクロスコープ（Microscope）No. 2

3．目標　名古屋市街地

4．参加部隊　第73・313・314航空団

5．出撃爆撃機数　310機

6．第1目標爆撃機数の割合　92％（第1目標285機、第2目標0機、最終順位目標と臨機目標6機）

7．第1目標上空時間　3月12日0時19分〜3時17分

8．攻撃高度　5,100〜8,500フィート

9．目標上空の天候　2/10

10．損失機数合計　1機

11. 作戦任務の概要　　　　　目標1729の394,660平方フィートを破壊し、市街地の56,892,000平方フィート（1,300エーカー、2.05平方マイル）を破壊した。19機が無効果出撃。1機が離陸直後に不時着水。敵戦闘機の迎撃は薄弱－攻撃回数47、敵機に与えた損害の申告なし。対空砲火は重砲、貧弱ないし激烈、おおむね不正確。平均爆弾搭載量は第73航空団13,880ポンド、第313航空団13,695ポンド、第314航空団9,827ポンド。平均燃料残量920ガロン。

［訳者注］　　目標1729とは愛知航空機永徳工場のことである。日本の軍事施設にはTarget Numberが付せられていたのであり、この作戦の目標という意味ではない。この作戦の目標（Primary　Target）は名古屋市街地（Nagoya　Urban Area）であった。

作戦任務第42号

1．日付　　　　　　　　　　1945年3月13日
2．コード名　　　　　　　　ピーチブロウ（Peachblow）No.1
3．目標　　　　　　　　　　大阪市街地
4．参加部隊　　　　　　　　第73・313・314航空団
5．出撃爆撃機数　　　　　　295機
6．第1目標爆撃機数の割合　93％（第1目標275機、第2目標0機、臨機目標5機）
7．第1目標上空時間　　　　3月13日23時57分～14日3時25分
8．攻撃高度　　　　　　　　5,000～9,600フィート
9．目標上空の天候　　　　　5/10－6/10
10．損失機数合計　　　　　　2機
11．作戦任務の概要　　　　　226,010,000平方フィート（5,200エーカー、8.1平方マイル）を破壊した。15機が早期帰還。1機が未確認の原因で損失。1機が毀損調査で損失。敵機の迎撃は微弱－攻撃回数30。敵機を1機撃墜、不確実撃墜と撃破はなし。対空砲火は中口径ないし重砲、貧弱ないし中程度、不正確ないし正確。平均爆弾搭載量13,739ポンド。平均燃料残量1,049ガロン。

［訳者注］　　戦術作戦任務報告には、第1目標大阪市街地に投弾したのは274機と記されている。
　　第21爆撃機軍団の「航空情報レポート」（Air Intelligence Report）4号（1945年3月29日付）によると、アメリカ軍は日本軍の20ミリ・25ミリ・40ミリ高射機関

1945年3月

砲を中口径砲(Jap Medium Flak)と称している。また、1945年8月5日付の第20航空軍司令部の「用語の定義」(Definitions of Terms)には、Medium AAとは20ミリから50ミリ口径のautomatic weaponである旨の記述がある。後出の第49号に記されている小口径の対空砲火(Light AA Fire)とは、7.7ミリから13.2ミリ口径のAA machine gunであると定義されている。

作戦任務第43号

1．日付	1945年3月16日
2．コード名	ミドルマン(Middleman)No. 2
3．目標	神戸市街地
4．参加部隊	第73・313・314航空団
5．出撃爆撃機数	331機
6．第1目標爆撃機数の割合	93％(第1目標307機、第2目標0機、最終順位目標と臨機目標1機)
7．第1目標上空時間	3月17日2時29分～4時52分
8．攻撃高度	5,000～9,500フィート
9．目標上空の天候	1/10−3/10
10．損失機数合計	3機
11．作戦任務の概要	85,458,000平方フィート(1,920エーカー、3.0平方マイル)を破壊した。23機が無効果出撃。3機が未確認の原因で損失。敵戦闘機の迎撃は中程度ないし強烈、非積極的−攻撃回数150。対空砲火は中口径ないし重砲、貧弱ないし激烈、不正確。平均爆弾搭載量14,931ポンド。平均燃料残量889ガロン。

[訳者注]　戦術作戦任務報告では、第1目標神戸市街地に投弾したのは306機である。

作戦任務第44号

1．日付	1945年3月18日
2．コード名	マイクロスコープ(Microscope)No. 3
3．目標	名古屋市街地

4．参加部隊　　　　　　　　第73・313・314航空団

5．出撃爆撃機数　　　　　　310機

6．第1目標爆撃機数の割合　94％（第1目標291機、第2目標0機、最終順位目標
　　　　　　　　　　　　　　と臨機目標0機）

7．第1目標上空時間　　　　3月19日2時4分〜4時48分

8．攻撃高度　　　　　　　　4,500〜9,000フィート

9．目標上空の天候　　　　　2/10

10．損失機数合計　　　　　　1機

11．作戦任務の概要　　　　　82,000,000平方フィート（1890エーカー、2.95平方
　マイル）を破壊した。作戦任務第41と第44号による名古屋の損害合計は、
　139,800,000平方フィート（3,200エーカー、5.0平方マイル）。18機が無効果出撃。
　1機が帰途に不時着水。敵機の迎撃は薄弱－攻撃回数41、敵機に与えた損害の
　申告なし。対空砲火は中口径ないし重砲、貧弱ないし中程度、不正確。レーダ
　ーコントロールが行われていたことが、最初サーチライトによって非常に正確
　な追跡がなされたことでわかった。平均爆弾搭載量13,144ポンド。平均燃料残
　量1,085ガロン。

作戦任務第45号

1．日付　　　　　　　　　　1945年3月24日

2．コード名　　　　　　　　エラディケイト（Eradicate）No.5

3．目標　　　　　　　　　　名古屋－三菱重工業名古屋発動機製作所（193）

4．参加部隊　　　　　　　　第73・313・314航空団

5．出撃爆撃機数　　　　　　249機

6．第1目標爆撃機数の割合　90％（第1目標223機、第2目標0機、臨機目標3機）

7．第1目標上空時間　　　　3月25日0時0分〜1時17分

8．攻撃高度　　　　　　　　5,800〜9,000フィート

9．目標上空の天候　　　　　3/10−5/10

10．損失機数合計　　　　　　5機

11．作戦任務の概要　　　　　上記の出撃爆撃機数には、観測写真撮影のために
　発進した1機が含まれている。戦術の必要上、なんらかの変化を指示するため
　であった。目標193（三菱重工業名古屋発動機製作所）に173,500平方フィートの

1945年3月

追加損害を与えた。名古屋市街地の8,053,800平方フィートを破壊した。名古屋陸軍造兵廠千種製造所(196)の51の建物を破壊した。三菱電機会社(254)の502,000平方フィートを破壊、または損害を与えた。名古屋陸軍造兵廠鳥居松製造所(200)の129,000平方フィートを破壊、または損害を与えた。呉羽織物工場のあわせて約350,000平方フィートを破壊した。朝日陶器工場のあわせて約350,000平方フィートを破壊した。1機が目標上空で対空砲火により損失、1機が出撃途中で不時着水、3機が未確認の原因で行方不明。22機が無効果出撃。敵機の迎撃は薄弱、敵機に与えた損害の申告なし。対空砲火は重砲、貧弱ないし激烈、不正確ないし正確。平均爆弾搭載量は第73航空団16,957ポンド、第313航空団15,330ポンド、第314航空団8,784ポンド。平均燃料残量1,021ガロン。

作戦任務第46号

1．日付	1945年3月27日	
2．コード名	フェアレス(Fearless)No.1	
3．目標	九州地域－太刀洗飛行場、大分飛行場、大村航空廠	
4．参加部隊	第73・314航空団	
5．出撃爆撃機数	161機	
6．第1目標爆撃機数の割合	94%(第1目標152機、第2目標0機、臨機目標31機)	
7．第1目標上空時間	1.太刀洗 3月27日10時40分〜11時5分	
	2.大分 3月27日10時44分〜11時41分	
	3.大村 3月27日11時1分〜11時20分	
8．攻撃高度	1.太刀洗14,500〜18,000フィート	
	2.大分 15,100〜18,000フィート	
	3.大村 15,000フィート	
9．目標上空の天候	1.太刀洗1/10－2/10	
	2.大分 1/10－3/10	
	3.大村 1/10－7/10	
10．損失機数合計	0機	
11．作戦任務の概要	太刀洗飛行場－606,500平方フィートを破壊、または損害を与えた。大村航空廠－257,000平方フィートを破壊、または損害を	

与えた。大分飛行場－112,175平方フィート、および住宅地域250,000平方フィートを破壊した。第73航空団の113機が太刀洗飛行場と大分飛行場を攻撃した。第314航空団の39機が大村航空廠を攻撃した。6機が無効果出撃。敵機の迎撃は、太刀洗飛行場、薄弱－攻撃回数21；大分飛行場、なし；大村航空廠、薄弱－攻撃回数7。敵機を3機撃墜、1機不確実撃墜、6機撃破。対空砲火は、太刀洗、重砲、貧弱で不正確；大分、重砲、貧弱で不正確；大村、重砲、貧弱ないし激烈、不正確ないし正確。平均爆弾搭載量6,907ポンド。平均燃料残量788ガロン。

[訳者注]　地名は大刀洗だが、飛行場は太刀洗である。したがって、太刀洗と記した場合は飛行場を指している。

　沖縄作戦支援のための飛行場爆撃作戦が3月27日と31日の九州飛行場への急襲をもって始まったのである。本格的には4月17日から5月11日までであり、この25日間に九州と四国の飛行場に93回の攻撃が実施された。4月8日を含めて、3月27日から5月11日までの間に、実質的に100回もの猛爆が加えられた。

作戦任務第47号

1．日付	1945年3月27日
2．コード名	スターベイション（Starvation）No.1
3．目標	下関海峡
4．参加部隊	第313航空団
5．出撃爆撃機数	102機
6．第1目標爆撃機数の割合	92%（第1目標97機、第2目標0機、最終順位目標と臨機目標0機）
7．第1目標上空時間	マイク3月27日22時37分～23時54分 ラブ　3月27日23時3分～28日1時6分
8．攻撃高度	マイク4,500～5,400フィート ラブ　4,600～5,100フィート
9．目標上空の天候	マイク0/10－6/10 ラブ　2/10－8/10
10．損失機数合計	3機
11．作戦任務の概要	機雷敷設作戦（Mining Mission）。おおむね成果

1945年3月

は甚大。下関海峡の西の入口を2週間、あるいはそれ以上封鎖した。5機が無効果出撃。3機が未確認の原因で損失。敵機の迎撃は薄弱－攻撃回数7。敵機を1機撃墜、不確実撃墜と撃破はなし。対空砲火は重砲、貧弱ないし激烈、不正確ないし正確。平均機雷搭載量12,000ポンド。平均燃料残量976ガロン。

［訳者注］ B29による最初の機雷敷設である。この段階では1,000ポンドと2,000ポンドの音響機雷と磁気機雷が混投された。マイク(Mike)は下関水域、ここでは彦島南方から若松半島沖、響灘、水島水道。ラブ(Love)は周防灘、ここでは主としてその西部をさす。

なお、アメリカ軍の呼称にしたがって、下関海峡の語を使った(以下同様)。

作戦任務第48号

1．日付　　　　　　　　　　1945年3月30日
2．コード名　　　　　　　　エラディケイト(Eradicate)No. 6
3．目標　　　　　　　　　　名古屋－三菱重工業名古屋発動機製作所(193)
4．参加部隊　　　　　　　　第314航空団
5．出撃爆撃機数　　　　　　14機
6．第1目標爆撃機数の割合　86％(第1目標12機、第2目標と最終順位目標0機)
7．第1目標上空時間　　　　3月30日23時46分～31日0時50分
8．攻撃高度　　　　　　　　6,800～7,900フィート
9．目標上空の天候　　　　　10/10
10．損失機数合計　　　　　　0機
11．作戦任務の概要　　　　　爆撃成果は僅少。新しい損害を与えたとは認められなかった。2機が無効果出撃。敵機の迎撃は全くなし。対空砲火は重砲、貧弱ないし中程度、不正確ないし正確。平均爆弾搭載量8,682ポンド。平均燃料残量852ガロン。

作戦任務第49号

1．日付　　　　　　　　　　1945年3月30日
2．コード名　　　　　　　　スターベイシヨン(Starvation)No. 2
3．目標　　　　　　　　　　下関海峡

4．参加部隊　　　　　　　　第313航空団

5．出撃爆撃機数　　　　　　94機

6．第1目標爆撃機数の割合　92%（第1目標87機、第2目標と最終順位目標0機）

7．第1目標上空時間　　　　L－3月31日0時34分〜1時45分

　　　　　　　　　　　　　I－3月31日0時24分〜2時48分

　　　　　　　　　　　　　J－3月30日23時53分〜31日0時41分

　　　　　　　　　　　　　R－3月31日1時3分〜2時2分

8．攻撃高度　　　　　　　　L－4,850〜5,150フィート

　　　　　　　　　　　　　I－4,700〜6,000フィート

　　　　　　　　　　　　　J－7,800〜8,200フィート

　　　　　　　　　　　　　R－6,900〜7,450フィート

9．目標上空の天候　　　　　0/10－8/10

10．損失機数合計　　　　　　1機

11．作戦任務の概要　　　　　94機が機雷敷設海域ラブ(Love)、アイテム(Item)、ジグ(Jig)、ロジャー(Roger)に派遣された。39機がラブ、11機がジグ、28機がアイテム、9機がロジャー。7機が無効果出撃。成果はおおむね甚大。下関海峡の東の入口を2週間封鎖。呉・広島間の航海を1週間制限。佐世保への大型艦船の航行を1週間制限。1機が基地への帰投のさい破損着陸した。敵機の迎撃はほとんどなし（1回攻撃）。対空砲火は小口径と重砲、貧弱ないし中程度、不正確ないし正確。平均機雷搭載量12,000ポンド。平均燃料残量879ガロン。

[訳者注]　ラブは、ここでは周防灘西北部（関門海峡東入口）。アイテムは呉・広島水域、ここでは西能美島の南、倉橋島の西から屋代島まで、主として柱島水道。ジグは広島水域、厳島と西能美島の間。ロジャーは佐世保水域、ここでは平戸島から佐世保湾入口まで。

作戦任務第50号

1．日付　　　　　　　　　　1945年3月31日

2．コード名　　　　　　　　フェアレス(Fearless)No.2

3．目標　　　　　　　　　　九州地域－大刀洗機械工場・大村飛行場施設

4．参加部隊　　　　　　　　第73・314航空団

1945年 3 月

5．出撃爆撃機数　　　　149機
6．第 1 目標爆撃機数の割合　92%（第 1 目標136機、第 2 目標と最終順位目標 0 機）
7．第 1 目標上空時間　　　大刀洗－ 3 月31日10時40分〜11時19分
　　　　　　　　　　　　　大村　－ 3 月31日10時51分〜11時42分
8．攻撃高度　　　　　　　大刀洗－14,500〜17,500フィート
　　　　　　　　　　　　　大村　－15,000〜17,500フィート
9．目標上空の天候　　　　0/10－3/10
10．損失機数合計　　　　　 1 機
11．作戦任務の概要　　　　爆撃成果は、太刀洗が良好、大村が甚大。11機が
　無効果出撃。 1 機が目標への出撃途中で不時着水。敵機の迎撃は軽微－攻撃回
　数75。敵機を 2 機撃墜、 2 機不確実撃墜、 6 機撃破。対空砲火は、大村では重
　砲、貧弱ないし激烈、不正確ないし正確、太刀洗では重砲、貧弱ないし中程度、
　不正確。平均爆弾搭載量7,867ポンド。平均燃料残量677ガロン。

［訳者注］　目標とされた大刀洗機械工場（Tachiarai Machine Works）とは、太
　刀洗飛行場に隣接した大刀洗製作所（九州飛行機の子会社）のことであろう。『大
　刀洗町史』（1990年）によると、この日、大刀洗製作所は壊滅的損害を被ったと
　いう。

— 49 —

1945年4月

作戦任務第51号

1. 日付　　　　　　　　　1945年4月1日
2. コード名　　　　　　　エンキンドル(Enkindle) No. 6
3. 目標　　　　　　　　　東京－中島飛行機武蔵製作所(357)
4. 参加部隊　　　　　　　第73航空団
5. 出撃爆撃機数　　　　　122機
6. 第1目標爆撃機数の割合　95%(116機)
7. 第1目標上空時間　　　4月2日2時1分～3時43分
8. 攻撃高度　　　　　　　5,900～7,960フィート
9. 目標上空の天候　　　　晴れ、多少もや
10. 損失機数合計　　　　　6機
11. 作戦任務の概要　　　　爆撃成果－写真解読による可視損害なし。3機が
　　早期帰還、1機が離陸直後に墜落、5機が未確認の原因で行方不明。敵機の迎
　　撃は微弱－攻撃回数35。敵機を1機撃墜、2機不確実撃墜、撃破なし。対空砲
　　火は小口径、中口径、重砲、中程度ないし激烈、不正確ないし正確。上記の出
　　撃機合計数には、照明弾搭載の1機が含まれている。平均爆弾搭載量19,428ポ
　　ンド。平均燃料残量737ガロン。

[訳者注]　　第1目標上空時間の終わりが、原文には030443Kと記されている。こ
れは明らかに誤記であり、020443Kと思われるので修正しておいた。

作戦任務第52号

1. 日付　　　　　　　　　1945年4月1日
2. コード名　　　　　　　スターベイション(Starvation) No. 3
3. 目標　　　　　　　　　機雷敷設海域－ハウ(How)、呉港
4. 参加部隊　　　　　　　第313航空団
5. 出撃爆撃機数　　　　　6機
6. 第1目標爆撃機数の割合　100%

1945年4月

7．第1目標上空時間　　　　　4月2日0時2分～0時33分
8．攻撃高度　　　　　　　　　25,700～26,450フィート
9．目標上空の天候　　　　　　視界良好
10．損失機数合計　　　　　　　0機
11．作戦任務の概要　　　　　　機雷敷設成果は甚大。搭載した機雷48個のうち40
個以上が有効の見込み。数日間、呉港での艦船の航行に重大な支障をもたらし
たと推定。敵機の迎撃は全くなし。対空砲火は微弱で不正確。平均機雷搭載量
8,000ポンド。

［訳者注］　ハウ(How)は呉軍港、ここでは呉港と西能美島の間。なお、ここに
記されている攻撃高度は機雷投下としては非常に高すぎる。

作戦任務第53号

1．日付　　　　　　　　　　　1945年4月2日
2．コード名　　　　　　　　　スターベイション(Starvation)No. 4
3．目標　　　　　　　　　　　機雷敷設海域－アイテム(Item)、広島水域
4．参加部隊　　　　　　　　　第313航空団
5．出撃爆撃機数　　　　　　　10機
6．第1目標爆撃機数の割合　　90%（9機）
7．第1目標上空時間　　　　　4月3日0時16分～0時36分
8．攻撃高度　　　　　　　　　6,000～6,100フィート
9．目標上空の天候　　　　　　3/10
10．損失機数合計　　　　　　　0機
11．作戦任務の概要　　　　　　機雷敷設成果は甚大。スターベイションNo. 2で
敷設されないままになっていた水域で、機雷投下に成功した。呉－広島水域を
比較的厳重に封鎖。敵機の迎撃は全くなし。対空砲火は貧弱で不正確。平均機
雷搭載量12,000ポンド。

［訳者注］　アイテム(Item)は、ここでは屋代島の北から柱島水道を経て、呉港
の南入口まで。

作戦任務第54号

1．日付　　　　　　　　　　　1945年4月3日
2．コード名　　　　　　　　　スターベイション（Starvation）No. 5
3．目標　　　　　　　　　　　機雷敷設海域－アイテム（Item）、広島水域
4．参加部隊　　　　　　　　　第313航空団
5．出撃爆撃機数　　　　　　　9機
6．第1目標爆撃機数の割合　　100％
7．第1目標上空時間　　　　　4月3日23時10分〜23時45分
8．攻撃高度　　　　　　　　　6,000〜6,150フィート
9．目標上空の天候　　　　　　1/10－10/10
10．損失機数合計　　　　　　　0機
11．作戦任務の概要　　　　　　機雷敷設成果は甚大。呉港の南入口を完全に封鎖
　し、東入口を利用する艦船の航行にも強い脅威を与えたようである。敵機の迎
　撃は全くなし。対空砲火は皆無ないし貧弱。平均機雷搭載量12,000ポンド。

[訳者注]　アイテムは、ここでは大畠瀬戸の北入口から柱島水道、呉の南入口、
　広島湾を指している。

作戦任務第55号

1．日付　　　　　　　　　　　1945年4月3日
2．コード名　　　　　　　　　アップキャスト（Upcast）No. 1
3．目標　　　　　　　　　　　静岡－静岡航空機工場（2011）
4．参加部隊　　　　　　　　　第314航空団
5．出撃爆撃機数　　　　　　　49機
6．第1目標爆撃機数の割合　　98％（48機）
7．第1目標上空時間　　　　　4月4日1時30分〜3時35分
8．攻撃高度　　　　　　　　　7,000〜9,000フィート
9．目標上空の天候　　　　　　0/10〜2/10
10．損失機数合計　　　　　　　0機
11．作戦任務の概要　　　　　　爆撃成果－搭乗員の報告によると、僅少ないし甚
　大。写真が十分でないので、精度は判定できなかった。敵機の迎撃は全くなし。

1945年 4 月

対空砲火は中口径と重砲、貧弱、不正確ないし正確。平均爆弾搭載量9,300ポンド。平均燃料残量1,126ガロン。1機早期帰還。

[訳者注] この作戦の目標は、Shizuoka A/C plantと記されている。三菱重工業静岡発動機製作所のことである。

作戦任務第56号

1．日付	1945年 4 月 3 日	
2．コード名	フリアウス(Furious)No.1	
3．目標	小泉飛行機製作所 90.13-1545	
	第 2 目標－東京市街地	
4．参加部隊	第313航空団	
5．出撃爆撃機数	78機	
6．第 1 目標爆撃機数の割合	62%(第 1 目標48機、第 2 目標18機)	
7．第 1 目標上空時間	4 月 4 日 1 時14分～ 2 時41分	
8．攻撃高度	7,000～7,600フィート	
9．目標上空の天候	10/10	
10．損失機数合計	0 機	

11．作戦任務の概要　　　爆撃成果－353,600平方フィート、全屋根面積の9.5%を破壊、または損害を与えた。これで損害合計は882,900平方フィート、全屋根面積の23.8%となる。12機が無効果出撃。敵機の迎撃は薄弱－攻撃回数 2 。敵機を 1 機撃墜、不確実撃墜と撃破はなし。平均爆弾搭載量14,829ポンド。平均燃料残量947ガロン。

[訳者注] 目標は、Koizumi A/C Factoryと記されている。これは中島飛行機小泉製作所(群馬県)である。この工場のTarget Numberが原文では90.17-1545と誤記されているので、訂正しておいた。原資料の索引でも90.13-1545となっている。

作戦任務第57号

1．日付	1945年 4 月 3 日	
2．コード名	モデラー(Modeller)No.1	

３．目標　　　　　　　　　立川－立川飛行機会社 90.17-792

　　　　　　　　　　　　　第２目標－川崎市街地

４．参加部隊　　　　　　　第73航空団

５．出撃爆撃機数　　　　　113機

６．第１目標爆撃機数の割合　54％（第１目標64機、第２目標47機、臨機目標２機）

７．第１目標上空時間　　　４月４日２時30分～４時６分

８．攻撃高度　　　　　　　5,700～7,200フィート

９．目標上空の天候　　　　9/10－10/10

10．損失機数合計　　　　　１機

11．作戦任務の概要　　　　爆撃成果は多大－365,081平方フィート、全屋根
　面積の12.7％を破壊、または損害を与えた。これで損害合計は505,081平方フ
　ィート、全屋根面積の17,5％。４機が無効果出撃。１機が未確認の原因で行方
　不明。敵機の迎撃は薄弱。対空砲火は重砲と中口径、貧弱ないし中程度、不正
　確。「火の球」（Ball of Fire）に後続機が気づいた。平均爆弾搭載量17,959ポン
　ド。平均燃料残量796ガロン。

［訳者注］　「火の球」というのは、日本海軍の空対空の親子爆弾「三号爆弾」
　であるという（奥住喜重・早乙女勝元『東京を爆撃せよ』三省堂）。

作戦任務第58号

１．日付　　　　　　　　　1945年４月７日

２．コード名　　　　　　　エンキンドル（Enkindle）No. 7

３．目標　　　　　　　　　東京－中島飛行機武蔵製作所 90.17-357

４．参加部隊　　　　　　　第73航空団

５．出撃爆撃機数　　　　　107機

６．第１目標爆撃機数の割合　94％（第１目標101機、臨機目標１機）

７．第１目標上空時間　　　４月７日10時０分～10時６分

８．攻撃高度　　　　　　　12,000～16,400フィート

９．目標上空の天候　　　　視界良好－2/10

10．損失機数合計　　　　　３機

11．作戦任務の概要　　　　爆撃成果－詳細は第63号参照。５機が無効果出撃。
　２機を対空砲火で、１機を空対空爆弾で失った。友軍戦闘機が掩護した最初の

1945年4月

作戦任務－約80機のP51が編隊を組んで掩護した。掩護は、敵機の集団を分裂させるのに役立った。敵戦闘機の迎撃は強烈、積極的ないし非常に積極的－攻撃回数450。敵機を40機撃墜、30機不確実撃墜、40機撃破。P51が敵機63機を撃墜したと搭乗員が報告。報告数には、いくらかの重複があるかも知れない。P51は1機損失。対空砲火は重砲、中程度ないし激烈、正確ないし非常に正確。上記の出撃爆撃機数合計には、戦闘機の航法援助のために発進した3機は含まれていない。平均爆弾搭載量10,275ポンド。平均燃料残量547ガロン。

[訳者注] 硫黄島基地のP51戦闘機ムスタングの日本本土への初来襲でもあった。空母発進の艦上機は、2月16・17日に関東地方へ初来襲し、以後、各地に反復して来襲していた。

作戦任務第59号

1．日付　　　　　　　　　　1945年4月7日
2．コード名　　　　　　　　エラディケイト(Eradicate)No.7
3．目標　　　　　　　　　　名古屋－三菱重工業名古屋発動機製作所 90.20-193
4．参加部隊　　　　　　　　第313・314航空団
5．出撃爆撃機数　　　　　　194機
6．第1目標爆撃機数の割合　78％(第1目標151機、最終順位目標28機)
7．第1目標上空時間　　　　4月7日11時0分～12時54分
8．攻撃高度　　　　　　　　16,000～25,000フィート
9．目標上空の天候　　　　　視界良好－2/10
10．損失機数合計　　　　　　2機
11．作戦任務の概要　　　　　爆撃成果は甚大。爆撃後の写真によると、目標を実質的に破壊－屋根面積の3,584,100平方フィートを破壊、または損害を与えた。これは全屋根面積の94％である。10機が早期帰還。1機が対空砲火で、1機が敵機により損失。敵機の迎撃は強烈、非効果的、非積極的－攻撃回数201。敵機を18機撃墜、10機不確実撃墜、19機撃破。対空砲火は重砲、中程度ないし激烈、不正確ないし正確。平均爆弾搭載量は第313航空団8,776ポンド、第314航空団8,993ポンド。平均燃料残量は第313航空団975ガロン、第314航空団754ガロン。

作戦任務第60号

1．日付　　　　　　　　　　1945年4月8日
2．コード名　　　　　　　　チェックブック（Checkbook）No.1
3．目標　　　　　　　　　　第1目標－鹿屋飛行場（目視）90.38-1378、鹿児島
　　　　　　　　　　　　　　市街地（レーダー）、第2目標－出水（Izumi）飛行場
4．参加部隊　　　　　　　　第73航空団
5．出撃爆撃機数　　　　　　32機
6．第1目標爆撃機数の割合　91％（29機）
7．第1目標上空時間　　　　4月8日10時29分～10時53分
8．攻撃高度　　　　　　　　17,000～19,300フィート
9．目標上空の天候　　　　　10/10
10．損失機数合計　　　　　　0機
11．作戦任務の概要　　　　　爆撃成果－第61号参照。雲量10/10のため、レー
　　ダーで鹿児島市を爆撃した。3機が無効果出撃。敵機の迎撃は全くなし。対空
　　砲火は薄弱、不正確。平均爆弾搭載量8,560ポンド。平均燃料残量639ガロン。

作戦任務第61号

1．日付　　　　　　　　　　1945年4月8日
2．コード名　　　　　　　　ファミッシュ（Famish）No.1
3．目標　　　　　　　　　　第1目標－鹿屋東飛行場（目視）90.38-2516,鹿児
　　　　　　　　　　　　　　島（レーダー）、第2目標－国分飛行場 90.38-2525
4．参加部隊　　　　　　　　第313航空団
5．出撃爆撃機数　　　　　　21機
6．第1目標爆撃機数の割合　29％（目視6機）、62％（レーダー13機）
7．第1目標上空時間　　　　鹿屋東飛行場4月8日10時32分
　　　　　　　　　　　　　　鹿児島4月8日10時32分～10時35分
8．攻撃高度　　　　　　　　鹿屋東飛行場17,010～17,800フィート
　　　　　　　　　　　　　　鹿児島17,000～18,000フィート
9．目標上空の天候　　　　　10/10
10．損失機数合計　　　　　　1機

1945年4月

11．作戦任務の概要　　　　　爆撃成果－作戦任務第60号と第61号による鹿児島
の破壊合計は、約1,260,000平方フィート。1機行方不明－離陸後まもなく墜
落。敵機の迎撃と対空砲火は全くなし。平均爆弾搭載量9,095ポンド。平均燃
料残量1,076ガロン。

[訳者注]　　国分飛行場のTarget Numberは、第86号以降、90.38-2520となって
いる。第72号と第80号は90.38-2525である。

作戦任務第62号

1．日付　　　　　　　　　　1945年4月9日
2．コード名　　　　　　　　スターベイション(Starvation)No.6
3．目標　　　　　　　　　　下関海峡
4．参加部隊　　　　　　　　第313航空団
5．出撃爆撃機数　　　　　　20機
6．第1目標爆撃機数の割合　80％(16機)
7．第1目標上空時間　　　　 4月10日0時35分～1時30分
8．攻撃高度　　　　　　　　5,000～6,300フィート
9．目標上空の天候　　　　　8/10－10/10
10．損失機数合計　　　　　　 0機
11．作戦任務の概要　　　　　機雷敷設成果は甚大。この作戦任務によって、下
関海峡の西入口の封鎖がさらに5～7日間続いたようである。敵機の迎撃と対
空砲火は全くなし。平均機雷搭載量12,000ポンド。

作戦任務第63号

1．日付　　　　　　　　　　1945年4月12日
2．コード名　　　　　　　　エンキンドル(Enkindle)No.8
3．目標　　　　　　　　　　東京－中島飛行機武蔵製作所 90.17-357
4．参加部隊　　　　　　　　第73航空団
5．出撃爆撃機数　　　　　　114機
6．第1目標爆撃機数の割合　82.5％(第1目標94機、第2目標11機、臨機目標2機)
7．第1目標上空時間　　　　 4月12日11時8分～11時21分

8．攻撃高度　　　　　　　　　12,000〜17,500フィート

9．目標上空の天候　　　　　　濃霧－2/10積雲

10．損失機数合計　　　　　　　0機

11．作戦任務の概要　　　　　　爆撃成果－作戦任務第58号と第63号による損害は、合わせて886,900平方フィート、全屋根面積の48.2%である。工場の東地区の主な損害は1,075,500平方フィート、屋根面積の94%である。工場の西地区には71,000平方フィート、屋根面積の10.1%を破壊、または損害を与えた。これで目標357の全損害は、1,146,500平方フィート、全屋根面積の62.6%である。静岡航空機発動機工場(90.18-2011)の損害結果は、823,000平方フィート、目標そのものの全屋根面積の86%に達した。上記の出撃爆撃機数には、約90機のP51の航法援助をおこなった4機は含まれていない。7機が無効果出撃。敵機の迎撃は中程度－攻撃回数120。敵機を16機撃墜、2機不確実撃墜、12機撃破。P51の申告は20機撃墜。対空砲火は重砲、中程度ないし激烈、おおむね正確。P51を4機損失－パイロット1人を救出。平均爆弾搭載量10,762ポンド。平均燃料残量532ガロン。

［訳者注］　文中にShizuoka A/C Engine Plantとあるが、第55号と同じく三菱重工業静岡発動機製作所のことである。

作戦任務第64号

1．日付　　　　　　　　　　　　1945年4月12日

2．コード名　　　　　　　　　　バターボール(Butterball) No. 1

3．目標　　　　　　　　　　　　郡山－保土ヶ谷化学工業会社　90.9-2025

4．参加部隊　　　　　　　　　　第313航空団

5．出撃爆撃機数　　　　　　　　82機

6．第1目標爆撃機数の割合　　　78%（第1目標64機、臨機目標11機）

7．第1目標上空時間　　　　　　4月12日11時20分〜12時30分

8．攻撃高度　　　　　　　　　　7,000〜15,000フィート

9．目標上空の天候　　　　　　　晴れ、視程12-15マイル

10．損失機数合計　　　　　　　　0機

11．作戦任務の概要　　　　　　　爆撃成果は甚大－458,000平方フィート、屋根面積の59%を破壊、または損害を与えた。目標2025に近接している目標1658東北

アルミニウム工場(Northeast Aluminum Plant)の130,000平方フィート、全屋根面積の68%を破壊、または損害を与えた。7機が無効果出撃。敵機の迎撃は微弱－攻撃回数2、敵機に与えた損害の申告なし。対空砲火－高射機関砲(AW)、貧弱、不正確。地対空ロケットの可能性あり。平均爆弾搭載量8,939ポンド。平均燃料残量948ガロン。

作戦任務第65号

1．日付	1945年4月12日	
2．コード名	ランチルーム(Lunchroom)No. 1	
3．目標	郡山－郡山化学工業会社 90.9-6129	
4．参加部隊	第314航空団	
5．出撃爆撃機数	85機	
6．第1目標爆撃機数の割合	84%(第1目標71機、臨機目標6機)	
7．第1目標上空時間	4月12日11時33分～12時28分	
8．攻撃高度	7,000～9,000フィート	
9．目標上空の天候	晴れ、視程12-15マイル	
10．損失機数合計	2機	

11．作戦任務の概要　　爆撃成果は甚大－すべての主な建物に重大な損害を与えたか、または破壊した。555,000平方フィート、全屋根面積の73%。1機が帰途不時着水、1機がアガニア飛行場に墜落炎上－1人生存。8機が無効果出撃。敵機の迎撃は微弱－空対空爆弾攻撃が2回試みられた。敵機に与えた損害の申告なし。対空砲火は中口径、貧弱で不正確。平均爆弾搭載量5,342ポンド。平均燃料残量927ガロン。

[訳者注]　アガニア(Agana)はグアムの首都。

作戦任務第66号

1．日付	1945年4月12日	
2．コード名	スターベーション(Starvation)No. 7	
3．目標	機雷敷設海域－ラブ(Love)、下関海峡水域	
4．参加部隊	第313航空団	

5．出撃爆撃機数　　　　　　5機

6．第1目標爆撃機数の割合　100%

7．第1目標上空時間　　　　4月13日0時46分〜1時16分

8．攻撃高度　　　　　　　　6,850〜7,110フィート

9．目標上空の天候　　　　　もや−視程5マイル

10．損失機数合計　　　　　　0機

11．作戦任務の概要　　　　　機雷敷設成果は甚大。下関海峡の東入口の封鎖が
　　さらに2〜3日続いたと推定。機雷敷設の性質上、船舶の航行は数週間安全で
　　ないであろう。敵機の迎撃と対空砲火は全くなし。平均機雷搭載量12,000ポン
　　ド。平均燃料残量は得られず。

作戦任務第67号

1．日付　　　　　　　　　　1945年4月13日

2．コード名　　　　　　　　パーディション（Perdition）No.1

3．目標　　　　　　　　　　東京−東京陸軍造兵廠地域 90.17-201-309

4．参加部隊　　　　　　　　第73・313・314航空団

5．出撃爆撃機数　　　　　　348機

6．第1目標爆撃機数の割合　94.3%（第1目標328機、臨機目標4機）

7．第1目標上空時間　　　　4月13日22時57分〜14日2時29分

8．攻撃高度　　　　　　　　5,500〜25,000フィート

9．目標上空の天候　　　　　晴れ、火災から立ちのぼる煙を除いて視程無限

10．損失機数合計　　　　　　7機

11．作戦任務の概要　　　　　爆撃成果−甚大、296,000,000平方フィート、
　　10.7平方マイル、6,850エーカーを破壊した。16機が無効果出撃。6機が未確
　　認の原因で行方不明、1機が帰途不時着水。敵機の迎撃−中程度、攻撃回数85、
　　1/3が積極的。敵機を6機撃墜、不確実撃墜なし、2機撃破。対空砲火は重砲
　　と中口径、貧弱ないし激烈、不正確ないし正確。平均爆弾搭載量は第73航空団
　　16,887ポンド、第313航空団15,125ポンド、第314航空団9,409ポンド。平均燃
　　料残量は第73航空団779ガロン、第313航空団1,006ガロン、第314航空団1,158
　　ガロン。

［訳者注］　目標は東京陸軍造兵廠地域（Tokyo Arsenal Arer）となっているが、

1945年4月

実際は東京北部市街地空襲というべきものであった。

作戦任務第68号

1.	日付	1945年4月15日
2.	コード名	ブリスケット (Brisket) No.1
3.	目標	川崎市街地 90.17-3604
4.	参加部隊	第313・314航空団
5.	出撃爆撃機数	219機
6.	第1目標爆撃機数の割合	89％（第1目標194機、臨機目標1機）
7.	第1目標上空時間	4月15日22時42分〜16日0時56分
8.	攻撃高度	6,900〜10,000フィート
9.	目標上空の天候	晴れ、ないし3/10
10.	損失機数合計	11機
11.	作戦任務の概要	爆撃成果−80,920,000平方フィート、2.9平方マ

イルを破壊。11機が未確認の原因で行方不明。17機が無効果出撃。敵機の迎撃
は中程度ないし強烈、積極的−341機視認、攻撃回数43。搭乗員からの報告に
よると、多数のB29が目標上空で火炎の中に落ちていったという。対空砲火は
重砲、貧弱ないし激烈、不正確ないし正確。平均爆弾搭載量は第313航空団
14,985ポンド、第314航空団9,659ポンド。平均燃料残量は第313航空団1,065ガ
ロン、第314航空団1,073ガロン。

［訳者注］　次の第69号と連携した作戦任務であり、多摩川右岸川崎市街地への
空襲であった。第68・69号を合わせて、東京南部・川崎市街地空襲である。

作戦任務第69号

1.	日付	1945年4月15日
2.	コード名	アレンジ (Arrange) No.1
3.	目標	東京市街地 90.17-3601
4.	参加部隊	第73航空団
5.	出撃爆撃機数	118機
6.	第1目標爆撃機数の割合	92％（109機）

7．第1目標上空時間　　　　　4月15日22時25分～23時55分

8．攻撃高度　　　　　　　　　8,300～9,800フィート

9．目標上空の天候　　　　　　晴れ、ないし3/10

10．損失機数合計　　　　　　　1機

11．作戦任務の概要　　　　　　東京市街地への低空(low level)焼夷弾攻撃。爆
　　撃成果－作戦任務第68号と第69号の結果、144,680,000平方フィート、5.2平方
　　マイルを破壊。これで損害合計909,826,000平方フィート、32.74平方マイル。
　　9機が無効果出撃。1機が帰途に硫黄島に墜落。敵機の迎撃は微弱－攻撃回数
　　20。敵機を1機撃墜、不確実撃墜と撃破なし。いくつかの火の球(Balls of
　　Fire)が認められた。対空砲火は重砲と中口径、貧弱ないし激烈、不正確ない
　　し正確。平均爆弾搭載量15,398ポンド。平均燃料残量997ガロン。

［訳者注］　　第68号参照のこと。東京南部・川崎市街地空襲のうち、多摩川左岸地
　　域(東京南部)への作戦任務である。
　　ここでいうLow Levelとは比較的低空と考えられる高度の意味であろう。「火
　　の球」というのは、日本海軍の空対空の親子爆弾「三号爆弾」であるという
　　(第57号参照)。

作戦任務第70号

1．日付　　　　　　　　　　　1945年4月17日

2．コード名　　　　　　　　　ブリッシュ(Bullish)No.1

3．目標　　　　　　　　　　　出水(Izumi)飛行場 90.37-2512

4．参加部隊　　　　　　　　　第73航空団

5．出撃爆撃機数　　　　　　　22機

6．第1目標爆撃機数の割合　　91％(第1目標20機、臨機目標2機)

7．第1目標上空時間　　　　　4月17日14時28分～14時29分

8．攻撃高度　　　　　　　　　15,000～16,100フィート

9．目標上空の天候　　　　　　晴れ、地上うすいもや、空中－地上の視程10-12
　　　　　　　　　　　　　　　マイル

10．損失機数合計　　　　　　　0機

11．作戦任務の概要　　　　　　爆撃成果は多大－詳細は第79号参照。2機がそれ
　　ぞれパガン島と父島を爆撃した。敵機の迎撃は全くなし。目標上空での対空砲

1945年 4 月

火は全くなし。目標途上での対空砲火－重砲、貧弱で不正確。平均爆弾搭載量
8,480ポンド。平均燃料残量714ガロン。

［訳者注］　沖縄作戦支援のための本格的な飛行場爆撃作戦の開始である。5月
11日まで続く。

作戦任務第71号

1．日付　　　　　　　　　1945年 4 月17日
2．コード名　　　　　　　アグアスト（Aghast）No. 1
3．目標　　　　　　　　　太刀洗飛行場 90.35-1236
4．参加部隊　　　　　　　第73航空団
5．出撃爆撃機数　　　　　21機
6．第 1 目標爆撃機数の割合　100%
7．第 1 目標上空時間　　　 4 月17日14時51分～15時 0 分
8．攻撃高度　　　　　　　15,000～16000フィート
9．目標上空の天候　　　　晴れ、地上うすいもや、空中－地上の視程10-12
　　　　　　　　　　　　　マイル
10．損失機数合計　　　　　0 機
11．作戦任務の概要　　　　爆撃成果は多大－詳細は第76号参照。敵機の迎撃
　　は微弱－攻撃回数15。敵機を 1 機撃墜、 6 機不確実撃墜、 2 機撃破。対空砲火
　　は重砲、貧弱で不正確。平均爆弾搭載量8,544ポンド。平均燃料残量706ガロン。

［訳者注］　地名は大刀洗だが、飛行場は太刀洗である。

作戦任務第72号

1．日付　　　　　　　　　1945年 4 月17日
2．コード名　　　　　　　バランカ（Barranca）No. 1
3．目標　　　　　　　　　国分飛行場 90.38-2525
4．参加部隊　　　　　　　第313航空団
5．出撃爆撃機数　　　　　24機
6．第 1 目標爆撃機数の割合　83%（第 1 目標20機、臨機目標 1 機）
7．第 1 目標上空時間　　　 4 月17日14時30分～14時38分

— 63 —

8．攻撃高度		17,300フィート
9．目標上空の天候		晴れ、地上うすいもや、空中－地上の視程10-12マイル
10．損失機数合計		0機
11．作戦任務の概要		爆撃成果－第80号参照。3機が無効果出撃。1機

が宮崎飛行場を爆撃。敵機の迎撃は薄弱－攻撃回数3。敵機を1機撃破、撃墜も不確実撃墜もなし。対空砲火は重砲、貧弱で不正確。平均爆弾搭載量13,780ポンド。平均燃料残量878ガロン。

[訳者注]　国分飛行場のTarget Numberは、第86号のBarranca No.3以後、90.38-2520となっている。

作戦任務第73号

1．日付	1945年4月17日
2．コード名	ファミッシュ(Famish) No.2
3．目標	鹿屋東飛行場 90.38-2516
4．参加部隊	第313航空団
5．出撃爆撃機数	21機
6．第1目標爆撃機数の割合	95％
7．第1目標上空時間	4月17日14時47分～14時50分
8．攻撃高度	16,000～17,300フィート
9．目標上空の天候	晴れ、地上うすいもや、空中－地上の視程10-12マイル
10．損失機数合計	0機
11．作戦任務の概要	爆撃成果は多大－詳細は第77号参照。1機は宮崎

を爆撃。敵機の迎撃は全くなし。対空砲火は重砲、貧弱で不正確。平均爆弾搭載量11,780ポンド。平均燃料残量949ガロン。

作戦任務第74号

1．日付	1945年4月17日
2．コード名	ブッシング(Bushing) No.1

1945年4月

3．目標　　　　　　　　　新田原飛行場 90.33-2531

4．参加部隊　　　　　　　第314航空団

5．出撃爆撃機数　　　　　10機

6．第1目標爆撃機数の割合　70%（7機）

7．第1目標上空時間　　　 4月17日15時10分

8．攻撃高度　　　　　　　18,000～18,500フィート

9．目標上空の天候　　　　晴れ、地上うすいもや、空中－地上の視程10-12
　　　　　　　　　　　　　マイル

10．損失機数合計　　　　　 0機

11．作戦任務の概要　　　　爆撃成果は多大－詳細は第81号参照。 3機が無効
　果出撃。敵機の迎撃は全くなし。平均爆弾搭載量5,950ポンド。平均燃料残量
　1,516ガロン。

［訳者注］　原文では、目標をNittagahara A/Fと記している。なお、新田原（に
　ゅうたばる）飛行場のTarget Numberは、第81号のBushing No.2だけが90.38
　-2531となっっている。

作戦任務第75号

1．日付　　　　　　　　　1945年4月17日

2．コード名　　　　　　　チェックブック（Checkbook）No.2

3．目標　　　　　　　　　鹿屋飛行場 90.38-1378

4．参加部隊　　　　　　　第314航空団

5．出撃爆撃機数　　　　　34機

6．第1目標爆撃機数の割合　88%（30機）

7．第1目標上空時間　　　 4月17日14時38分～14時44分

8．攻撃高度　　　　　　　17,800～19,400フィート

9．目標上空の天候　　　　晴れ、地上うすいもや、空中－地上の視程10-12
　　　　　　　　　　　　　マイル

10．損失機数合計　　　　　 0機

11．作戦任務の概要　　　　爆撃成果は多大－詳細は第78号参照。 4機が無効
　果出撃。敵機の迎撃は全くなし。対空砲火は重砲、貧弱で不正確。平均爆弾搭
　載量4,888ポンド。平均燃料残量1,436ガロン。

作戦任務第76号

1. 日付　　　　　　　　　　1945年4月18日
2. コード名　　　　　　　　アグアスト（Aghast）No. 2
3. 目標　　　　　　　　　　太刀洗飛行場（目視）90.35-1236、大村飛行場（レーダー）90.36-849
4. 参加部隊　　　　　　　　第73航空団
5. 出撃爆撃機数　　　　　　21機
6. 第1目標爆撃機数の割合　95％（第1目標20機、臨機目標1機）
7. 第1目標上空時間　　　　4月18日7時41分～7時54分
8. 攻撃高度　　　　　　　　15,000～15,400フィート
9. 目標上空の天候　　　　　晴れ、もやにより視程限定ないし10マイル
10. 損失機数合計　　　　　　2機
11. 作戦任務の概要　　　　　爆撃成果は多大－格納庫（複数）やその他の建物（複数）に損害を追加。地上で単発機4機と双発機3機を撃破、単発機1機と双発機1機を破壊。目標上空で敵機の攻撃により1機損失、敵機の命中弾により1機が帰途に不時着水。敵機の迎撃は強烈－攻撃回数67。敵機を1機撃墜、3機不確実撃墜、6機撃破。対空砲火は重砲、貧弱で不正確。平均爆弾搭載量8,472ポンド。平均燃料残量557ガロン。

作戦任務第77号

1. 日付　　　　　　　　　　1945年4月18日
2. コード名　　　　　　　　ファミッシュ（Famish）No. 3
3. 目標　　　　　　　　　　鹿屋東飛行場（目視）90.38-2516、国分飛行場（レーダー）
4. 参加部隊　　　　　　　　第313航空団
5. 出撃爆撃機数　　　　　　20機
6. 第1目標爆撃機数の割合　95％（19機）
7. 第1目標上空時間　　　　4月18日7時50分～8時17分
8. 攻撃高度　　　　　　　　16,000～16,800フィート
9. 目標上空の天候　　　　　0/10－10/10

1945年4月

10．損失機数合計　　　　　　　　0機

11．作戦任務の概要　　　　　　　爆撃成果は多大。双発機4機破壊、双発機5機撃
破。格納庫(複数)やその他の建物(複数)に損害を追加。1機が無効果出撃。敵
機の迎撃は薄弱－攻撃回数1。対空砲火は重砲、貧弱ないし激烈、不正確。平
均爆弾搭載量12,000ポンド。平均燃料残量780ガロン。

作戦任務第78号

1．日付　　　　　　　　　　　　1945年4月18日

2．コード名　　　　　　　　　　チェックブック(Checkbook)No.3

3．目標　　　　　　　　　　　　鹿屋飛行場(目視)90.38-1378、鹿屋東飛行場(レ
ーダー)90.38-2516

4．参加部隊　　　　　　　　　　第314航空団

5．出撃爆撃機数　　　　　　　　33機

6．第1目標爆撃機数の割合　　　91％(第1目標30機、臨機目標1機)

7．第1目標上空時間　　　　　　4月18日7時50分～7時58分

8．攻撃高度　　　　　　　　　　18,000～19,140フィート

9．目標上空の天候　　　　　　　2/10－7/10

10．損失機数合計　　　　　　　　0機

11．作戦任務の概要　　　　　　　爆撃成果は多大－格納庫(複数)やその他の建物
(複数)に損害を追加。滑走路に穴をあけ、1ダースものいろんな建物に損害を
与えた。2機が無効果出撃。敵機の迎撃－攻撃回数1。対空砲火は重砲、貧弱
で不正確。平均爆弾搭載量5,718ポンド。平均燃料残量1,299ガロン。

作戦任務第79号

1．日付　　　　　　　　　　　　1945年4月18日

2．コード名　　　　　　　　　　ブリッシュ(Bullish)No.2

3．目標　　　　　　　　　　　　出水飛行場(目視)90.37-2512、国分飛行場(レーダ
ー)90.38-2525

4．参加部隊　　　　　　　　　　第73航空団

5．出撃爆撃機数　　　　　　　　23機

— 67 —

6．第1目標爆撃機数の割合　91％（第1目標21機、臨機目標2機）

7．第1目標上空時間　　　4月18日7時29分～7時58分

8．攻撃高度　　　　　　　15,390～16,300フィート

9．目標上空の天候　　　　晴れ、もやにより視程限定

10．損失機数合計　　　　　0機

11．作戦任務の概要　　　　爆撃成果は多大－格納庫3棟に損害を与えた模様、
単発機1機破壊、単発機3機撃破、双発機2機撃破。敵機の迎撃と対空砲火は
全くなし。平均爆弾搭載量8,449ポンド。平均燃料残量943ガロン。1機がエン
ジン2基故障し、沖縄に着陸。

作戦任務第80号

1．日付　　　　　　　　　1945年4月18日

2．コード名　　　　　　　バランカ（Barranca）No.2

3．目標　　　　　　　　　国分飛行場（目視・レーダー）90.38-2525、
　　　　　　　　　　　　　第2目標－出水飛行場90.37-2512

4．参加部隊　　　　　　　第313航空団

5．出撃爆撃機数　　　　　22機

6．第1目標爆撃機数の割合　86％（第1目標19機、臨機目標1機）

7．第1目標上空時間　　　4月18日7時45分～8時1分

8．攻撃高度　　　　　　　15,600～17,000フィート

9．目標上空の天候　　　　0/10－3/10

10．損失機数合計　　　　　0機

11．作戦任務の概要　　　　作戦任務第72号・第80号の爆撃成果－3格納庫に
損害を与えた模様、付属建物数棟に損害を与えた。単発機4機破壊、単発機5
機破壊。2機が無効果出撃。1機が臨機目標阿久根飛行場を爆撃。敵機の迎撃
は全くなし。対空砲火は重砲、貧弱ないし激烈、不正確。平均爆弾搭載量
14,390ポンド。平均燃料残量933ガロン。

作戦任務第81号

1．日付　　　　　　　　　1945年4月18日

1945年4月

2．コード名	ブッシング (Bushing) No. 2
3．目標	新田原飛行場(目視)90.38-2531、宮崎飛行場(レーダー)90.38-2529
4．参加部隊	第314航空団
5．出撃爆撃機数	11機
6．第1目標爆撃機数の割合	100％
7．第1目標上空時間	4月18日9時3分〜9時23分
8．攻撃高度	18,000〜18,200フィート
9．目標上空の天候	2/10−7/10
10．損失機数合計	0機
11．作戦任務の概要	爆撃成果は多大−格納庫(複数)と他の建物(複数)

に損害を与えた。滑走路(複数)に穴をあけた。上記の機数にはノクビ(Nokubi)を爆撃した1機の大型救助機B29(Super Dumbo)は含まれていない。敵機の迎撃は全くなし。対空砲火は重砲、貧弱、不正確ないし正確。平均爆弾搭載量5,950ポンド。平均燃料残量1,047ガロン。

[訳者注] Nokubiとは、野久美田(のくみた、隼人町)あるいは野久妻のことであろうか。なお、新田原飛行場のTarget Number を90.38-2531としているのは、この第81号だけであり、他の作戦任務ではすべて90.33-2531となっている。

作戦任務第82号

1．日付	1945年4月21日
2．コード名	キャムレット (Camlet) No. 1
3．目標	大分飛行場 90.33-308
4．参加部隊	第73航空団
5．出撃爆撃機数	30機
6．第1目標爆撃機数の割合	56.5％(第1目標17機、臨機目標鹿児島市11機、他目標1機)
7．第1目標上空時間	4月21日6時55分〜6時56分
8．攻撃高度	14,300〜15,300フィート
9．目標上空の天候	0/10-1/10、いくらかもや
10．損失機数合計	0機

11．作戦任務の概要　　　　爆撃成果－弾着写真によると、目標地域への投弾散布の成果は甚大(excellent bomb patterns)、双発機 2 機破壊、単発機11機不確実破壊、格納庫(複数)や管理建物(複数)に多数命中。 1 機が無効果出撃。大分上空での対空砲火は全くなし。鹿児島市上空での対空砲火は重砲、貧弱で正確。大分上空での敵機の迎撃は全くなし。鹿児島市上空での迎撃は微弱－攻撃回数24。敵機を 6 機撃破、撃墜または不確実撃墜なし。平均爆弾搭載量10,165ポンド。平均燃料残量801ガロン。

［訳者注］　大分飛行場のTarget Numberは、第98号のCamlet No. 2 以後、90.33-1308となっている。

作戦任務第83号

1．日付	1945年 4 月21日
2．コード名	ファミッシュ(Famish)No. 4
3．目標	鹿屋東飛行場 90.38-2516
4．参加部隊	第313航空団
5．出撃爆撃機数	33機
6．第 1 目標爆撃機数の割合	81.8%(第 1 目標27機、第 2 目標 0 機、臨機目標 4 機)
7．第 1 目標上空時間	4 月21日 7 時 9 分～ 8 時 1 分
8．攻撃高度	16,200～17,350フィート
9．目標上空の天候	0/10-2/10
10．損失機数合計	0 機

11．作戦任務の概要　　　　爆撃成果－飛行場へのいくつかの投弾散布(several bomb patterns)は格納庫地域に集中。 1 機のB29が損傷。 2 機が無効果出撃。敵戦闘機の迎撃は薄弱－攻撃回数10。対空砲火は重砲、貧弱ないし中程度で不正確。平均爆弾搭載量13,245ポンド。平均燃料残量704ガロン。

作戦任務第84号

1．日付	1945年 4 月21日
2．コード名	チェックブック(Checkbook)No. 4

1945年4月

3．目標　　　　　　　　　　鹿屋飛行場 90.38-1378
4．参加部隊　　　　　　　　第314航空団
5．出撃爆撃機数　　　　　　33機
6．第1目標爆撃機数の割合　87.9%（第1目標30機、臨機目標1機）
7．第1目標上空時間　　　　4月21日7時4分～7時35分
8．攻撃高度　　　　　　　　16,000～17,800フィート
9．目標上空の天候　　　　　0/10－濃いもや
10．損失機数合計　　　　　　0機
11．作戦任務の概要　　　　　作戦任務第75・78・84号による爆撃の結果、16の
　小さな建物が破壊された。このうち4つの建物は、格納庫のすぐ北東の格納
　庫・修理工場(shop)地域に位置していた。残りの建物は、修理工場・格納庫地
　域の真北に位置していた。飛行場は多分使用可能である。2機が無効果出撃。
　敵機の迎撃は微弱－攻撃回数5。対空砲火は重砲、貧弱ないし中程度、不正確
　ないし正確。平均爆弾搭載量9,080ポンド。平均燃料残量1,107ガロン。

作戦任務第85号

1．日付　　　　　　　　　　1945年4月21日
2．コード名　　　　　　　　ブロウジィ(Blowzy) No.1
3．目標　　　　　　　　　　宇佐飛行場 90.33-1307
4．参加部隊　　　　　　　　第73航空団
5．出撃爆撃機数　　　　　　30機
6．第1目標爆撃機数の割合　96.7%（29機）
7．第1目標上空時間　　　　4月21日8時11分～8時22分
8．攻撃高度　　　　　　　　14,500～15,800フィート
9．目標上空の天候　　　　　0/10-1/10、濃いもや
10．損失機数合計　　　　　　0機
11．作戦任務の概要　　　　　爆撃成果－6つの全格納庫に損害を与え、2つは
　内部を完全に破壊した。単発機10機破壊、単発機5機不確実破壊、双発機8機
　撃破。1機が無効果出撃。敵機の迎撃は全くなし。対空砲火は全くなし。平均
　爆弾搭載量10,165ポンド。平均燃料残量716ガロン。

作戦任務第86号

1．日付　　　　　　　　　　1945年4月21日
2．コード名　　　　　　　　バランカ（Barranca）No. 3
3．目標　　　　　　　　　　国分飛行場 90.38-2520
4．参加部隊　　　　　　　　第313航空団
5．出撃爆撃機数　　　　　　35機
6．第1目標爆撃機数の割合　97.1%（34機）
7．第1目標上空時間　　　　4月21日8時20分〜8時53分
8．攻撃高度　　　　　　　　12,000〜14,000フィート
9．目標上空の天候　　　　　0/10-3/10
10．損失機数合計　　　　　　0機
11．作戦任務の概要　　　　　爆撃成果－与えた損害は微弱、サービスエプロン
　　にいくつか命中、1機撃破。1機が無効果出撃。敵機の迎撃は微弱－攻撃回数
　　17。対空砲火は重砲、貧弱ないし中程度、不正確ないし正確。平均爆弾搭載量
　　12,885ポンド。平均燃料残量835ガロン。

作戦任務第87号

1．日付　　　　　　　　　　1945年4月21日
2．コード名　　　　　　　　エアロスコープ（Aeroscope）No. 1
3．目標　　　　　　　　　　串良飛行場 90.38-2524
4．参加部隊　　　　　　　　第314航空団
5．出撃爆撃機数　　　　　　31機
6．第1目標爆撃機数の割合　93.5%（28機）
7．第1目標上空時間　　　　4月21日8時59分〜9時7分
8．攻撃高度　　　　　　　　17,400〜17,675フィート
9．目標上空の天候　　　　　0/10-3/10
10．損失機数合計　　　　　　0機
11．作戦任務の概要　　　　　爆撃成果－写真はなく、搭乗員の報告では、成果
　　未確認ないし甚大。敵機の迎撃は薄弱－攻撃回数3。対空砲火は重砲、貧弱、
　　不正確ないし正確。2機が無効果出撃。平均爆弾搭載量9,492ポンド。平均燃

1945年4月

料残量1,120ガロン。

作戦任務第88号

1.	日付	1945年4月21日
2.	コード名	アグアスト（Aghast）No.3
3.	目標	太刀洗飛行場 90.35-1236
4.	参加部隊	第73航空団
5.	出撃爆撃機数	21機
6.	第1目標爆撃機数の割合	81%（第1目標17機、臨機目標1機）
7.	第1目標上空時間	4月21日9時3分～9時4分
8.	攻撃高度	18,500～19,200フィート
9.	目標上空の天候	0/10-1/10-もや
10.	損失機数合計	0機
11.	作戦任務の概要	爆撃成果は僅少－投弾散布は散らばる。双発機1

機と単発機1機を撃破。爆弾の大部分は、飛行場の南にある広々とした地域に
投下された。3機が無効果出撃。敵機の迎撃は薄弱－攻撃回数5。敵機を1機
不確実撃墜、1機撃破、確実な撃墜はなし。対空砲火は重砲、貧弱ないし中程
度で不正確。平均爆弾搭載量10,165ポンド。平均燃料残量555ガロン。

作戦任務89号

1.	日付	1945年4月21日
2.	コード名	ブリッシュ（Bullish）No.3
3.	目標	出水飛行場 90.37-2512
4.	参加部隊	第313航空団
5.	出撃爆撃機数	16機
6.	第1目標爆撃機数の割合	81.1%（第1目標13機、臨機目標3機）
7.	第1目標上空時間	4月21日7時14分～8時49分
8.	攻撃高度	14,100～14,500フィート
9.	目標上空の天候	0/10-3/10
10.	損失機数合計	0機

11．作戦任務の概要　　　　　爆撃成果－格納庫地域の中心部に命中弾が多大に集中し、飛行場を横切って次々と爆弾が爆発した。敵戦闘機の迎撃は中程度－攻撃回数60。敵機を1機撃墜、3機不確実撃墜、5機撃破。対空砲火は重砲、貧弱ないし中程度、不正確ないし正確。平均爆弾搭載量13,643ポンド。平均燃料残量744ガロン。

作戦任務第90号

1．日付　　　　　　　　　　　1945年4月21日
2．コード名　　　　　　　　　ブッシング（Bushing）No. 3
3．目標　　　　　　　　　　　新田原飛行場　90.33-2531
4．参加部隊　　　　　　　　　第314航空団
5．出撃爆撃機数　　　　　　　23機
6．第1目標爆撃機数の割合　95.5％（22機）
7．第1目標上空時間　　　　4月21日8時25分～8時34分
8．攻撃高度　　　　　　　　　15,000～16,500フィート
9．目標上空の天候　　　　　　0/10-3/10
10．損失機数合計　　　　　　　0機
11．作戦任務の概要　　　　　作戦任務第74・81・90号による爆撃の結果、4つのバラック型式の建物を破壊した。格納庫の北東、目標の端にある他の4つの建物も破壊した。飛行場の南側にある滑走路に、およそ6つの爆弾穴があいた。飛行場は依然として使用可能。1機が無効果出撃。敵機の迎撃は薄弱－攻撃回数2。対空砲火は全くなし。平均爆弾搭載量8,845ポンド。平均燃料残量949ガロン。

作戦任務第91号

1．日付　　　　　　　　　　　1945年4月22日
2．コード名　　　　　　　　　ブリッシュ（Bullish）No. 4
3．目標　　　　　　　　　　　出水飛行場　90.37-2512
4．参加部隊　　　　　　　　　第73航空団
5．出撃爆撃機数　　　　　　　21機

1945年4月

6．第1目標爆撃機数の割合　90.5％（第1目標19機、臨機目標1機）
7．第1目標上空時間　　　　4月22日7時52分〜8時5分
8．攻撃高度　　　　　　　　16,000〜18,000フィート
9．目標上空の天候　　　　　0/10
10．損失機数合計　　　　　　0機
11．作戦任務の概要　　　　　爆撃成果−搭乗員の報告によると多大ないし甚大。
　弾着写真によると、爆弾は飛行場を斜めに横切って多大に集中して命中してい
　た。4つの小さな建物を破壊し、格納庫に追加の損害を与えた。地上の敵機の
　双発機1機、単発機3機を不確実撃破。敵機の迎撃は中程度−攻撃回数51。敵
　機撃墜はなし、2機不確実撃墜、2機撃破。対空砲火は重砲、貧弱、不正確な
　いしかなり正確。平均爆弾搭載量9,095ポンド。平均燃料残量958ガロン。

作戦任務92号

1．日付　　　　　　　　　　1945年4月22日
2．コード名　　　　　　　　エアロスコープ（Aeroscope）No.2
3．目標　　　　　　　　　　串良飛行場 90.38-2524
4．参加部隊　　　　　　　　第313航空団
5．出撃爆撃機数　　　　　　18機
6．第1目標爆撃機数の割合　50％（第1目標9機、第2目標5機）
7．第1目標上空時間　　　　4月22日7時58分〜8時45分
8．攻撃高度　　　　　　　　16,000〜16,600フィート
9．目標上空の天候　　　　　0/10
10．損失機数合計　　　　　　0機
11．作戦任務の概要　　　　　爆撃成果−搭乗員の報告によると甚大。弾着写真
　によると、格納庫地域に爆弾破裂がたくさんあった。滑走路の交差点近くに爆
　弾穴があった。1機不確実破壊。敵機の迎撃は軽微−攻撃回数8。対空砲火は
　重砲、貧弱ないし中程度、かなり正確。平均爆弾搭載量9,363ポンド。平均燃
　料残量1,083ガロン。

— 75 —

作戦任務第93号

1. 日付　　　　　　　　　　　1945年4月22日
2. コード名　　　　　　　　　ネッククロス（Neckcloth）No.1
3. 目標　　　　　　　　　　　宮崎飛行場 90.38-2529
4. 参加部隊　　　　　　　　　第314航空団
5. 出撃爆撃機数　　　　　　　22機
6. 第1目標爆撃機数の割合　　100％
7. 第1目標上空時間　　　　　4月22日7時34分〜9時10分
8. 攻撃高度　　　　　　　　　14,000〜17,500フィート
9. 目標上空の天候　　　　　　0/10
10. 損失機数合計　　　　　　　0機
11. 作戦任務の概要　　　　　　爆撃成果－搭乗員の報告によると甚大。少なくとも5つの投下弾群(sticks)の爆弾破裂が飛行場を横切っている。敵機の迎撃は薄弱－攻撃回数3。爆撃後の写真によると、2本の完成した滑走路に約20の爆弾穴が見られる。飛行場は依然として使用可能であった。飛行場の真西の居住地域では、まだいくつか火の手があがっていた。対空砲火は重砲、貧弱ないし中程度、不正確ないし正確。平均爆弾搭載量9,217ポンド。平均燃料残量1,095ガロン。

作戦任務第94号

1. 日付　　　　　　　　　　　1945年4月22日
2. コード名　　　　　　　　　スキュワー（Skewer）No.1
3. 目標　　　　　　　　　　　富高飛行場 90.33-2536
4. 参加部隊　　　　　　　　　第73航空団
5. 出撃爆撃機数　　　　　　　18機
6. 第1目標爆撃機数の割合　　100％
7. 第1目標上空時間　　　　　3月22日8時36分
8. 攻撃高度　　　　　　　　　16,450〜17,500フィート
9. 目標上空の天候　　　　　　0/10
10. 損失機数合計　　　　　　　0機

1945年4月

11. 作戦任務の概要 　　　　　爆撃成果－搭乗員の報告によると甚大。弾着写真によると、飛行場の縦一杯に命中弾の集中が見られる。次いで、格納庫が並んでいるところとそのすぐ南西に命中弾の集中がある。直撃弾が、少なくとも4つの格納庫と、3つの小さな建物に命中した。単発機7機破壊、単発機2機不確実破壊、単発機1機不確実撃破。敵機の迎撃と対空砲火は全くなし。平均爆弾搭載量9,095ポンド。平均燃料残量1,194ガロン。

作戦任務第95号

1. 日付	1945年4月22日
2. コード名	チェックブック(Checkbook)No.5
3. 目標	鹿屋飛行場 90.38-1378
4. 参加部隊	第313航空団
5. 出撃爆撃機数	25機
6. 第1目標爆撃機数の割合	76％(19機)
7. 第1目標上空時間	4月22日7時34分～8時36分
8. 攻撃高度	15,350～15,950フィート
9. 目標上空の天候	0/10
10. 損失機数合計	1機

11. 作戦任務の概要 　　　　　爆撃成果－搭乗員の報告によると多大ないし甚大。滑走路に穴があき、格納庫とサービスエプロンには爆弾がうまく散布されて命中していた。1機不確実破壊。格納庫5つを内部破壊、2つを破壊。敵機の迎撃は軽微－攻撃回数20。対空砲火は重砲、貧弱ないし中程度、かなり正確。帰投時に1機が破損着陸した。平均爆弾搭載量9,091ポンド。平均燃料残量1,079ガロン。

作戦任務第96号

1. 日付	1945年4月24日
2. コード名	キャットコール(Catcall)No.1
3. 目標	日立航空機立川工場 90.17-2009、第2目標－静岡
4. 参加部隊	第73・313・314航空団

5．出撃爆撃機数　　　　　131機

6．第1目標爆撃機数の割合　77.1％（第1目標101機、第2目標8機、臨機目標13
　　　　　　　　　　　　　機）

7．第1目標上空時間　　　4月24日8時52分〜9時6分

8．攻撃高度　　　　　　　10,000〜14,500フィート

9．目標上空の天候　　　　0/10−2/10

10．損失機数合計　　　　　5機

11．作戦任務の概要　　　　爆撃成果−搭乗員の報告によると多大ないし甚大。
煙が目標の大部分をおおいかくしたが、大きな主要発動機組立工場にひどい損
害を与え、工場の南西部分にある建物（複数）に多くの直撃弾を命中させた。弾
着写真によると、立川飛行機会社（第2目標）を爆撃した第313航空団機は、工
場の主な建物に爆弾15個、格納庫に2個命中させ、さらにサービスエプロン地
域にいくつかの爆発痕が見られた。また、静岡飛行機工場（第2目標）を爆撃し
た第73航空団機は、目標の西端にそって60個命中、4つの建物を破壊と報告し
ている。対空砲火によって2機損失、敵機の攻撃によって1機損失、事故によ
って1機損失、未確認の原因によって1機損失。敵機の迎撃は強烈で積極的−
攻撃回数249。敵機を17機撃墜、23機不確実撃墜、25機撃破。対空砲火は重砲、
貧弱ないし激烈、不正確ないし正確。平均爆弾搭載量は第73航空団9,898ポン
ド、第313航空団10,058ポンド、第314航空団10,063ポンド。平均燃料残量は第
73航空団855ガロン、第313航空団1,077ガロン、第314航空団1,070ガロン。

［訳者注］　この日、第73航空団機の一部が爆撃した静岡飛行機工場とは清水の
　　軍需工場と思われる。

作戦任務第97号

1．日付　　　　　　　　　1945年4月26日

2．コード名　　　　　　　ブロウジィ（Blowzy）No.2

3．目標　　　　　　　　　宇佐飛行場 90.33-1307

4．参加部隊　　　　　　　第73航空団

5．出撃爆撃機数　　　　　21機

6．第1目標爆撃機数の割合　85.7％（第1目標18機、臨機目標2機）

7．第1目標上空時間　　　4月26日7時16分〜7時44分

1945年4月

8．攻撃高度　　　　　　　15,500〜26,500フィート
9．目標上空の天候　　　　10/10
10．損失機数合計　　　　　0機
11．作戦任務の概要　　　　爆撃成果－雲量10/10のため未確認。敵機の迎撃
　は全くなし。対空砲火－高度7,000フィートをおおう雲の下に降りた1機の搭
　乗員によると、重砲、貧弱で不正確。平均爆弾搭載量9,095ポンド。平均燃料
　残量1,023ガロン。

[訳者注]　　この第97号および後出の第154号・第160号ではコード名がBlowsyと
　なっているが、最初の第85号のBlowzyが正しいと思われるので訂正しておい
　た。

作戦任務第98号

1．日付　　　　　　　　　1945年4月26日
2．コード名　　　　　　　キャムレット（Camlet）No.2
3．目標　　　　　　　　　大分飛行場 90.33-1308
4．参加部隊　　　　　　　第73航空団
5．出撃爆撃機数　　　　　22機
6．第1目標爆撃機数の割合　86.4％（第1目標19機、臨機目標2機）
7．第1目標上空時間　　　4月26日6時13分〜7時7分
8．攻撃高度　　　　　　　13,500〜24,000フィート
9．目標上空の天候　　　　10/10
10．損失機数合計　　　　　0機
11．作戦任務の概要　　　　爆撃成果は、雲量10/10のため未確認。敵機の迎
　撃と対空砲火は全くなし。平均爆弾搭載量9,095ポンド。平均燃料残量1,152ガ
　ロン。

作戦任務第99号

1．日付　　　　　　　　　1945年4月26日
2．コード名　　　　　　　コッククロウ（Cockcrow）No.1
3．目標　　　　　　　　　佐伯飛行場 90.33-1306

— 79 —

４．参加部隊　　　　　　　　第73航空団

５．出撃機数　　　　　　　　23機

６．第１目標爆撃機数の割合　82.6％（19機）

７．第１目標上空時間　　　　４月26日６時53分〜７時18分

８．攻撃高度　　　　　　　　20,800〜25,390フィート

９．目標上空の天候　　　　　10/10

10．損失機数合計　　　　　　０機

11．作戦任務の概要　　　　　爆撃成果は第98号参照。敵機の迎撃と対空砲火は
　全くなし。平均爆弾搭載量9,095ポンド。平均燃料残量1,175ガロン。

［訳者注］　この第99号と第132号ではコード名がCockorowと記され、第142号と
　第168号ではCockorowとCockcrowのどちらか判然としないが、ここでは
　Cockcrowとした。爆撃成果は第98号参照とは、雲量10/10のため未確認とい
　うことである。

作戦任務第100号

１．日付　　　　　　　　　　1945年４月26日

２．コード名　　　　　　　　スキュワー（Skewer）No.2

３．目標　　　　　　　　　　富高飛行場　90.33-1403

４．参加部隊　　　　　　　　第73航空団

５．出撃機数　　　　　　　　22機

６．第１目標爆撃機数の割合　95.4％（第１目標21機、臨機目標１機）

７．第１目標上空時間　　　　４月26日６時７分〜７時45分

８．攻撃高度　　　　　　　　13,000〜24,500フィート

９．目標上空の天候　　　　　10/10

10．損失機数合計　　　　　　０機

11．作戦任務の概要　　　　　爆撃成果は第98号参照。敵機の迎撃と対空砲火は
　全くなし。平均爆弾搭載量9,095ポンド。平均燃料残量1,250ガロン。

［訳者注］　ここでは富高飛行場のTarget Numberは90.33-1403となっているが、
　第94号と第131号では90.33-2536となっている。戦術作戦任務報告（Tactical
　Mission Report）では、第100号も含めて、すべてが90.33-2536となっており、
　90.33-1403は間違いと思われる。

1945年4月

作戦任務第101号

1.	日付	1945年4月26日
2.	コード名	モピッシュ(Mopish)No.1
3.	目標	第1目標－松山飛行場(目視)90.29-2777、今治飛行場(レーダー)
4.	参加部隊	第313航空団
5.	出撃機数	37機
6.	第1目標爆撃機数の割合	40.5%(15機が今治飛行場を爆撃、臨機目標16機)
8.	攻撃高度	4月26日8時47分～9時32分
9.	目標上空の天候	10/10
10.	損失機数合計	0機
11.	作戦任務の概要	爆撃成果は、雲量10/10のため未確認。敵機の迎撃と対空砲火は全くなし。平均爆弾搭載量10,210ポンド。平均燃料残量1,074ガロン。

[訳者注]　原文では、この第101号だけでなく、以後の第143・158・159号でも松山飛行場のTarget　Numberは90.13-2777となっている。戦術作戦任務報告(Tactical Mission Report)の第101号も同様である。これらは、地理的に明らかな誤りである。松山は90.29である。90.13は栃木・群馬県と埼玉県北部である。そこで上記のように訂正することにした。なお、戦術作戦任務報告の第143・158・159号では、すべて90.29-2589となっている。

作戦任務第102号

1.	日付	1945年4月26日
2.	コード名	ブッシング(Bushing)No.4
3.	目標	新田原飛行場 90.33-2531
4.	参加部隊	第313航空団
5.	出撃爆撃機数	23機
6.	第1目標爆撃機数の割合	78.4%(第1目標18機、臨機目標2機)
7.	第1目標上空時間	4月26日8時40分～8時58分
8.	攻撃高度	13,700～25,000フィート

9．目標上空の天候　　　　　　10/10

10．損失機数合計　　　　　　　10/10

11．作戦任務の概要　　　　　　爆撃成果は第101号参照。敵機の迎撃と対空砲火
は全くなし。平均爆弾搭載量11,235ポンド。平均燃料残量1,015ガロン。

［訳者注］　爆撃成果は第101号参照とは、雲量10/10のため未確認ということで
ある。

作戦任務第103号

1．日付　　　　　　　　　　　1945年4月26日

2．コード名　　　　　　　　　ネッククロス（Neckcloth）No. 2

3．目標　　　　　　　　　　　宮崎飛行場 90.38-2529

4．参加部隊　　　　　　　　　第313航空団

5．出撃爆撃機数　　　　　　　21機

6．第1目標爆撃機数の割合　　90.6%（第1目標19機、臨機目標1機）

7．第1目標上空時間　　　　　4月26日9時17分～10時19分

8．攻撃高度　　　　　　　　　13,500～19,000フィート

9．目標上空の天候　　　　　　10/10

10．損失機数合計　　　　　　　0機

11．作戦任務の概要　　　　　　爆撃成果は第101号参照。敵機の迎撃と対空砲火
は全くなし。平均爆弾搭載量9,994ポンド。平均燃料残量1,125ガロン。

作戦任務第104号

1．日付　　　　　　　　　　　1945年4月26日

2．コード名　　　　　　　　　チェックブック（Checkbook）No. 6

3．目標　　　　　　　　　　　第1目標－鹿屋飛行場（目視）90.38-1378、国分飛
行場（レーダー）90.38-2520

4．参加部隊　　　　　　　　　第314航空団

5．出撃爆撃機数　　　　　　　22機

6．第1目標爆撃機数の割合　　86.4%（2機が鹿屋を爆撃、17機が国分を爆撃、臨機
目標2機）

— 82 —

1945年4月

7．第1目標上空時間　　　　4月26日9時52分〜10時31分
8．攻撃高度　　　　　　　　20,000〜27,000フィート
9．目標上空の天候　　　　　10/10
10．損失機数合計　　　　　　0機
11．作戦任務の概要　　　　　爆撃成果は未確認。敵機の迎撃はなし。対空砲火
は全くなし。平均爆弾搭載量8,656ポンド。平均燃料残量754ガロン。

作戦任務第105号

1．日付　　　　　　　　　　1945年4月26日
2．コード名　　　　　　　　エアロスコープ(Aeroscope)No.3
3．目標　　　　　　　　　　第1目標－串良飛行場(目視)90.38-2524、宮崎飛
　　　　　　　　　　　　　　行場(レーダー)90.38-2529
4．参加部隊　　　　　　　　第314航空団
5．出撃爆撃機数　　　　　　22機
6．第1目標爆撃機数の割合　59.4%(13機が宮崎を爆撃、臨機目標9機)
7．第1目標上空時間　　　　4月26日10時4分〜11時3分
8．攻撃高度　　　　　　　　22,000〜29,000フィート
9．目標上空の天候　　　　　10/10
10．損失機数合計　　　　　　0機
11．作戦任務の概要　　　　　爆撃成果は第104号参照。敵機の迎撃と対空砲火
は全くなし。平均爆弾搭載量11,000ポンド。平均燃料残量703ガロン。

作戦任務第106号

1．日付　　　　　　　　　　1945年4月26日
2．コード名　　　　　　　　バランカ(Barranca)No.4
3．目標　　　　　　　　　　国分飛行場 90.38-2520
4．参加部隊　　　　　　　　第314航空団
5．出撃爆撃機数　　　　　　22機
6．第1目標爆撃機数の割合　77.4%(第1目標17機、臨機目標3機)
7．第1目標上空時間　　　　4月26日9時54分〜10時39分

8．攻撃高度　　　　　　　　20,570フィート

9．目標上空の天候　　　　　10/10

10．損失機数合計　　　　　　0機

11．作戦任務の概要　　　　　爆撃成果は第104号参照。敵機の迎撃と対空砲火
は全くなし。平均爆弾搭載量10,357ポンド。平均燃料残量808ガロン。

作戦任務第107号

1．日付　　　　　　　　　　1945年4月26日

2．コード名　　　　　　　　ドリッパー(Dripper)No.1

3．目標　　　　　　　　　　第1目標－都城飛行場(目視)90.38-2527、宮崎飛
行場(レーダー)90.38-2529

4．参加部隊　　　　　　　　第314航空団

5．出撃爆撃機数　　　　　　21機

6．第1目標爆撃機数の割合　81％(2機が都城を爆撃、15機が宮崎を爆撃、3機が
他の目標《複数》を爆撃)

7．第1目標上空時間　　　　4月26日10時7分～10時53分

8．攻撃高度　　　　　　　　10,000～26,100フィート

9．目標上空の天候　　　　　10/10

10．損失機数合計　　　　　　0機

11．作戦任務の概要　　　　　爆撃成果は104号参照。敵機の迎撃と対空砲火は
全くなし。平均爆弾搭載量12,305ポンド。平均燃料残量490ガロン。

作戦任務第108号

1．日付　　　　　　　　　　1945年4月27日

2．コード名　　　　　　　　ブリッシュ(Bullish)No.5

3．目標　　　　　　　　　　出水飛行場90.37-2512

4．参加部隊　　　　　　　　第73航空団

5．出撃爆撃機数　　　　　　22機

6．第1目標爆撃機数の割合　95.34％(21機)

7．第1目標上空時間　　　　4月27日8時46分～9時45分

1945年4月

8．攻撃高度　　　　　　　　15,800〜17,700フィート

9．目標上空の天候　　　　　晴れ、ないし2/10

10．損失機数合計　　　　　　　1機

11．作戦任務の概要　　　　　　爆撃成果－搭乗員の報告によると甚大。弾着写真は飛行場への2つの甚大な爆弾散布を示している－修理工場地域のいろいろな建物に命中しているのが見える。滑走路は南端に爆弾穴があいた。敵機の迎撃－攻撃回数30、いくらか積極的で調整攻撃。敵機を1機撃墜、1機不確実撃墜、1機撃破。対空砲火は重砲、貧弱で不正確。帰途、1機を損失、搭乗員はアグリガン上空でパラシュート脱出、12人のうち11人が救出された。平均爆弾搭載量9,146ポンド。平均燃料残量975ガロン。

[訳者注]　アグリガン(Agrigan)は、マリアナ諸島北部のアグリハン(Agrihan)島のことであろう。

作戦任務第109号

1．日付　　　　　　　　　　1945年4月27日

2．コード名　　　　　　　　ネッククロス(Neckcloth) No.3

3．目標　　　　　　　　　　宮崎飛行場　90.38-2529

4．参加部隊　　　　　　　　第73航空団

5．出撃爆撃機数　　　　　　21機

6．第1目標爆撃機数の割合　100%

7．第1目標上空時間　　　　4月27日9時30分〜9時34分

8．攻撃高度　　　　　　　　11,950〜12,900フィート

9．目標上空の天候　　　　　2/10

10．損失機数合計　　　　　　　0機

11．作戦任務の概要　　　　　　爆撃成果は甚大。飛行場に投弾散布が2つ(two patterns)、兵舎地域に命中弾(複数)が認められる。全滑走路に穴があいた。敵機の迎撃は全くなし。対空砲火は重砲と中口径、多くは不正確。平均爆弾搭載量9,095ポンド。平均燃料残量1340ガロン。

作戦任務第110号

1．日付　　　　　　　　　　　1945年4月27日
2．コード名　　　　　　　　　バランカ（Barranca）No.5
3．目標　　　　　　　　　　　国分飛行場　90.38-2520
4．参加部隊　　　　　　　　　第313航空団
5．出撃爆撃機数　　　　　　　22機
6．第1目標爆撃機数の割合　　84.26％（19機）
7．第1目標上空時間　　　　　4月27日8時37分〜8時58分
8．攻撃高度　　　　　　　　　10,310〜12,000フィート
9．目標上空の天候　　　　　　0/10−2/10
10．損失機数合計　　　　　　　0機
11．作戦任務の概要　　　　　　爆撃成果−搭乗員の報告によると甚大。格納庫地

域に多大な投弾散布2、飛行場をよこぎって等間隔の投弾散布、疎開地域に爆
弾破裂（複数）が認められる。敵機の迎撃は強烈。はじめのうちは燐爆弾が使わ
れ、そのあと機関銃と機関砲の調整攻撃が続いた−攻撃回数40ないし50。敵機
を4機撃墜、3機不確実撃墜、6機撃破。対空砲火は全くなし。平均爆弾搭載
量12,331ポンド。平均燃料残量917ガロン。

作戦任務第111号

1．日付　　　　　　　　　　　1945年4月27日
2．コード名　　　　　　　　　ドリッパー（Dripper）No.2
3．目標　　　　　　　　　　　都城飛行場　90.38-2527
4．参加部隊　　　　　　　　　第313航空団
5．出撃爆撃機数　　　　　　　18機
6．第1目標爆撃機数の割合　　77.8％（14機）
7．第1目標上空時間　　　　　4月27日9時17分〜9時51分
8．攻撃高度　　　　　　　　　10,000〜12,000フィート
9．目標上空の天候　　　　　　0/10−2/10
10．損失機数合計　　　　　　　0機
11．作戦任務の概要　　　　　　爆撃成果−搭乗員の報告によると多大。飛行場を

1945年4月

斜めに横切って投弾散布、格納庫地域の北部に投弾散布。敵機の迎撃は微弱－攻撃回数11。敵機を1機撃破、撃墜も不確実撃墜もなし。対空砲火は重砲、貧弱ないし中程度で正確。平均爆弾搭載量14,281ポンド。平均燃料残量804ガロン。

作戦任務第112号

1．日付	1945年4月27日	
2．コード名	チェックブック(Checkbook)No.7	
3．目標	鹿屋飛行場 90.38-1378	
4．参加部隊	第314航空団	
5．出撃爆撃機数	21機	
6．第1目標爆撃機数の割合	95.20%(20機)	
7．第1目標上空時間	4月27日8時53分～8時55分	
8．攻撃高度	16,000～17,020フィート	
9．目標上空の天候	晴れ－うすいもや	
10．損失機数合計	0機	
11．作戦任務の概要	爆撃成果－搭乗員の報告によると甚大。飛行場と	

格納庫地域に2つの爆発した投弾散布(two patterns of bursts)。敵機の迎撃は強烈で積極的、燐爆弾(複数)を使用－作戦任務第112・113号で攻撃回数51と報告された。対空砲火は重砲、貧弱ないし中程度。1機が敵の対空砲火と迎撃による損傷のため、不時着水を余儀なくされた。敵機を2機撃破、撃墜も不確実撃墜もなし。平均爆弾搭載量10,700ポンド。平均燃料残量727ガロン。

作戦任務第113号

1．日付	1945年4月27日	
2．コード名	エアロスコープ(Aeroscope)No.4	
3．目標	串良飛行場 90.38-2524	
4．参加部隊	第314航空団	
5．出撃爆撃機数	19機	
6．第1目標爆撃機数の割合	89.43%(17機)	

— 87 —

7．第1目標上空時間　　　　4月27日8時25分〜8時31分

8．攻撃高度　　　　　　　　15,000〜17,610フィート

9．目標上空の天候　　　　　晴れ－視程はもやにより制限

10．損失機数合計　　　　　　1機

11．作戦任務の概要　　　　　爆撃成果－搭乗員の報告によると甚大。弾着写真
によると、飛行場と格納庫地域に弾着が大きく集中している－掩体壕に爆弾破
裂が連続(string of bursts on revetments)。敵機の迎撃については第112号参
照。対空砲火は重砲、貧弱、不正確ないし正確。敵機を11機撃破、撃墜も不確
実撃墜もなし。平均爆弾搭載量9,780ポンド。平均燃料残量940ガロン。

作戦任務第114号

1．日付　　　　　　　　　　1945年4月28日

2．コード名　　　　　　　　ブリッシュ(Bullish)No.6

3．目標　　　　　　　　　　出水飛行場 90.37-2512

4．参加部隊　　　　　　　　第73航空団

5．出撃爆撃機数　　　　　　24機

6．第1目標爆撃機数の割合　95.91％(23機)

7．第1目標上空時間　　　　4月28日8時50分〜8時58分

8．攻撃高度　　　　　　　　15,775〜17,380フィート

9．目標上空の天候　　　　　0/10−2/10

10．損失機数合計　　　　　　0機

11．作戦任務の概要　　　　　爆撃成果－搭乗員の報告によると多大。疎開地域
と飛行場に2つの重なった投弾散布。敵機の迎撃は薄弱－攻撃回数2、うち1
回は燐爆弾(複数)を投下。対空砲火は重砲、貧弱で不正確。平均爆弾搭載量
13,375ポンド。平均燃料残量592ガロン。

作戦任務第115号

1．日付　　　　　　　　　　1945年4月28日

2．コード名　　　　　　　　ネッククロス(Neckcloth)No.4

3．目標　　　　　　　　　　宮崎飛行場 90.38-2529

1945年4月

4．参加部隊　　　　　　　　第73航空団

5．出撃爆撃機数　　　　　　20機

6．第1目標爆撃機数の割合　100%

7．第1目標上空時間　　　　4月28日9時52分〜9時53分

8．攻撃高度　　　　　　　　11,500〜12,800フィート

9．目標上空の天候　　　　　0/10−2/10

10．損失機数合計　　　　　　1機

11．作戦任務の概要　　　　　爆撃成果−搭乗員の報告によると多大。疎開地域
に投弾散布1、飛行場の東端に投弾散布1。2つの滑走路は使用不能。敵機の
迎撃は全くなし。対空砲火は重砲、中程度で正確。平均爆弾搭載量13,214ポン
ド。平均燃料残量738ガロン。

作戦任務第116号

1．日付　　　　　　　　　　1945年4月28日

2．コード名　　　　　　　　バランカ(Barranca)No.6

3．目標　　　　　　　　　　国分飛行場　90.38-2520

4．参加部隊　　　　　　　　第313航空団

5．出撃爆撃機数　　　　　　20機

6．第1目標爆撃機数の割合　85%(17機)

7．第1目標上空時間　　　　4月28日9時12分〜9時13分

8．攻撃高度　　　　　　　　12,000〜12,250フィート

9．目標上空の天候　　　　　0/10−2/10

10．損失機数合計　　　　　　1機

11．作戦任務の概要　　　　　爆撃成果−搭乗員の報告によると甚大。格納庫地
域に爆弾が密集して破裂した投弾散布(compact pattern of bursts)、飛行場に
小さな穴があいた。敵機の迎撃は攻撃回数16、ある種のロケット攻撃と燐爆弾
(複数)を伴う。敵機を2機撃墜、2機不確実撃墜、6機撃破。1機を未確認の
原因で損失。対空砲火は中程度で不正確。平均爆弾搭載量13,283ポンド。平均
燃料残量747ガロン。

作戦任務第117号

1. 日付　　　　　　　　　　　1945年4月28日
2. コード名　　　　　　　　　ドリッパー（Dripper）No. 3
3. 目標　　　　　　　　　　　都城飛行場 90.38-2527
4. 参加部隊　　　　　　　　　第313航空団
5. 出撃機数　　　　　　　　　19機
6. 第1目標爆撃機数の割合　　89.5％（17機）
7. 第1目標上空時間　　　　　4月28日8時51分〜8時52分
8. 攻撃高度　　　　　　　　　11,000〜12,000フィート
9. 目標上空の天候　　　　　　0/10〜2/10
10. 損失機数合計　　　　　　　0機
11. 作戦任務の概要　　　　　　爆撃成果－搭乗員の報告によると甚大。格納庫地域に爆弾が密集して破裂した投弾散布、疎開地域に広がる飛行場に2番目の投弾散布。敵機の迎撃は中程度－攻撃回数20、うち燐爆弾攻撃回数12、不正確。対空砲火は重砲、貧弱、不正確ないし正確。敵機を1機撃墜、1機不確実撃墜、4機撃破。平均爆弾搭載量14,329ポンド。平均燃料残量688ガロン。

作戦任務第118号

1. 日付　　　　　　　　　　　1945年4月28日
2. コード名　　　　　　　　　チェックブック（Checkbook）No. 8
3. 目標　　　　　　　　　　　鹿屋飛行場 90.38-1378
4. 参加部隊　　　　　　　　　第314航空団
5. 出撃機数　　　　　　　　　23機
6. 第1目標爆撃機数の割合　　95.5％（第1目標22機、臨機目標1機）
7. 第1目標上空時間　　　　　4月28日8時53分〜8時57分
8. 攻撃高度　　　　　　　　　15,000〜17,000フィート
9. 目標上空の天候　　　　　　0/10－2/10
10. 損失機数合計　　　　　　　1機
11. 作戦任務の概要　　　　　　爆撃成果－搭乗員の報告によると甚大。飛行場の西端をおおった投弾散布は、主要格納庫地域に及んでいる。エプロンに命中－

1945年4月

南西格納庫地域から北滑走路まで2番目の投弾散布。敵機の迎撃－攻撃回数14。対空砲火は重砲、貧弱ないし中程度、不正確ないし正確。1機が帰途に硫黄島に破損着陸。敵機を1機不確実撃墜、撃墜と撃破はなし。平均爆弾搭載量10,700ポンド。平均燃料残量647ガロン。

作戦任務第119号

1．日付　　　　　　　　　　1945年4月28日
2．コード名　　　　　　　　エアロスコープ（Aeroscope）No. 5
3．目標　　　　　　　　　　串良飛行場 90.38-2524
4．参加部隊　　　　　　　　第314航空団
5．出撃機数　　　　　　　　23機
6．第1目標爆撃機数の割合　100%
7．第1目標上空時間　　　　4月28日8時25分～8時27分
8．攻撃高度　　　　　　　　16,200～17,800フィート
9．目標上空の天候　　　　　0/10－2/10
10．損失機数合計　　　　　　2機
11．作戦任務の概要　　　　　爆撃成果－搭乗員の報告によると甚大。投弾散布は飛行場の北西部分をおおう西滑走路交差点から格納庫地域まで及んだ。2番目の投弾散布は両方の南滑走路と北－南滑走路の1/3を横切っていた。滑走路（複数）は多分使用不能。敵機の迎撃は強烈－攻撃回数85、いくらかの燐爆弾投下を含む。1機が目標上空で敵機の体当たり（ram）にあい、帰途に不時着水を余儀なくされた。対空砲火は重砲、貧弱、不正確ないし正確－燐爆弾の広範な使用が報告された。敵機を10機撃墜、7機不確実撃墜、10機撃破。平均爆弾搭載量11,161ポンド。平均燃料残量871ガロン。

作戦任務第120号

1．日付　　　　　　　　　　1945年4月29日
2．コード名　　　　　　　　ネッククロス（Neckcloth）No. 5
3．目標　　　　　　　　　　宮崎飛行場 90.38-2529
4．参加部隊　　　　　　　　第73航空団

5．出撃機数　　　　　　　　21機

6．第1目標爆撃機数の割合　90.44％(19機)

7．第1目標上空時間　　　　4月29日7時58分〜

8．攻撃高度　　　　　　　　15,400〜15,950フィート

9．目標上空の天候　　　　　1/10−2/10

10．損失機数合計　　　　　　0機

11．作戦任務の概要　　　　　爆撃成果は甚大。投弾した全機は指定された第1
目標を爆撃した。爆弾の大部分は照準線(複数)の1,000フィート以内に着弾。
両コンクリート滑走路には12個の直撃弾による穴があいた。飛行場の南西角の
疎開地域に集中した投弾散布で数機を破壊。敵機の迎撃は全くなし。対空砲火
は重砲、中口径、中程度で不正確。平均爆弾搭載量12,305ポンド。平均燃料残
量704ガロン。

［訳者注］　　原文には第1目標上空時間の終わりの記載がない。

作戦任務第121号

1．日付　　　　　　　　　　1945年4月29日

2．コード名　　　　　　　　ドリッパー

3．目標　　　　　　　　　　都城飛行場 90.38-2527

4．参加部隊　　　　　　　　第73航空団

5．出撃機数　　　　　　　　23機

6．第1目標爆撃機数の割合　95.65％(22機)

7．第1目標上空時間　　　　4月29日7時17分〜7時20分

8．攻撃高度　　　　　　　　14,920〜16,600フィート

9．目標上空の天候　　　　　1/10−2/10

10．損失機数合計　　　　　　2機

11．作戦任務の概要　　　　　爆撃成果は良好。爆弾の大部分は照準線(複数)の
1,000フィート以内に着弾。2つの投弾散布が飛行場の北部と南部に穴をあけ
た。数個の命中弾が飛行場の北角の疎開地域に認められた。敵機52機を視認。
敵機の迎撃は45回の攻撃から成り、2機のB29を撃墜した。敵機を11機撃墜、
2機不確実撃墜、2機撃破。対空砲火は重砲、中口径、中程度でかなり正確。
平均爆弾搭載量12,305ポンド。平均燃料残量639ガロン。

1945年4月

作戦任務第122号

1.	日付	1945年4月29日
2.	コード名	バランカ(Barranca)No.7
3.	目標	国分飛行場 90.38-2520
4.	参加部隊	第313航空団
5.	出撃機数	22機
6.	第1目標爆撃機数の割合	100%
7.	第1目標上空時間	4月29日7時5分～7時6分
8.	攻撃高度	12,300～13,000フィート
9.	目標上空の天候	0/10　もや
10.	損失機数合計	0機
11.	作戦任務の概要	爆撃成果は甚大ないし僅少であった。先頭機が機

能不良となり、目標のむこうに爆弾を落とし、国分市に命中した。市内で大き
な爆発が起こった。1飛行隊(one squadron)が平均弾着点(MPI)のわずか左
に投弾した。4つの掩体壕上で爆弾が破裂し、2機を撃破した。軽飛行場
(landing field)に穴があいた。視認された敵機50機は60回の調整攻撃・適時攻
撃(coordinated and well timed attacks)を加えてきた。敵機を12機撃墜、5
機不確実撃墜、7機撃破。平均爆弾搭載量14,267ポンド。平均燃料残量707ガ
ロン。

作戦任務第123号

1.	日付	1945年4月29日
2.	コード名	ファミッシュ(Famish)No.5
3.	目標	鹿屋東飛行場 90.38-2516
4.	参加部隊	第313航空団
5.	出撃機数	15機
6.	第1目標爆撃機数の割合	93.24%(14機)
7.	第1目標上空時間	4月29日7時21分～7時22分
8.	攻撃高度	14,000～14,500フィート
9.	目標上空の天候	0/10　もや

10. 損失機数合計　　　　　　　0機
11. 作戦任務の概要　　　　　　爆撃成果は甚大であった。爆弾の60%が平均弾着
点の1,000フィート以内に落下。格納庫地域に約1/3の煙を視認。煙のために、
与えた損害は不明。1飛行隊(one squadron)が平均弾着点の南1.5マイルの
広々とした土地に投弾した。25機の敵機が太陽を十分に利用しながら、15回の
攻撃を加えてきた。8個の燐爆弾が2個1組みで投下された。敵機を5機撃墜、
3機不確実撃墜、6機撃破。対空砲火は重砲、中口径、貧弱、不正確で集中的
と報告された。平均爆弾搭載量11,513ポンド。平均燃料残量778ガロン。

作戦任務第124号

1. 日付　　　　　　　　　　　1945年4月29日
2. コード名　　　　　　　　　チェックブック(Checkbook)No.9
3. 目標　　　　　　　　　　　鹿屋飛行場 90.38-1378
4. 参加部隊　　　　　　　　　第314航空団
5. 出撃機数　　　　　　　　　20機
6. 第1目標爆撃機数の割合　　90%(18機)
7. 第1目標上空時間　　　　　4月29日8時25分～8時36分
8. 攻撃高度　　　　　　　　　17,500～18,500フィート
9. 目標上空の天候　　　　　　0/10－1/10
10. 損失機数合計　　　　　　　0機
11. 作戦任務の概要　　　　　　爆撃成果は多大。爆弾はすぐれた投弾散布(good
patterns)で投下された。約2,000フィートの幅の2つの爆弾破裂の集中が両滑
走路をおおった。敵機19機が視認され、15回攻撃してきた。対空砲火は重砲、
貧弱で不正確。平均爆弾搭載量10,700ポンド。平均燃料残量700ガロン。

作戦任務第125号

1. 日付　　　　　　　　　　　1945年4月29日
2. コード名　　　　　　　　　エアロスコープ(Aeroscope)No.6
3. 目標　　　　　　　　　　　串良飛行場 90.38-2524
4. 参加部隊　　　　　　　　　第314航空団

— 94 —

1945年 4 月

5．出撃機数　　　　　　　20機
6．第 1 目標爆撃機数の割合　80機（16機）
7．第 1 目標上空時間　　　 4 月29日 8 時54分〜 8 時57分
8．攻撃高度　　　　　　　17,200〜17,600フィート
9．目標上空の天候　　　　0/10−1/10
10．損失機数合計　　　　　　0 機
11．作戦任務の概要　　　　爆撃成果は多大。約1,000フィートの幅の 2 つの
爆弾破裂の集中があり、 1 つは駐機地域の北から南に延びた滑走路の先端に命
中、もう 1 つ（second）は東から西に延びた 2 つの滑走路をおおった。敵機34
機を視認したが、 1 回攻撃してきただけである。敵機を 1 機撃破、撃墜と不確
実撃墜はなし。対空砲火は重砲、貧弱で不正確。平均爆弾搭載量11,129ポンド。
平均燃料残量878ガロン。

作戦任務第126号

1．日付　　　　　　　　　1945年 4 月30日
2．コード名　　　　　　　ブロックハウス（Blockhouse）No. 1
3．目標　　　　　　　　　立川陸軍航空工廠、浜松（第 1 目標、目視）90.17-
　　　　　　　　　　　　　1404、浜松市（第 1 目標、レーダー）
4．参加部隊　　　　　　　第73・313航空団
5．出撃機数　　　　　　　106機
6．第 1 目標爆撃機数の割合　62.30％（第 1 目標69機、第 2 目標 9 機、臨機目標14
　　　　　　　　　　　　　機）
7．第 1 目標上空時間　　　 4 月30日10時22分〜10時54分
8．攻撃高度　　　　　　　17,800〜21,500フィート
9．目標上空の天候　　　　6/10−10/10
10．損失機数合計　　　　　　0 機
11．作戦任務の概要　　　　第 1 目視・第 1 レーダー目標を攻撃した第313航空
団機の爆撃成果は未確認。第73航空団の 6 飛行隊のうち 4 飛行隊は、浜松に命
中弾を投下し、多大の成果を挙げた。 2 つの重なり合った投弾散布の爆弾破裂
から、地域に大火が起こった。帝国政府工場（Imperial Goverment Shop）に爆
弾数個命中。敵戦闘機の迎撃は視認90機、攻撃回数46。敵機を 1 機撃墜、不確

実撃墜なし、4機撃破。対空砲火は重砲、貧弱で不正確。15機が硫黄島に着陸。平均爆弾搭載量11,595ポンド。平均燃料残量737ガロン。

[訳者注] この文書の目標に関する記述は少し混乱している。戦術作戦任務報告（Tactical Mission Report）では、第1目視目標が立川市の立川陸軍航空工廠（90.17-2008）、第2目視目標が浜松市の日本楽器会社（90.21-1219）、第1レーダー目標が浜松市となっている。

作戦任務第127号

1.	日付	1945年4月30日
2.	コード名	チェックブック（Checkbook）No.10
3.	目標	鹿屋飛行場 90.38-1378
4.	参加部隊	第314航空団
5.	出撃機数	11機
6.	第1目標爆撃機数の割合	100%
7.	第1目標上空時間	4月30日10時40分
8.	攻撃高度	18,200フィート
9.	目標上空の天候	0/10
10.	損失機数合計	0機
11.	作戦任務の概要	爆撃成果は未確認ないし多大。爆弾は約2,500フ

ィートの幅で破裂し、西誘導路、駐機地域、サービスエプロンに命中。敵戦闘機の迎撃は、視認した15機による35回の攻撃から成っていた。敵機を1機撃墜、不確実撃墜なし、2機撃破。対空砲火は重砲、貧弱、中程度、不正確ないし正確。平均爆弾搭載量11,075ポンド。平均燃料残量849ガロン。

作戦任務第128号

1.	日付	1945年4月30日
2.	コード名	ファミッシュ（Famish）No.6
3.	目標	鹿屋東飛行場 90.38-2516
4.	参加部隊	第314航空団
5.	出撃機数	11機

1945年4月

6．第1目標爆撃機数の割合　91%（10機）

7．第1目標上空時間　　　　4月30日10時38分

8．攻撃高度　　　　　　　　17,100フィート

9．目標上空の天候　　　　　0/10

10．損失機数合計　　　　　　0機

11．作戦任務の概要　　　　　爆撃成果は未確認ないし多大。約2,000フィート
の爆弾破裂地域は飛行場の西縁をおおい、滑走路の西端に命中。敵戦闘機の迎
撃は、50回の攻撃を加えてきた視認の16機で行われた。敵機を2機撃墜、1機
不確実撃墜、2機撃破。対空砲火は貧弱、不正確ないし正確。平均爆弾搭載量
11,877ポンド。平均燃料残量781ガロン。

作戦任務第129号

1．日付　　　　　　　　　　1945年4月30日

2．コード名　　　　　　　　バランカ（Barranca）No. 8

3．目標　　　　　　　　　　国分飛行場 90.38-2520

4．参加部隊　　　　　　　　第314航空団

5．出撃機数　　　　　　　　10機

6．第1目標爆撃機数の割合　50%（5機）

7．第1目標上空時間　　　　4月30日10時42分〜10時44分

8．攻撃高度　　　　　　　　17,200〜17,900フィート

9．目標上空の天候　　　　　0/10

10．損失機数合計　　　　　　0機

11．作戦任務の概要　　　　　爆撃成果は多大ないし甚大であった。約1,500フ
ィートの幅の爆弾破裂地域は、飛行場の中央と両滑走路を横切って広がってい
た。第2目標として大分飛行場を爆撃した。敵戦闘機の迎撃は強烈であった－
54機が61回攻撃。敵機を6機撃墜、4機不確実撃墜、9機撃破。対空砲火は重
砲、貧弱で不正確。平均爆弾搭載量10,272ポンド。平均燃料残量962ガロン。

作戦任務第130号

1．日付　　　　　　　　　　1945年4月30日

２．コード名　　　　　　　　　キャムレット (Camlet) No. 3

３．目標　　　　　　　　　　　大分飛行場 90.33-1308

４．参加部隊　　　　　　　　　第314航空団

５．出撃機数　　　　　　　　　11機

６．第１目標爆撃機数の割合　　91％(13機)

７．第１目標上空時間　　　　　４月30日10時13分〜10時14分

８．攻撃高度　　　　　　　　　17,270〜17,900フィート

９．目標上空の天候　　　　　　9/10−10/10

10．損失機数合計　　　　　　　０機

11．作戦任務の概要　　　　　　爆撃成果は僅少であった。爆弾破裂地域は幅
　　1,500フィート、長さ6,500フィート、飛行場の北東端を突切った。敵機の迎撃
　　と対空砲火は全くなし。平均爆弾搭載量11,663ポンド。平均燃料残量948ガロ
　　ン。

作戦任務第131号

１．日付　　　　　　　　　　　1945年４月30日

２．コード名　　　　　　　　　スキュワー (Skewer) No. 3

３．目標　　　　　　　　　　　富高飛行場 90.33-2536

４．参加部隊　　　　　　　　　第314航空団

５．出撃機数　　　　　　　　　12機

６．第１目標爆撃機数の割合　　91.63％(第１目標11機、臨機目標１機)

７．第１目標上空時間　　　　　４月30日10時14分〜10時15分

８．攻撃高度　　　　　　　　　16,900〜17,550フィート

９．目標上空の天候　　　　　　0/10

10　損失機数合計　　　　　　　０機

11．作戦任務の概要　　　　　　爆撃成果は多大ないし甚大であった。約2,500フ
　　ィートの幅で爆弾破裂が集中し、供給施設地域(service area)と飛行場を交差
　　した。敵機の迎撃と対空砲火は全くなし。平均爆弾搭載量10,700ポンド。平均
　　燃料残量698ガロン。

1945年4月

作戦任務第132号

1. 日付　　　　　　　　　　　1945年4月30日
2. コード名　　　　　　　　　コッククロウ(Cockcrow) No. 2
3. 目標　　　　　　　　　　　佐伯飛行場 90.33-1306
4. 参加部隊　　　　　　　　　第314航空団
5. 出撃機数　　　　　　　　　11機
6. 第1目標爆撃機数の割合　100%
7. 第1目標上空時間　　　　4月30日10時13分
8. 攻撃高度　　　　　　　　　17,100〜17,700フィート
9. 目標上空の天候　　　　　7/10
10. 損失機数合計　　　　　　　0機
11. 作戦任務の概要　　　　　爆撃成果は僅少であった。佐伯湾の北の水路で駆逐艦(推定)に直撃弾命中、他の駆逐艦(ほぼ確実)に有効近接弾または命中弾を与えた。敵機の迎撃は全くなし。対空砲火は貧弱で不正確。平均爆弾搭載量11,770ポンド。平均燃料残量924ガロン。

1945年5月

作戦任務第133号

1. 日付　　　　　　　　　　1945年5月3日
2. コード名　　　　　　　　アグアスト（Aghast）No. 4
3. 目標　　　　　　　　　　太刀洗飛行場 90.35-1236
4. 参加部隊　　　　　　　　第314航空団
5. 出撃機数　　　　　　　　11機
6. 第1目標爆撃機数の割合　81%（第1目標9機、臨機目標1機）
7. 第1目標上空時間　　　　5月3日15時7分〜15時8分
8. 攻撃高度　　　　　　　　18,600〜18,800フィート
9. 目標上空の天候　　　　　0/10
10. 損失機数合計　　　　　　0機　もや
11. 作戦任務の概要　　　　　弾着写真によると爆撃成果は良好であった。確認
された爆弾破裂の33%は照準点（AP）の1,000フィート以内。約1,500フィート
の爆弾破裂地域は、飛行場の中央から始まり、北西に進み、サービスエプロン、
格納庫地域を横切り、修理工場地域に及んだ。格納庫1棟、修理工場の建物1
棟、前に損害を与えた格納庫2棟に命中弾。飛行場は多分使用可能。単発機34
機、双発機3機を視認。敵戦闘機の迎撃は中程度−41機の敵機による攻撃回数
40。敵機を10機撃墜、4機不確実撃墜、2機撃破。対空砲火は重砲、貧弱で正
確。6機が硫黄島に着陸。平均爆弾搭載量11,527ポンド。平均燃料残量781ガ
ロン。

作戦任務第134号

1. 日付　　　　　　　　　　1945年5月3日
2. コード名　　　　　　　　ネッククロス（Neckcloth）
3. 目標　　　　　　　　　　宮崎飛行場 90.38-2529
4. 参加部隊　　　　　　　　第314航空団
5. 出撃機数　　　　　　　　11機

1945年5月

6．第1目標爆撃機数の割合　　100％
7．第1目標上空時間　　　　　5月3日15時12分～15時14分
8．攻撃高度　　　　　　　　　17,450～17,650フィート
9．目標上空の天候　　　　　　0/10　　もや
10．損失機数合計　　　　　　　　0機
11．作戦任務の概要　　　　　　弾着写真によると爆撃成果は多大であった。

1,500フィートの幅の投弾散布が南端から始まり、西側をおおった。2本の滑走路とサービスエプロンに命中を視認。飛行場は多分使用可能。単発機7機、双発機20機を視認。敵機の迎撃と対空砲火は全くなし。平均爆弾搭載量11,916ポンド。平均燃料残量762ガロン。

作戦任務第135号

1．日付　　　　　　　　　　　1945年5月3日
2．コード名　　　　　　　　　ドリッパー（Dripper）No.5
3．目標　　　　　　　　　　　都城飛行場　90.38-2527
4．参加部隊　　　　　　　　　第314航空団
5．出撃機数　　　　　　　　　11機
6．第1目標爆撃機数の割合　　100％
7．第1目標上空時間　　　　　5月3日14時57分～14時58分
8．攻撃高度　　　　　　　　　17,900～18,100フィート
9．目標上空の天候　　　　　　0/10　　もや
10．損失機数合計　　　　　　　　0機
11．作戦任務の概要　　　　　　弾着写真によると爆撃成果は僅少であった。全弾は飛行場を外れ、南西の掩体地域に投下。飛行場の南西角から約1,500フィート西、林の近くで小さな爆発（単数）が生じた。いくつかの穴は埋められていた。滑走路の端に沿って残っている他の穴が視認された。単発機7機、模造単発機24機を視認。敵機の迎撃は視認された40機による20回の攻撃。敵機撃墜はなく、1機不確実撃墜、4機撃破。対空砲火は重砲、貧弱で不正確。1機が硫黄島に着陸。平均爆弾搭載量11,478ポンド。平均燃料残量776ガロン。

— 101 —

作戦任務第136号

1．日付　　　　　　　　　　1945年5月3日
2．コード名　　　　　　　　チェックブック（Checkbook）No.11
3．目標　　　　　　　　　　鹿屋飛行場　90.38-1378
4．参加部隊　　　　　　　　第314航空団
5．出撃機数　　　　　　　　11機
6．第1目標爆撃機数の割合　72％（第1目標8機、臨機目標3機）
7．第1目標上空時間　　　　5月3日15時36分
8．攻撃高度　　　　　　　　18,000フィート
9．目標上空の天候　　　　　0/10　もや
10．損失機数合計　　　　　　0機
11．作戦任務の概要　　　　　弾着写真によると爆撃成果は甚大、精度は優秀で
あった。幅2,000フィート、長さ5,500フィートの投弾散布が、飛行場を南から
中央を経て北へ交差し、両滑走路を横切った。飛行場にはひどく穴があいたが、
多分使用可能。敵機の迎撃は視認された28機による18回の攻撃。対空砲火は全
くなし。2機が硫黄島に着陸。平均爆弾搭載量10,700ポンド。平均燃料残量
782ガロン。

作戦任務第137号

1．日付　　　　　　　　　　1945年5月3日
2．コード名　　　　　　　　ファミッシュ（Famish）No.7
3．目標　　　　　　　　　　鹿屋東飛行場　90.38-2516
4．参加部隊　　　　　　　　第314航空団
5．出撃機数　　　　　　　　11機
6．第1目標爆撃機数の割合　100％
7．第1目標上空時間　　　　5月3日15時31分
8．攻撃高度　　　　　　　　17,400フィート
9．目標上空の天候　　　　　0/10　もや
10．損失機数合計　　　　　　1機
11．作戦任務の概要　　　　　弾着写真によると爆撃成果は甚大であった。幅約

1945年5月

2,000フィートの投弾散布は飛行場の中央をおおい、飛行場の境界線をこえて約2,000フィート北西に及んだ。格納庫地域に損害を与え、飛行場にひどく穴をあけた。しかし、主要連続写真によると、応急修理のあとが見られ、飛行場は多分使用可能。単発機9機、模造機11機を視認。敵戦闘機の迎撃は薄弱－視認された10機による6回の攻撃。敵機撃墜はなく、1機不確実撃墜、撃破はなし。1機が硫黄島に着陸。1機が沖縄に着陸、1機が硫黄島近辺に不時着水－搭乗員5人救出。対空砲火は全くなし。平均爆弾搭載量10,700ポンド。平均燃料残量955ガロン。

作戦任務第138号

1．日付	1945年5月3日	
2．コード名	バランカ(Barranca)No.9	
3．目標	国分飛行場 90.38-2520	
4．参加部隊	第314航空団	
5．出撃機数	11機	
6．第1目標爆撃機数の割合	81％(第1目標9機、臨機目標1機)	
7．第1目標上空時間	5月3日15時34分	
8．攻撃高度	18,500フィート	
9．目標上空の天候	0/10　もや	
10．損失機数合計	0機	
11．作戦任務の概要	弾着写真によると爆撃成果は甚大であった。	

幅約1,500フィートの投弾散布は飛行場の中央と掩体地域を貫いて北を横切っていた。飛行場は使用不能となった。穴があいていないのは南西角の地域だけである。飛行場や建物に修理のあとがない。7機だけを視認。敵機の迎撃は中程度、50機による40回の攻撃。対空砲火は全くなし。3機が硫黄島に着陸。平均爆弾搭載量10,700ポンド。平均燃料残量720ガロン。

作戦任務第139号

1．日付	1945年5月3日	
2．コード名	スターベイション(Starvation)No.8	

３．目標　　　　　　　　　　下関海峡および瀬戸内海

４．参加部隊　　　　　　　　第313航空団

５．出撃機数　　　　　　　　97機

６．第１目標敷設機数の割合　89％（第１目標88機、予備水域３機）

７．機雷敷設海域上空時間　　５月３日23時８分〜４日２時35分

８．攻撃高度　　　　　　　　4,800〜8,650フィート

９．目標上空の天候　　　　　5/10　低い雲

10．損失機数合計　　　　　　０機

11．作戦任務の概要　　　　　成果は多大の模様。敵機39機を視認、攻撃回数３。
　対空砲火は重砲、中口径、貧弱から激烈、不正確。サーチライトは次のとおり。
　大阪15、神戸20、淡路島の２砲台（砲列）に各４、防府６、Ogonに９、Futao-
　shimaに12。対空砲火はサーチライトと連動せず。７機が硫黄島に着陸。平均
　機雷搭載量13,170ポンド。平均燃料残量829ガロン。６機が無効果出撃。

[訳者注]　　４月12日付（来襲時刻は13日）の作戦任務第66号（Starvation No.7）以
　来３週間ぶりの機雷投下であり、世界で始めて「掃海不可能の新型機雷」とし
　て「水圧機雷」が使用されたという（杉本和夫・田川章次「米軍の関門海峡機雷作
　戦について」『地域研究－山口』10号）。この作戦で、大阪・神戸水域（大阪湾）に初
　めて機雷が敷設された。大阪湾に35機のB29が308個（うち１個は無効）の機雷を
　投下した。大阪湾への機雷投下は、作戦任務第139・150・205（神戸水域のみ）・
　214（大阪水域のみ）・233・276号において実施され、あわせて６回をかぞえた。な
　お、この第139号では、６．％ A/C Mining Primaryおよび７．Time Over
　Minefieldとなっているので、上記のように訳した。文中にあるOgonは、山口
　県の麻郷（おごう）、または小郡（おごおり）、Futaoshimaは同じく山口県の蓋井
　島（ふたおいじま）であろうか。

作戦任務第140号

１．日付　　　　　　　　　　1945年５月４日

２．コード名　　　　　　　　キャムレット（Camlet）No.4

３．目標　　　　　　　　　　大分飛行場　90.33-1308

４．参加部隊　　　　　　　　第314航空団

５．出撃機数　　　　　　　　22機

1945年5月

6．第1目標爆撃機数の割合　50％（11機）

7．第1目標上空時間　　　　5月4日9時6分〜9時7分

8．攻撃高度　　　　　　　　17,200〜18,040フィート

9．目標上空の天候　　　　　0/10　もや

10．損失機数合計　　　　　　1機

11．作戦任務の概要　　　　　弾着写真によると爆撃精度は不十分、爆撃成果は
あがらず。1飛行隊（one squadron）は、目標の南東を東へ6マイルの空地に
投弾した。飛行場は使用可能、30機視認。敵機の迎撃は、14回の攻撃を加えて
きた視認の19機で行われた。敵機撃墜と不確実撃墜はなく、6機撃破。対空砲
火は重砲、貧弱で不正確。1機が硫黄島に破損着陸－搭乗員4人を救出。10機
が硫黄島に着陸。平均爆弾搭載量9,970ポンド。平均燃料残量616ガロン。

作戦任務第141号

1．日付　　　　　　　　　　1945年5月4日

2．コード名　　　　　　　　バムース（Vamoose）No.1

3．目標　　　　　　　　　　大村飛行場 90.36-849

4．参加部隊　　　　　　　　第314航空団

5．出撃機数　　　　　　　　10機

6．第1目標爆撃機数の割合　100％

7．第1目標上空時間　　　　5月4日8時53分〜8時56分

8．攻撃高度　　　　　　　　18,000〜18,500フィート

9．目標上空の天候　　　　　0/10　もや

10．損失機数合計　　　　　　0機

11．作戦任務の概要　　　　　攻撃報告によると爆撃成果は僅少。幅1,250フィ
ートの投弾散布が掩体地域を貫いて飛行場の北まで横切っており、2機を不確
実破壊、3機目も多分不確実破壊。飛行場は使用可能のまま。単発機53機、双
発機9機を視認。敵機の迎撃－視認の14機による10回の攻撃。敵機を1機撃墜、
不確実撃墜と撃破はなし。対空砲火は重砲、貧弱で90％不正確。敵機5機ない
し8機が8回の不正確な燐爆弾攻撃を行った。4機が硫黄島に着陸。平均爆弾
搭載量8,507ポンド。平均燃料残量464ガロン。

— 105 —

作戦任務第142号

1．	日付	1945年5月4日
2．	コード名	コッククロウ（Cockcrow）No. 3
3．	目標	佐伯飛行場 90.33-1306
4．	参加部隊	第314航空団
5．	出撃機数	9機
6．	第1目標爆撃機数の割合	100%
7．	第1目標上空時間	5月4日9時8分～9時15分
8．	攻撃高度	18,200～18,450フィート
9．	目標上空の天候	0/10　もや
10．	損失機数合計	0機

11．作戦任務の概要　　　　　　弾着写真によると爆撃成果は良好であった。爆弾破裂地域が約800フィートの幅で飛行場を横切っていた。敵機を1機破壊。飛行場は使用可能のまま。飛行場で38機を視認、1機を除いてすべて単発機。敵機の迎撃－敵機10機を視認したが、攻撃はなし。対空砲火は全くなし。1機が硫黄島に着陸。平均爆弾搭載量10,224ポンド。平均燃料残量875ガロン。

作戦任務第143号

1．	日付	1945年5月4日
2．	コード名	モピシュ（Mopish）No. 2
3．	目標	松山飛行場 90.29-2777
4．	参加部隊	第314航空団
5．	出撃機数	21機
6．	第1目標爆撃機数の割合	79.9%（第1目標17機、臨機目標2機）
7．	第1目標上空時間	5月4日8時9分～8時25分
8．	攻撃高度	18,000～18,900フィート
9．	目標上空の天候	0/10　もや
10．	損失機数合計	0機

11．作戦任務の概要　　　　　　爆撃成果は甚大ないし僅少。投弾散布は飛行場地域の上端、バラック型式の建物に囲まれたところ。敵機の迎撃－視認の33機に

よる18回の攻撃。敵機を4機撃破、撃墜と不確実撃墜はなし。対空砲火は薄弱。
2機が硫黄島に着陸。平均爆弾搭載量10,623ポンド。平均燃料残量579ガロン。

[訳者注] 原文では、Target Numberが90.13-2777となっている。地名を示す
90.13は明らかな誤記なので訂正した。

作戦任務第144号

1.	日付	1945年5月5日
2.	コード名	キャムレット(Camlet) No. 5
3.	目標	大分飛行場 90.33-1308
4.	参加部隊	第314航空団
5.	出撃機数	17機
6.	第1目標爆撃機数の割合	100%
7.	第1目標上空時間	5月5日12時16分～12時20分
8.	攻撃高度	17,275～17,900フィート
9.	目標上空の天候	晴れ
10.	損失機数合計	0機
11.	作戦任務の概要	爆撃成果は多大ないし甚大。目標の半分は爆弾の

破裂がおおい、大分海軍航空補給廠(Oita Naval Air Depot)の西部に投弾散布。
大分海軍航空補給廠の南東部分と飛行場地区の建物に命中弾。敵機の迎撃－視
認6機、攻撃1回。対空砲火は重砲、貧弱で不正確。敵機を1機撃墜、不確実
撃墜と撃破はなし。平均爆弾搭載量12,359ガロン。平均燃料残量795ガロン。

作戦任務第145号

1.	日付	1945年5月5日
2.	コード名	アグアスト(Aghast) No. 7
3.	目標	太刀洗飛行場 90.35-1236
4.	参加部隊	第314航空団
5.	出撃機数	11機
6.	第1目標爆撃機数の割合	91%(10機)
7.	第1目標上空時間	5月5日12時25分

8．攻撃高度　　　　　　　18,200〜18,500フィート

9．目標上空の天候　　　　晴れ

10．損失機数合計　　　　　2機

11．作戦任務の概要　　　　爆撃成果は良好であった。爆弾破裂の投弾散布は、機械学校と報告されたところや目標の約16,000フィート東の緊急着陸用飛行場に及んだ。敵機の迎撃－視認された敵機はだいたい27機、すべて波状攻撃。敵機がB29を2機撃墜、2機撃破。敵機を7機撃墜、7機不確実撃墜、7機撃破。対空砲火は重砲、貧弱ないし中程度で不正確。平均爆弾搭載量12,100ポンド。平均燃料残量564ガロン。

[訳者注]　作戦任務第133号Aghast No. 4のあと、No. 5とNo. 6を欠いて、この第145号がAghast No. 7となっている。

作戦任務第146号

1．日付　　　　　　　　　1945年5月5日

2．コード名　　　　　　　サンダーヘッド(Thunderhead) No. 1

3．目標　　　　　　　　　第1目標－広海軍航空廠(目視)90.30-660、広海軍工廠(レーダー)90.30-794

4．参加部隊　　　　　　　第73・58航空団

5．出撃機数　　　　　　　170機

6．第1目標爆撃機数の割合　85.04％(第1目標148機、臨機目標4機)

7．第1目標上空時間　　　5月5日10時40分〜11時11分

8．攻撃高度　　　　　　　18,000〜24,700フィート

9．目標上空の天候　　　　晴れ－3/10

10．損失機数合計　　　　　2機

11．作戦任務の概要　　　　爆撃成果は多大ないし甚大。目標の西半分にある重要な建物(複数)に直撃弾が命中した。広海軍エンジン・タービン工場の大きなU型の建物に直撃弾命中(複数)。広海軍工廠の南西地区の重要な建物に直撃弾命中(単数)。目標の80％を破壊した模様。目標地域の南端の水上機格納庫(複数)を除いて、全建物を内部破壊ないし破壊。目標に対し爆弾578トンを投下。18機が無効果出撃。敵機の迎撃－視認の56機による16回の攻撃。敵機を3機撃墜、2機不確実撃墜、1機撃破。対空砲火は重砲、中程度ないし激烈、不

1945年5月

正確ないし正確。68機が硫黄島に着陸。平均爆弾搭載量8,245ポンド。平均燃料残量572ガロン。

[訳者注] 　第58航空団が第21爆撃機軍団に属しての最初の日本本土空襲参加。第58航空団は、中国・インド基地の第20爆撃機軍団の解体にともない、マリアナ基地のテニアン西飛行場に移ってきた部隊である。広海軍航空廠(Hiro Naval A/C Factory)とは、1941年10月、広海軍工廠(Hiro Arsenal)から航空機部が分離してできた第11海軍航空廠のことである。

作戦任務第147号

1．日付	1945年5月5日
2．コード名	チェックブック(Checkbook)No.13
3．目標	鹿屋飛行場 90.38-1378
4．参加部隊	第314航空団
5．出撃機数	11機
6．第1目標爆撃機数の割合	91％（第1目標10機、臨機目標1機）
7．第1目標上空時間	5月5日19時53分
8．攻撃高度	18.000フィート
9．目標上空の天候	晴れ
10．損失機数合計	1機
11．作戦任務の概要	爆撃成果は多大であった。幅1,500フィートの投

弾散布は、エプロンと格納庫地域を横切って北西へ及んだ。敵機の迎撃－4機視認、攻撃なし。対空砲火は重砲、貧弱で不正確。損失機はサイパンで墜落。平均爆弾搭載量10,918ポンド。平均燃料残量873ガロン。

[訳者注] 　作戦任務第136号Checkbook No.11のあと、No.12を欠いて、この第147号がCheckbook No.13となっている。

作戦任務第148号

1．日付	1945年5月5日
2．コード名	トレドル(Treadle)No.1
3．目標	知覧飛行場 90.38-2501

— 109 —

4．参加部隊　　　　　　　　　第314航空団

5．出撃機数　　　　　　　　　11機

6．第1目標爆撃機数の割合　72％（第1目標8機、臨機目標1機）

7．第1目標上空時間　　　　　5月5日20時11分

8．攻撃高度　　　　　　　　　17,100フィート

9．目標上空の天候　　　　　　晴れ

10．損失機数合計　　　　　　　0機

11．作戦任務の概要　　　　　　爆撃成果は僅少であった。目標の北東、広々とし
　　た土地で爆弾が破裂した。敵機の迎撃－3機視認、攻撃なし。対空砲火は重砲、
　　貧弱で不正確。1機のB29が硫黄島に着陸。平均爆弾搭載量8,000ポンド。平
　　均燃料残量735ガロン。

作戦任務第149号

1．日付　　　　　　　　　　　1945年5月5日

2．コード名　　　　　　　　　インファーマリ（Infirmary）No.1

3．目標　　　　　　　　　　　指宿飛行場 90.38-2507

4．参加部隊　　　　　　　　　第314航空団

5．出撃機数　　　　　　　　　10機

6．第1目標爆撃機数の割合　100％

7．第1目標上空時間　　　　　5月5日19時38分

8．攻撃高度　　　　　　　　　17,000フィート

9．目標上空の天候　　　　　　晴れ

10．損失機数合計　　　　　　　0機

11．作戦任務の概要　　　　　　爆撃成果は多大であった。幅1,000フィートの爆
　　弾破裂の投弾散布が目標地域を横切った。敵機の迎撃－5機視認、攻撃なし。
　　対空砲火は全くなし。平均爆弾搭載量11,000ポンド。平均燃料残量1,098ガロ
　　ン。

作戦任務第150号

1．日付　　　　　　　　　　　1945年5月5日

1945年5月

2．コード名　　　　　　　スターベイション（Starvation）No. 9
3．目標　　　　　　　　　東京湾、伊勢湾および瀬戸内海
4．参加部隊　　　　　　　第313航空団
5．出撃機数　　　　　　　98機
6．第1目標敷設機数の割合　86％（第1目標86機、予備水域4機）
7．第1目標上空時間　　　5月5日23時16分〜6日3時19分
8．攻撃高度　　　　　　　4,925〜8,400フィート
9．目標上空の天候　　　　7/10−8/10
10．損失機数合計　　　　　0機
11．作戦任務の概要　　　　機雷敷設成果は多大の模様。作戦は日本の海上輸
送問題の深刻性をかなり増加。5月3日に神戸・大阪水域に実施された封鎖は、
瀬戸内海をよこぎった封鎖の追加で強化された。この封鎖は、1‐2週間継続
する見込みである。加害機雷原（attrition fields）は、徳山、安芸、Noda、広
島、呉、名古屋、東京にも設置された。これら機雷原のすべては、数週間にわ
たって、日本の海上輸送を擾乱し、沈没させ、打撃を与えると予期された。8
機が無効果出撃。敵機の迎撃−11機視認、攻撃回数1。対空砲火は重砲、貧弱
で不正確。2機が硫黄島に着陸。平均機雷搭載量13,078ポンド。平均燃料残量
992ガロン。

作戦任務第151号

1．日付　　　　　　　　　1945年5月7日
2．コード名　　　　　　　チェックブック（Checkbook）No.14
3．目標　　　　　　　　　鹿屋飛行場 90.38-1378
4．参加部隊　　　　　　　第313航空団
5．出撃機数　　　　　　　10機
6．第2目標爆撃機数の割合　100％
7．第2目標上空時間　　　5月7日12時33分
8．攻撃高度　　　　　　　14,400フィート
9．目標上空の天候　　　　2/10−3/10
10．損失機数合計　　　　　0機
11．作戦任務の概要　　　　搭乗員の報告によると、投弾散布は格納庫地域と

管理地域に集中、格納庫(複数)に 4 個の有効近接弾、建物(複数)に 3 個の命中弾とのこと。成果は甚大と思われた。敵機の迎撃－視認の37機による26回の攻撃。敵機撃墜はなく、 1 機不確実撃墜、 2 機撃破。 3 機のB29が対空砲火によって損傷。平均爆弾搭載量11,098ポンド。平均燃料残量776ガロン。

作戦任務第152号

1．	日付	1945年 5 月 7 日
2．	コード名	インファーマリ(Infirmary)No. 2
3．	目標	指宿飛行場 90.38-2507
4．	参加部隊	第313航空団
5．	出撃機数	11機
6．	第 1 目標爆撃機数の割合	91％(10機)
7．	第 1 目標上空時間	5 月 7 日12時 8 分
8．	攻撃高度	12,000フィート
9．	目標上空の天候	2/10－3/10
10．	損失機数合計	0 機

11. 作戦任務の概要　　　　　搭乗員の報告によると、投弾散布は傾斜型格納庫(ramp hangars)と格納庫の北西の向こうの地域に及んだ。諸施設への直撃弾の命中は確認されていない。多量の煙が目標を見えなくした。敵機の迎撃－視認された24機による14回の攻撃。敵機撃墜と不確実撃墜はなく、 2 機撃破。 2 機のB29が硫黄島に着陸。平均爆弾搭載量11,583ポンド。平均燃料残量920ガロン。対空砲火は全くなし。

作戦任務第153号

1．	日付	1945年 5 月 7 日
2．	コード名	キャムレット(Camlet)No. 6
3．	目標	大分飛行場 90.33-1308
4．	参加部隊	第313航空団
5．	出撃機数	10機
6．	第 1 目標爆撃機数の割合	100％

1945年5月

7．第1目標上空時間　　　　5月7日12時29分
8．攻撃高度　　　　　　　　12,250フィート
9．目標上空の天候　　　　　2/10−3/10
10．損失機数合計　　　　　　　2機
11．作戦任務の概要　　　　　弾着写真によると爆撃成果は不十分であった。指
　示された目標の東3.5マイル、Iyutusakiの町の南におよそ39個の爆弾破裂。敵
　機の迎撃−視認された50機による75回の攻撃。敵機を13機撃墜、11機不確実撃
　墜、撃破なし。敵機により2つのエンジンを撃たれた1機が帰途に不時着水−
　搭乗員11人のうち10人を救出。多分敵機のために1機が目標上空で行方不明。
　　4機が硫黄島に着陸。対空砲火は重砲、貧弱で不正確。平均爆弾搭載量13,227
　ポンド。平均燃料残量712ガロン。

作戦任務第154号

1．日付　　　　　　　　　　1945年5月7日
2．コード名　　　　　　　　ブロウジィ（Blowzy）No. 3
3．目標　　　　　　　　　　宇佐飛行場 90.33-1307
4．参加部隊　　　　　　　　第313航空団
5．出撃機数　　　　　　　　11機
6．第1目標爆撃機数の割合　100％
7．第1目標上空時間　　　　5月7日12時7分
8．攻撃高度　　　　　　　　14,100フィート
9．目標上空の天候　　　　　2/10−3/10
10．損失機数合計　　　　　　　1機
11．作戦任務の概要　　　　　搭乗員の報告によると、爆弾破裂はエプロン上で
　視認され、北東に延び、飛行場の一部をおおった。格納庫地域では爆発は見ら
　れない。敵機の迎撃−視認された34機による40回の攻撃。敵機を21機撃墜、5
　機不確実撃墜、撃破なし。対空砲火は重砲、貧弱で不正確。おそらく敵機のた
　めに1機のB29が目標上空で損失。4機が硫黄島に着陸。平均爆弾搭載量
　13,319ポンド。平均燃料残量675ガロン。

作戦任務第155号・第156号

1.	日付	1945年5月8日
2.	コード名	チェックブック(Checkbook)No.15・ドリッパー (Dripper)No.6
3.	目標	鹿屋飛行場 90.38-1378・都城飛行場 90.38-2527
4.	参加部隊	第313航空団
5.	出撃機数	20機
6.	第1目標爆撃機数の割合	85%（第1目標17機、臨機目標1機）
7.	第1目標上空時間	5月8日11時22分～12時33分
8.	攻撃高度	17,900～21,200フィート
9.	目標上空の天候	10/10
10.	損失機数合計	0機
11.	作戦任務の概要	爆撃はレーダーによる。成果は未確認。偵察任務

による爆撃直後の写真は、悪天候のため得られなかった。敵機の迎撃と対空砲
火は全くなし。平均爆弾搭載量12,093ポンド。平均燃料残量893ガロン。

作戦任務第157号

1.	日付	1945年5月8日
2.	コード名	キャムレット(Camlet)No.7
3.	目標	大分飛行場 90.33-1308
4.	参加部隊	第313航空団
5.	出撃機数	12機
6.	第1目標爆撃機数の割合	100%
7.	第1目標上空時間	5月8日11時39分～12時25分
8.	攻撃高度	17,200～20,000フィート
9.	目標上空の天候	10/10
10.	損失機数合計	0機
11.	作戦任務の概要	爆撃成果については第155号・第156号参照。敵機

の迎撃と対空砲火は全くなし。6機のB29が硫黄島に着陸。平均爆弾搭載量
13,750ポンド。平均燃料残量715ガロン。

1945年5月

作戦任務第158号

1．日付　　　　　　　　　　1945年5月8日
2．コード名　　　　　　　　モピシュ（Mopish）No. 3
3．目標　　　　　　　　　　松山飛行場 90.29-2777
4．参加部隊　　　　　　　　第313航空団
5．出撃機数　　　　　　　　12機
6．第1目標爆撃機数の割合　93.5％（11機）
7．第1目標上空時間　　　　5月8日11時36分〜12時25分
8．攻撃高度　　　　　　　　18,000〜23,000フィート
9．目標上空の天候　　　　　10/10
10．損失機数合計　　　　　　0機
11．作戦任務の概要　　　　　爆撃成果については第155号・第156号参照。敵機
の迎撃と対空砲火は全くなし。3機が硫黄島に着陸。平均爆弾搭載量13,909ポ
ンド。平均燃料残量745ガロン。

［訳者注］　原文では、Target Numberが90.13-2777となっている。地名を示す
90.13は明らかな誤記なので訂正した。次の第159号も同じ。

作戦任務第159号

1．日付　　　　　　　　　　1945年5月10日
2．コード名　　　　　　　　モピシュ（Mopish）No. 4
3．目標　　　　　　　　　　第1目標−松山飛行場（目視・レーダー）90.29-2777
4．参加部隊　　　　　　　　第313航空団
5．出撃機数　　　　　　　　22機
6．第1目標爆撃機数の割合　72％（第1目標16機、臨機目標2機）
7．第1目標上空時間　　　　5月10日7時27分〜7時35分
8．攻撃高度　　　　　　　　18,000〜18,500フィート
9．目標上空の天候　　　　　視界良好
10．損失機数合計　　　　　　0機
11．作戦任務の概要　　　　　搭乗員の報告によると、爆弾の投弾散布は小区域
に密集し、飛行場によく集中した。建物地域に強烈に集中し、煙で見えなくな

— 115 —

った飛行場固有の諸設備に損害を与えた。B29が1機だけ対空砲火により損傷。敵機9機視認、攻撃回数1。敵機に与えた損害の申告なし。7機が硫黄島に着陸。平均爆弾搭載量13,606ポンド。平均燃料残量676ガロン。

作戦任務第160号

1．日付	1945年5月10日	
2．コード名	ブロウジィ(Blowzy)No.4	
3．目標	第1目標－宇佐飛行場(目視)90.33-1307、大分市(レーダー)	
4．参加部隊	第313航空団	
5．出撃機数	22機	
6．第1目標爆撃機数の割合	67.5%(第1目標15機、臨機目標5機)	
7．第1目標上空時間	5月10日7時39分～8時6分	
8．攻撃高度	18,400～19,000フィート	
9．目標上空の天候	視界良好	
10．損失機数合計	0機	
11．作戦任務の概要	搭乗員の報告によると、爆弾の投弾散布は多大、	

うまく集中、とくに格納庫地域に強烈に集中。格納庫(複数)に命中弾3。2機のB29が無効果出撃。対空砲火によるB29の損傷はなし。敵機20機視認、攻撃回数10。1機のB29が損傷、敵機を3機撃墜、不確実撃墜なし、2機撃破(Claims：3-0-2)。8機が硫黄島に着陸。平均爆弾搭載量10,360ポンド。平均燃料残量573ガロン。

作戦任務第161号

1．日付	1945年5月10日	
2．コード名	ネッククロス(Neckcloth)No.7	
3．目標	第1目標－宮崎飛行場(目視)90.38-2529、市街地(レーダー)	
4．参加部隊	第313航空団	
5．出撃機数	11機	

1945年5月

6．第1目標爆撃機数の割合　63％（第1目標7機、臨機目標1機）

7．第1目標上空時間　　　5月10日8時6分

8．攻撃高度　　　　　　　19,000フィート

9．目標上空の天候　　　　視界良好

10．損失機数合計　　　　　0機

11．作戦任務の概要　　　　搭乗員の報告によると、全爆弾が目標地域内、南
滑走路・西滑走路の交差点に落下した。建物地域で多数の爆弾が破裂。爆弾散
布は約4,400フィートの長さ。3機が無効果出撃。対空砲火により、1機の
B29が損傷。敵機を視認せず。敵機に与えた損害の申告なし。4機が硫黄島に
着陸。平均爆弾搭載量12,355ポンド。平均燃料残量701ガロン。

作戦任務第162号

1．日付　　　　　　　　　1945年5月10日

2．コード名　　　　　　　チェックブック（Checkbook）No.15

3．目標　　　　　　　　　第1目標－鹿屋飛行場（目視）90.38-1378、国分飛
行場（レーダー）90.38-2520

4．参加部隊　　　　　　　第313航空団

5．出撃機数　　　　　　　12機

6．第1目標爆撃機数の割合　33％（第1目標4機、臨機目標6機）

7．第1目標上空時間　　　5月10日7時55分～7時57分

8．攻撃高度　　　　　　　18,000フィート

9．目標上空の天候　　　　視界良好

10．損失機数合計　　　　　0機

11．作戦任務の概要　　　　搭乗員の報告によると、4機が投下した爆弾は目
標に落下し、エプロンの前の建物（複数）で少なくとも8個が爆発。飛行隊
（squadron）の他の機の爆弾は、なんの損害も与えられない広々とした土地に
落下した。2機が無効果出撃。対空砲火は重砲、貧弱で不正確。対空砲火によ
るB29の破損なし。敵機28機視認、攻撃回数30、1機のB29が損傷。敵機を4
機撃墜、4機不確実撃墜、8機撃破。1機が硫黄島に着陸。平均爆弾搭載量
12,398ポンド。平均燃料残量751ガロン。

［訳者注］　作戦任務第155号がCheckbook　No.15となっており、この第162号も

— 117 —

No.15であり、重複している。

作戦任務第163号

1．日付　　　　　　　　　　1945年5月10日
2．コード名　　　　　　　　インディシーズ(Indices) No. 1
3．目標　　　　　　　　　　徳山－第3海軍燃料廠 90.32-673、呉海軍工廠
　　　　　　　　　　　　　　90.30-657A
4．参加部隊　　　　　　　　第73航空団
5．出撃機数　　　　　　　　60機
6．第1目標爆撃機数の割合　93％（第1目標54機、臨機目標2機）
7．第1目標上空時間　　　　5月10日9時52分～10時3分
8．攻撃高度　　　　　　　　14,900～20,000フィート
9．目標上空の天候　　　　　2/10
10．損失機数合計　　　　　　0機
11．作戦任務の概要　　　　　搭乗員の報告によると、目標は大損害を受けた。
　貯蔵タンク(複数)に命中した直撃弾のため、濃い煙の大きな柱(複数)があがっ
　た。4機が無効果出撃。敵機4機視認、攻撃回数1。損害なし。対空砲火は重
　砲、貧弱で不正確。対空砲火により、5機のB29が損傷。2機が硫黄島に着陸。
　平均爆弾搭載量9,726ポンド。平均燃料残量950ガロン。

[訳者注]　目標として第3海軍燃料廠(Tokuyama Naval Fuel Station)と呉海
　軍工廠(Kure Naval Arsenal)が併記されているが、前者が目視目標、後者が
　レーダー目標であり、雲量2/10のため、第3海軍燃料廠が爆撃された。この工
　場は1941年に第3海軍燃料廠と改称するまで、徳山海軍燃料廠と称していた。
　なお、原文ではTarget Numberが90.32-73となっている。これは明らかな誤
　記であるから、上記のように訂正しておいた。戦術作戦任務報告(Tactical
　Mission Report)によると、作戦任務第163・164・165・166号では、呉海軍工廠
　が第2目視目標・第1レーダー目標となっている。同報告では、第3海軍燃料
　廠のTarget Numberは90.32-673である。なお、作戦任務第163～166号は、九
　州の飛行場への石油補給基地を破壊するという目的をもっていた。

1945年 5 月

作戦任務第164号

1.	日付	1945年 5 月10日
2.	コード名	ローテイティブ(Rotative)No. 1
3.	目標	徳山石炭集積場(Tokuyama Coal Yard)90.32-674、呉海軍工廠 90.30-657A
4.	参加部隊	第73航空団
5.	出撃機数	63機
6.	第 1 目標爆撃機数の割合	88.48％(第 1 目標56機、臨機目標 1 機)
7.	第 1 目標上空時間	5 月10日10時 7 分～10時20分
8.	攻撃高度	18,700～21,080フィート
9.	目標上空の天候	2/10
10.	損失機数合計	0 機
11.	作戦任務の概要	搭乗員の報告によると、煙の大きな柱(複数)が攻

撃効果評価を妨害した。命中弾の集中が突堤上に見られ、爆弾の大多数が目標
地域内に着弾。敵機 5 機視認、攻撃なし。敵機に与えた損害の申告なし。対空
砲火は重砲、貧弱で不正確。敵の対空砲火によって 7 機のB29が損傷。 4 機が
硫黄島に着陸。 6 機が無効果出撃。平均爆弾搭載量10,395ポンド。平均燃料残
量723ガロン。

[訳者注]　戦術作戦任務報告(Tactical Mission Report)では、第164号の目標は
Tokuyama Coal Liquefaction and Briquette Factory(徳山石炭液化・煉炭工
場)となっている。第 3 海軍燃料廠の歴史は、1905年、徳山に海軍煉炭製造所
が設立されたのに始まる。燃料が石炭から石油に転換するに応じて、1921年、
徳山海軍燃料廠と改められ、石油精製に力を入れた。石炭液化の研究も進めら
れた。そして1941年、第 3 海軍燃料廠となったのである。

作戦任務第165号

1.	日付	1945年 5 月10日
2.	コード名	フェインター(Fainter)No. 1
3.	目標	岩国陸軍燃料廠・興亜石油麻里布製油所(Otake Oil Refinery)90.30-2121、呉海軍工廠(第 2 目標)

4．参加部隊　　　　　　　　第314航空団

5．出撃機数　　　　　　　　132機

6．第１目標爆撃機数の割合　74％（第１目標112機、臨機目標14機）

7．第１目標上空時間　　　　５月10日９時48分〜10時14分

8．攻撃高度　　　　　　　　14,620〜19,700フィート

9．目標上空の天候　　　　　0/10

10．損失機数合計　　　　　　１機

11．作戦任務の概要　　　　　最初の写真は、目標に爆弾破裂が集中しているこ
　とを示した。１機のB29を損失、グアム北飛行場に着陸時に破損。死傷者なし。
　６機が無効果出撃。敵機39機視認、攻撃回数54、１機のB29が損傷。敵機を３
　機撃墜、２機不確実撃墜、８機撃破。対空砲火は重砲、貧弱で不正確。対空砲
　火により19機のB29が損傷。12機が硫黄島に着陸。平均爆弾搭載量10,862ポン
　ド。平均燃料残量683ガロン。

［訳者注］　目標のOtake Oil Refineryとはアメリカ軍の呼称であり、岩国陸軍燃
　料廠と興亜石油麻里布（岩国）製油所を指している。

作戦任務第166号

1．日付　　　　　　　　　　1945年５月10日

2．コード名　　　　　　　　アナフェイス（Anaphase）No.1

3．目標　　　　　　　　　　大浦貯油所（O'Shima Oil Storage）90.32-1884、
　　　　　　　　　　　　　　呉海軍工廠（第２目標）90.30-657A

4．参加部隊　　　　　　　　第58航空団

5．出撃機数　　　　　　　　88機

6．第１目標爆撃機数の割合　90.4％（第１目標80機、臨機目標４機）

7．第１目標上空時間　　　　５月10日10時５分〜10時50分

8．攻撃高度　　　　　　　　16,850〜18,700フィート

9．目標上空の天候　　　　　0/10

10．損失機数合計　　　　　　０機

11．作戦任務の概要　　　　　搭乗員の報告によると、爆撃精度は多大ないし甚
　大、７つのタンクに命中した模様。目標に爆弾が最大に集中。目標地域内の不
　詳の建物３棟に命中。敵機29機視認、攻撃回数３、B29の損傷なし。敵機１機

1945年 5 月

撃破。対空砲火は重砲、貧弱で不正確。敵の対空砲火により、 4 機のB29が損傷。 6 機が硫黄島に着陸。平均爆弾搭載量10,607ポンド。平均燃料残量760ガロン。

[訳者注]　目標のO'Shima Oil Storageとは、大浦貯油所を指している。

作戦任務第167号

1．日付	1945年 5 月11日
2．コード名	キャムレット (Camlet) No. 8
3．目標	大分飛行場 90.33-1308
4．参加部隊	第313航空団
5．出撃機数	20機
6．第 1 目標爆撃機数の割合	85％（第 1 目標17機、臨機目標 1 機）
7．第 1 目標上空時間	5 月11日 8 時 3 分～ 8 時27分
8．攻撃高度	18,000～19,000フィート
9．目標上空の天候	0/10－2/10
10．損失機数合計	0 機
11．作戦任務の概要	搭乗員の報告によると、爆撃精度は多大、投弾散

布は目標を横切って広がった。敵機を視認せず。対空砲火による損傷なし。対空砲火は重砲、貧弱で不正確。 2 機が無効果出撃。 1 機のB29が硫黄島に着陸。平均爆弾搭載量11,875ポンド。平均燃料残量699ガロン。

作戦任務第168号

1．日付	1945年 5 月11日
2．コード名	コッククロウ (Cockcrow) No. 4
3．目標	佐伯飛行場 90.33-1306
4．参加部隊	第313航空団
5．出撃機数	11機
6．第 1 目標爆撃機数の割合	63％（第 1 目標 7 機、臨機目標 1 機）
7．第 1 目標上空時間	5 月11日 8 時31分
8．攻撃高度	19,400フィート

9．目標上空の天候　　　　　0/10−2/10
10．損失機数合計　　　　　　0機
11．作戦任務の概要　　　　　搭乗員の報告によると、飛行場の南半分に27個の
　　爆弾破裂。川向こうの無線局に、またはその近くに2個の爆弾破裂。3機が無
　　効果出撃。敵機5機視認、攻撃なし。敵機に与えた損害の申告なし。対空砲火
　　による損傷なし。対空砲火は重砲、貧弱で不正確。1機が硫黄島に着陸。平均
　　爆弾搭載量12,841ポンド。平均燃料残量516ガロン。

作戦任務第169号

1．日付　　　　　　　　　　1945年5月11日
2．コード名　　　　　　　　ブッシング(Bushing) No. 5
3．目標　　　　　　　　　　第1目標−新田原飛行場(目視)90.33-2531、宮崎
　　　　　　　　　　　　　　飛行場(レーダー)90.38-2529
4．参加部隊　　　　　　　　第313航空団
5．出撃機数　　　　　　　　11機
6．第1目標爆撃機数の割合　 55%(第1目標5機、臨機目標6機)
7．第1目標上空時間　　　　 5月11日15時53分〜16時15分
8．攻撃高度　　　　　　　　15,400〜22,400フィート
9．目標上空の天候　　　　　2/10−6/10
10．損失機数合計　　　　　　0機
11．作戦任務の概要　　　　　偵察写真によると、飛行場の南の部分におびただ
　　しい穴があいており、埋められていなかった。飛行場は使用可能。対空砲火は
　　重砲、貧弱で不正確。敵機を視認せず。2機が硫黄島に着陸。平均爆弾搭載量
　　11,440ポンド。平均燃料残量723ガロン。

作戦任務第170号

1．日付　　　　　　　　　　1945年5月11日
2．コード名　　　　　　　　ネッククロス(Neckcloth) No. 8
3．目標　　　　　　　　　　第1目標−宮崎飛行場(目視)90.38-2529、宮崎
　　　　　　　　　　　　　　(レーダー)

1945年5月

4．参加部隊　　　　　　　　第313航空団

5．出撃機数　　　　　　　　12機

6．第1目標爆撃機数の割合　100%

7．第1目標上空時間　　　　5月11日15時10分～15時40分

8．攻撃高度　　　　　　　　15,000～20.000フィート

9．目標上空の天候　　　　　10/10

10．損失機数合計　　　　　　0機

11．作戦任務の概要　　　　　爆撃はレーダーによって行われ、成果は未確認。
敵機を視認せず。対空砲火による損傷なし。対空砲火は重砲、貧弱で不正確。
　3機のB29が硫黄島に着陸した。平均爆弾搭載量13,591ポンド。平均燃料残量
843ガロン。

作戦任務第171号

1．日付　　　　　　　　　　1945年5月11日

2．コード名　　　　　　　　ドリッパー（Dripper）No.7

3．目標　　　　　　　　　　第1目標－都城飛行場（目視）90.38-2527、都城
（レーダー）

4．参加部隊　　　　　　　　第313航空団

5．出撃機数　　　　　　　　11機

6．第1目標爆撃機数の割合　100%

7．第1目標上空時間　　　　5月11日15時15分～15時46分

8．攻撃高度　　　　　　　　17,000～20,000フィート

9．目標上空の天候　　　　　10/1

10．損失機数合計　　　　　　0機

11．作戦任務の概要　　　　　爆撃はレーダーによって行われ、成果は未確認。
敵機を視認せず。対空砲火による損傷なし。対空砲火は重砲、貧弱で不正確。
　2機のB29が硫黄島に着陸した。平均爆弾搭載量13,750ポンド。平均燃料残量
648ガロン。

作戦任務第172号

1．日付　　　　　　　　　　1945年5月11日
2．コード名　　　　　　　　リーフストーク（Leafstalk）No.1
3．目標　　　　　　　　　　神戸ー川西航空機工場 90.25-1702
4．参加部隊　　　　　　　　第58・73・314航空団
5．出撃機数　　　　　　　　102機
6．第1目標爆撃機数の割合　92％（第1目標92機、臨機目標1機）
7．第1目標上空時間　　　　5月11日10時53分〜10時3分
8．攻撃高度　　　　　　　　15,700〜20,000フィート
9．目標上空の天候　　　　　4/10−8/10
10．損失機数合計　　　　　　1機
11．作戦任務の概要　　　　　弾着写真によると、爆弾破裂の2つの投弾散布が
　　目標の西10,000フィートの市街地にあった。成果は僅少のようである。目標の
　　東側にいくつかの有効近接弾。目標の南東の角の水上機ランプに命中弾（複数）、
　　火事が発生した。9機が無効果出撃。第314航空団機が離陸時に海に墜落。全
　　搭乗員11人死亡。敵機41機視認、攻撃回数261。3機のB29が損傷。敵機を9
　　機撃墜、22機不確実撃墜、15機撃破。敵の対空砲火により20機損傷。対空砲火
　　は重砲、貧弱ないし激烈、正確ないし不正確。14機のB29が硫黄島に着陸。平
　　均爆弾搭載量11,313ポンド。平均燃料残量752ガロン。

［訳者注］　　目標は川西航空機甲南製作所（深江工場）である。この文書の第1目標
　　上空時間の始まりの10時53分は、明らかな誤りである。戦術作戦任務報告
　　（Tactical Mission Report）では、9時53分となっている。ランプとは、水上
　　機を陸上に引き上げるための傾斜面である。

作戦任務第173号

1．日付　　　　　　　　　　1945年5月13-14日
2．コード名　　　　　　　　スターベイション（Starvation）No.10
3．目標　　　　　　　　　　下関海峡
4．参加部隊　　　　　　　　第313航空団
5．出撃機数　　　　　　　　12機

1945年5月

6. 第1目標爆撃機数の割合　100%
7. 第1目標上空時間　　　5月14日0時20分〜1時29分
8. 攻撃高度　　　　　　　5,800〜8,030フィート
9. 目標上空の天候　　　　0/10−2/10
10. 損失機数合計　　　　　0機
11. 作戦任務の概要　　　　機雷が敷設された航路は、数日間封鎖と予期され
た。敵機7機視認、攻撃なし。敵機に与えた損害の申告なし。対空砲火は中口
径、中程度ないし激烈、かなり正確。門司と八幡のあいだに30−50のサーチラ
イト。対空砲火によるB29の損傷なし。平均機雷搭載量12,336ポンド。平均燃
料残量826ガロン。

作戦任務第174号

1. 日付　　　　　　　　　1945年5月14日
2. コード名　　　　　　　マイクロスコープ(Microscope)No.4
3. 目標　　　　　　　　　名古屋北部市街地(197)
4. 参加部隊　　　　　　　第58・73・313・314航空団
5. 出撃機数　　　　　　　524機
6. 第1目標爆撃機数の割合　89.68%
7. 第1目標上空時間　　　5月14日8時5分〜9時25分
8. 攻撃高度　　　　　　　16,200〜20,500フィート
9. 目標上空の天候　　　　1/10−8/10
10. 損失機数合計　　　　　11機
11. 作戦任務の概要　　　　第1次爆撃報告によると、火災は市の北部を越え
て、名古屋城の北西約2,000ヤードまで及んだ。三菱電機会社や三菱重工業発
動機製作所(Mitsubisi A/C Engine Plant)のまだ損害を与えていない部分に火
災が起こった。敵機の迎撃は総じて積極的、無調整で非効果的。44機が無効果
出撃。B29の損失は敵機によるもの1機、敵の対空砲火によるもの1機、事故
によるもの4機、他の理由によるもの4機、未確認の原因によるもの1機。損
耗人員は死亡8人、行方不明41人、負傷13人。2機のB29が敵機により損傷、
54機が敵の対空放火により損傷。敵機90機視認、攻撃回数275。敵機を23機撃
墜、16機不確実撃墜、31機撃破。平均爆弾搭載量11,479ポンド。平均燃料残量

642ガロン。

作戦任務第175号

1．日付　　　　　　　　　　1945年5月16日
2．コード名　　　　　　　　スターベイション(Starvation)No.11
3．目標　　　　　　　　　　下関海峡、舞鶴港、宮津港
4．参加部隊　　　　　　　　第313航空団
5．出撃機数　　　　　　　　30機
6．第1目標爆撃機数の割合　83.25％(第1目標25機、第2目標2機)
7．第1目標上空時間　　　　5月16日0時48分～2時26分
8．攻撃高度　　　　　　　　6,200～11,000フィート
9．目標上空の天候　　　　　4/10－10/10
10．損失機数合計　　　　　　0機
11．作戦任務の概要　　　　　下関海峡は数日間封鎖のため再敷設された。舞鶴
　　港・宮津港の北岸が初めて封鎖された。敵機8機視認、攻撃回数1。敵機に与
　　えた損害の申告なし。対空砲火は重砲、貧弱で不正確。8機がサーチライトで
　　來叉されたあと、砲火を浴びた。2機のB29が対空砲火により損傷。3機の
　　B29が無効果出撃。平均機雷搭載量12,276ポンド。平均燃料残量828ガロン。

［訳者注］　原文では、第1目標上空時間の箇所が140148K-140326Kとなってお
　　り、攻撃日を14日としている。文書の日付を見ても、その他の資料を見ても、
　　これは単純で明白な間違いであるから、上記のように訂正しておいた。

作戦任務第176号

1．日付　　　　　　　　　　1945年5月16日
2．コード名　　　　　　　　マイクロスコープ(Microscope)No.5
3．目標　　　　　　　　　　名古屋南部市街地(197)
4．参加部隊　　　　　　　　第58・73・313・314航空団
5．出撃機数　　　　　　　　516機
6．第1目標爆撃機数の割合　79％(第1目標457機、臨機目標11機)
7．第1目標上空時間　　　　5月17日2時5分～4時58分

1945年5月

8．攻撃高度　　　　　　　　6,600〜18,340フィート
9．目標上空の天候　　　　　3/10−9/10
10．損失機数合計　　　　　　3機
11．作戦任務の概要　　　　　搭乗員の報告によると、成果は良好。範囲限定写真によると、市の北部に火災（複数）。雲と煙のため、レーダーによって爆撃が実施された。第1目標に対して3,609.2トンの爆弾が投下された。48機が無効果出撃。敵機20機視認、攻撃回数11。敵機を2機撃墜、不確実撃墜なし、撃破なし。14機のB29が敵の対空砲火により損傷。16機が硫黄島に着陸。平均爆弾搭載量14,966ポンド。平均燃料残量802ガロン。

作戦任務第177号

1．日付　　　　　　　　　　1945年5月19日
2．コード名　　　　　　　　スターベイション（Starvation）No.12
3．目標　　　　　　　　　　下関海峡、敦賀港
4．参加部隊　　　　　　　　第313航空団
5．出撃機数　　　　　　　　34機
6．第1目標爆撃機数の割合　87%（30機）
7．第1目標上空時間　　　　5月19日0時52分〜2時9分
8．攻撃高度　　　　　　　　5,800〜8,700フィート
9．目標上空の天候　　　　　3/10−6/10
10．損失機数合計　　　　　　0機
11．作戦任務の概要　　　　　下関海峡は再び封鎖された。敦賀港には新しく機雷を投下。192個のMK-25機雷を投下。4機が無効果出撃。敵機33機視認、攻撃回数2。敵機に与えた損害の申告なし。平均機雷搭載量12,579ポンド。平均燃料残量826ガロン。2機が硫黄島に着陸。

［訳者注］　MK25は2,000ポンド機雷（1トン機雷）。MK26とMK36は1,000ポンド機雷。ただし、爆弾・焼夷弾と同じく機雷も公称と正味の重量に違いがある。

作戦任務第178号

1．日付　　　　　　　　　　1945年5月19日

2．目標　　　　　　　　　第1目標－立川陸軍航空工廠 90.17-2008、立川
　　　　　　　　　　　　　　飛行機会社工場（目視）90.17-792、浜松市（レーダ
　　　　　　　　　　　　　　ー）

3．参加部隊　　　　　　　第58・73・313・314航空団

4．出撃機数　　　　　　　309機

5．第1目標爆撃機数の割合　87.04％（レーダー272機、臨機目標14機）

6．第1目標上空時間　　　（レーダー）5月19日10時51分～11時58分

7．攻撃高度　　　　　　　13,300～26,640フィート

8．目標上空の天候　　　　10/10

9．損失機数合計　　　　　　4機

10．作戦任務の概要　　　　市の64エーカーが炎上。目標を目視できず、全爆
　　撃はレーダーによって、第1レーダー目標に対して実施され、爆弾1,486トン
　　を投下した。23機が無効果出撃。敵機をわずか8機視認、攻撃なし。敵機に与
　　えた損害の申告なし。対空砲火による損傷なし。20機のB29が硫黄島に着陸。
　　平均爆弾搭載量12,029ポンド。平均燃料残量817ガロン。

[訳者注]　　原文では、立川陸軍航空工廠（Tachikawa　Air　Arsenal）のTarget
　　Numberが90.30-2028と記されているが、これは明白な誤りであるので、上記
　　のように訂正しておいた。

　　この日、B29部隊は密雲のため目的を達せず、東京・神奈川・千葉・山梨・静岡
　　の各地に投弾したが、関東地方は被害僅少であり、静岡県では浜松に相当の被
　　害があった。

作戦任務第179号

1．日付　　　　　　　　　1945年5月20-21日

2．コード名　　　　　　　スターベイション（Starvation）No.13

3．目標　　　　　　　　　下関海峡、部崎泊地（He Saki Anchorage）、舞
　　　　　　　　　　　　　鶴港

4．参加部隊　　　　　　　第313航空団

5．出撃機数　　　　　　　30機

6．第1目標爆撃機数の割合　100％

7．第1目標上空時間　　　5月21日0時48分～2時11分

1945年5月

8．攻撃高度	5,500〜6,600フィート
9．目標上空の天候	6/10−8/10
10．損失機数合計	3機

11．作戦任務の概要　　　　　下関海峡は再三再四の機雷敷設、舞鶴港は2回目の敷設。1機が離陸時に墜落、搭乗員10人が死亡。滑走路近くに駐機した2機が爆発により破壊された。184個のMK-25機雷を投下した。4機が硫黄島に着陸。敵機12機視認、攻撃回数1。敵機に与えた損害の申告なし。平均機雷搭載量12,144ポンド。平均燃料残量802ガロン。

作戦任務第180号

1．日付	1945年5月23日
2．コード名	スターベイション(Starvation)No.14
3．目標	下関海峡(内側と外側)
4．参加部隊	第313航空団
5．出撃機数	32機
6．第1目標爆撃機数の割合	93.6%(30機)
7．第1目標上空時間	5月23日1時7分〜2時11分
8．攻撃高度	5,300〜8,100フィート
9．目標上空の天候	4/10
10．損失機数合計	1機

11．作戦任務の概要　　　　　第1目標海域、すなわち機雷敷設海域マイクとラブに176個のMK-25機雷を投下した。敵機11機視認、攻撃なし。敵機に与えた損害の申告なし。損失のB29は、敵の対空砲火で損傷を受けた結果、日本の沿岸から10〜20マイル離れた海中に墜落した。搭乗員11人のうち3人救出。3機が硫黄島に着陸。平均機雷搭載量11,580ポンド。平均燃料残量727ガロン。

[訳者注]　マイク(Mike)は関門海峡外側、ラブ(Love)は内側。作戦任務第47・49号参照。

作戦任務第181号

1．日付	1945年5月23日

2．目標　　　　　　　　　　　東京市街地

3．参加部隊　　　　　　　　　第58・73・313・314航空団

4．出撃機数　　　　　　　　　558機

5．第1目標爆撃機数の割合　　93.60％（第1目標520機、臨機目標5機）

6．第1目標上空時間　　　　　5月24日1時39分～3時38分

7．攻撃高度　　　　　　　　　7,800～15,100フィート

8．目標上空の天候　　　　　　1/10－6/10

9．損失機数合計　　　　　　　17機

10．作戦任務の概要　　　　　　合計3,645.7トンの焼夷弾が第1目標に投下され
た。33機が無効果出撃。本曇りのため、写真は写せず。与えた損害は作戦任務
要約第183号に含まれる。2機のB29を対空砲火で損失。対空砲火は重砲、中
口径、中程度ないし激烈、しかし不正確。1機を敵機と対空砲火で損失。4機
を事故で損失。10機を未確認の原因で損失。敵機60機視認、攻撃回数83。敵機
を6機撃墜、1機不確実撃墜、2機撃破（Claims were 6-1-2）。49機のB29が
硫黄島に着陸。平均爆弾搭載量14,138ポンド。平均燃料残量633ガロン。

作戦任務第182号

1．日付　　　　　　　　　　　1945年5月25日

2．コード名　　　　　　　　　スターベイション（Starvation）No.15

3．目標　　　　　　　　　　　下関海峡、新潟、七尾、伏木（Fishiki）

4．参加部隊　　　　　　　　　第313航空団

5．出撃機数　　　　　　　　　30機

6．第1目標爆撃機数の割合　　83.25％（第1目標25機、予備目標2機）

7．第1目標上空時間　　　　　5月25日0時44分～2時59分

8．攻撃高度　　　　　　　　　6.000～8,400フィート

9．目標上空の天候　　　　　　晴れ

10．損失機数合計　　　　　　　0機

11．作戦任務の概要　　　　　　第1目標海域に186個のMK-25機雷を投下した。
機雷敷設海域（M/F）はアンクル、ナン、マイク、瀬戸内海、名古屋湾。3機
は無効果出撃。3機が硫黄島に着陸。1機が沖縄に着陸。平均機雷搭載量
13,510ポンド。平均燃料残量648ガロン。

1945年5月

[訳者注]　アンクル(Uncle)は新潟港、ナン(Nan)は七尾・伏木港、マイクは関
　　　門海峡西側である。

作戦任務第183号

1．日付　　　　　　　　　　1945年5月25日
2．目標　　　　　　　　　　東京市街地
3．参加部隊　　　　　　　　第58・73・313・314航空団
4．出撃機数　　　　　　　　498機
5．第1目標爆撃機数の割合　92.8%（第1目標464機、臨機目標6機）
6．第1目標上空時間　　　　5月25日22時38分〜26日1時13分
7．攻撃高度　　　　　　　　7,915〜22,000フィート
8．目標上空の天候　　　　　1/10−9/10
9．損失機数合計　　　　　　26機
10．作戦任務の概要　　　　合計3,262トンの焼夷弾を目標に投下し、甚大な
　　成果を挙げた。この作戦任務と作戦任務第181号により、市街地の18.6平方マ
　　イルが焼失。28機が無効果出撃。敵の対空砲火は重砲と中口径、中程度ないし
　　激烈、対空砲火で3機のB29を損失。他機を撃墜するため、対空砲火は敵機と
　　連合して攻撃してきた。2機が硫黄島近辺で放棄された。20機のB29が未確認
　　の原因で損失。対空砲火により89機のB29が損傷、対空砲火と敵機の連合攻撃
　　により11機以上が損傷。敵機により10機が損傷。敵機60機視認、攻撃回数99。
　　敵機を19機撃墜、不確実撃墜なし、4機撃破。平均爆弾搭載量13,517ポンド。
　　平均燃料残量794ポンド。

作戦任務第184号

1．日付　　　　　　　　　　1945年5月27日
2．コード名　　　　　　　　スターベイション(Starvation)No.16
3．目標　　　　　　　　　　下関海峡、伏木(Fishiki)、福岡、唐津
4．参加部隊　　　　　　　　第313航空団
5．出撃機数　　　　　　　　30機
6．第1目標爆撃機数の割合　96.57%（29機）

7．第1目標上空時間　　　　5月27日0時32分〜2時30分

8．攻撃高度　　　　　　　　5,900〜8,200フィート

9．目標上空の天候　　　　　0/10から3/10

10．損失機数合計　　　　　　0機

11．作戦任務の概要　　　　　第1目標海面に194個のMK-25機雷と12個のMK
-36機雷を投下、うち198個が有効と報告された。1機のB29が無効果出撃。2
機のB29が対空砲火により損傷。敵機5機視認、攻撃回数1。敵機に与えた損
害の申告なし。1機が硫黄島に着陸、1機が沖縄に着陸。平均機雷搭載量
13,441ポンド。平均燃料残量509ガロン。

作戦任務第185号

1．日付　　　　　　　　　　1945年5月28日

2．コード名　　　　　　　　スターベイション(Starvation)No.17

3．目標　　　　　　　　　　下関海峡、門司海域

4．参加部隊　　　　　　　　第313航空団

5．出撃機数　　　　　　　　11機

6．第1目標爆撃機数の割合　81％(9機)

7．第1目標上空の時間　　　5月27日23時58分〜0時26分

8．攻撃高度　　　　　　　　6,000〜7,700フィート

9．目標上空の天候　　　　　0/10

10．損失機数合計　　　　　　1機

11．作戦任務の概要　　　　　63個のMK-25機雷を3か所の第1目標海域に投
下、うち62個が有効と報告。2機が無効果出撃。対空砲火により、1機のB29
が目標上空で撃墜され、搭乗員11人全員行方不明。対空砲火はさらに3機の
B29を損傷。対空砲火は重砲、貧弱ないし激烈、正確ないし不正確。敵機11機
視認、攻撃回数6。敵機に与えた損害の申告なし。平均機雷搭載量13,510ポン
ド。平均燃料残量755ガロン。

作戦任務第186号

1．日付　　　　　　　　　　1945年5月29日

1945年5月

2．目標　　　　　　　　　　横浜市街地(Yokohama Area)

3．参加部隊　　　　　　　　第58・73・313・314航空団

4．出撃機数　　　　　　　　510機

5．第1目標爆撃機数の割合　90.8％(第1目標454機、臨機目標21機)

6．第1目標上空時間　　　　5月29日9時14分〜10時29分

7．攻撃高度　　　　　　　　17,500〜21,000フィート

8．目標上空の天候　　　　　9/10　高い雲

9．損失機数合計　　　　　　　7機

10．作戦任務の概要　　　　　利用可能写真(available photos)は爆撃成果甚大
を示した。市の計6.9平方マイルを炎上、または破壊した。合計2,569.6トンが
第1目標に、105.6トンが臨機目標に投下された。35機が無効果出撃。敵戦闘
機の迎撃は視認55機による110回の攻撃。敵機を6機撃墜、5機不確実撃墜、
10機撃破。対空砲火は重砲、貧弱ないし激烈、正確ないし不正確、3機のB29
を撃墜。B29部隊は101機のP51によって掩護された。2機のP51が目標上空で
損失。1機のB29が意図的な体当たりを受けた。2機が不時着水した。39機が
硫黄島に着陸した。平均爆弾搭載量12,040ポンド。平均燃料残量811ガロン。

1945年6月

作戦任務第187号

(1945年6月16日)

1．日付	1945年6月1日
2．目標	大阪市街地
3．参加部隊	第58・73・313・314航空団
4．出撃機数	509機
5．第1目標爆撃機数の割合	91.6%（第1目標458機、臨機目標16機）
6．爆弾の型と信管	M17 30.7, 31.3, 31.9, 32.5, 31秒延期弾頭。M47瞬発弾頭と無延期弾底。E46 33.3, 34.4, 35.2, 35.5, 36.3, 36.5秒延期弾底。M26(T4 E4) 14, 14.5, 15.1, 15.2, 15.3秒延期弾頭信管
7．投下爆弾トン数	第1目標2,788.5トン、臨機目標102.2トン
8．第1目標上空時間	6月1日9時28分〜11時0分
9．攻撃高度	18,000〜28,500フィート
10．目標上空の天候	0/10−10/10
11．損失機数合計	10機

12．作戦任務の概要　　この作戦任務によって、約3.4平方マイル、主に大阪城の北方と北西方を破壊した。大阪の損害累計は、現在14.65平方マイル、市の建物部分(built up portion)の24%。敵機85機視認、攻撃回数221、これにより4機のB29が損傷。敵機を16機撃墜、9機不確実撃墜、24機撃破。対空砲火は重砲、貧弱ないし激烈、不正確ないし正確、これにより5機のB29が損失した(accounting for 5 B29's)。2機が集結時に衝突、2機が機械の故障で損失、1機が未確認の原因で損失。35機が無効果出撃。パラシュート脱出した4機の搭乗員のうち、2人を除いて、全員救出。戦闘機の掩護は148機のP51で編成されたが、大部分は途中で引き返した。27機のP51と戦闘機パイロット26人が悪い気象条件のため失われた。81機のB29が硫黄島に着陸。平均爆弾搭載量12,364ポンド。平均燃料残量655ガロン。

[訳者注]　　この第187号から書式が変わった。6．Type of Bombs and Fuzesと7．Tons of Bombs Dropped、および文書作成の日付が記載されるようにな

— 134 —

1945年6月

った。

M17は500ポンド焼夷集束弾、M50マグネシウム焼夷弾（4ポンド）を集束。M47は、ここでは100ポンド油脂焼夷弾。E46は500ポンド焼夷集束弾、M69油脂焼夷弾（6ポンド）を集束。T4E4は500ポンド破片集束弾。その他、B29の投下弾種については、奥住喜重『中小都市空襲』（三省堂）を参照のこと。

作戦任務第188号

（1945年6月15日）

1.	日付	1945年6月5日
2.	目標	神戸市街地 90.25-11
3.	参加部隊	第58・73・313・314航空団
4.	出撃機数	530機（大型救助機-Super Dumbos-7機を含む）
5.	第1目標爆撃機数の割合	89.87％（第1目標473機、臨機目標8機）
6.	爆弾の型と信管	E46無延期弾頭と多様な延期弾底。T4E4多様な延期弾頭と無延期弾底。AN-M47A2瞬発弾頭と無延期弾底。M17-A1　24秒延期弾頭と無延期弾底
7.	投下爆弾トン数	第1目標3,079.1トン、臨機目標54.7トン
8.	第1目標上空時間	6月5日7時22分〜8時47分
9.	攻撃高度	13,650〜18,800フィート
10.	目標上空の天候	0/10−8/10
11.	損失機数合計	11機
12.	作戦任務の概要	市の約3.8平方マイルと神戸の東方0.5平方マイル

を破壊した。番号を付した工業目標9か所に損害を与えた。市の損害累計は8平方マイル、市の建物部分の約51％。B29の損失は、3機が敵機のため、3機が敵の対空砲火のため、3機が敵機と対空砲火のため、1機が硫黄島に墜落、1機が未確認の原因。49機が無効果出撃。敵機125機視認、攻撃回数672。敵機を86機撃墜、31機不確実撃墜、78機撃破。敵の対空砲火は重砲、貧弱ないし激烈、おおむね正確、139機のB29が損傷。43機が硫黄島に着陸。平均爆弾搭載量13,178ポンド。平均燃料残量677ガロン。

[訳者注]　戦術作戦任務報告では、神戸に投弾した気象航行指示機（weather trafic directer aircraft）1機を加えて、第1目標爆撃機数を474機としている。

— 135 —

作戦任務第189号

（1945年6月15日）

1．日付　　　　　　　　　　　1945年6月7日

2．目標　　　　　　　　　　　大阪市街地

3．参加部隊　　　　　　　　　第58・73・313・314航空団

4．出撃機数　　　　　　　　　449機

5．第1目標爆撃機数の割合　　89.98％（第1目標409機、臨機目標9機）

6．爆弾の型と信管　　　　　　E46無延期弾頭と多様な弾底セット。T4E4　多様な弾頭・弾底セット。E48無延期弾頭と多様な弾底セット。AN−M47A2　瞬発弾頭と無延期弾底。AN−M46　1/10秒延期弾頭と1/100秒延期弾底。AN−M65　1/100秒延期弾頭・弾底。AN−M64　1/100秒延期弾頭・弾底。

7．投下爆弾トン数　　　　　　第1目標2,593.6トン、臨機目標58.6トン

8．第1目標上空時間　　　　　6月7日11時9分〜12時28分

9．攻撃高度　　　　　　　　　17,900〜23,150フィート

10．目標上空の天候　　　　　　8/10−10/10

11．損失機数合計　　　　　　　2機

12．作戦任務の概要　　　　　　弾着写真によると2.21平方マイルを破壊、この日の爆撃で累計13.46平方マイル、市の建物部分の22.5％。31機が無効果出撃。戦闘機の迎撃は全くなし、ないし貧弱。敵機10機視認、攻撃回数30。敵機を撃墜・不確実撃墜はなし、3機撃破。目標上空の対空砲火は重砲、全くなし、ないし貧弱、不正確。7機のB29が対空砲火のため損傷。戦闘機による掩護は144機のP51による。戦闘機が敵機を2機撃墜、不確実撃墜なし、1機撃破（Fighter claims were 2-0-1.）。59機が硫黄島に着陸。2機のB29が機械の故障で損失。1機のP51が硫黄島近辺で炎上。平均爆弾搭載量13,182ポンド。平均燃料残量544ガロン。

［訳者注］　戦術作戦任務報告（Tactical Mission Report）では、投下弾はM47油脂焼夷弾、E36焼夷集束弾(M69を集束)、E46焼夷集束弾(M69を集束)、E48焼夷集束弾(M74を集束)、T4E4破片集束弾、M64通常爆弾(500ポンド)、M65通常爆弾(1,000ポンド)、M66通常爆弾(2,000ポンド)となっており、この文書と若干の異同があるが、この程度のくい違いはしばしばである。

1945年6月

作戦任務第190号

（1945年6月15日）

1. 日付　　　　　　　　　　1945年6月7日
2. 目標　　　　　　　　　　下関海峡、福岡、唐津
3. 参加部隊　　　　　　　　第313航空団
4. 出撃機数　　　　　　　　31機
5. 第1目標爆撃機数の割合　83.82％（26機）
6. 機雷の型とセッティング　MK26・MK25機雷、多様にセット
7. 投下機雷数　　　　　　　第1目標1,000ポンド機雷240個、2,000ポンド機雷39個
8. 第1目標上空時間　　　　6月8日0時28分〜1時39分
9. 攻撃高度　　　　　　　　5,700〜8,400フィート
10. 目標上空の天候　　　　　8/10−10/10
11. 損失機数合計　　　　　　0機
12. 作戦任務の概要　　　　　機雷敷設海域マイク、ラブ、チャーリーに敷設。対空砲火は全くなし。敵機5機視認、攻撃なし。5機が無効果出撃。4機が硫黄島に着陸、1機が沖縄に着陸。平均機雷搭載量12,713ポンド。平均燃料残量889ガロン。

［訳者注］　チャーリー（Charlie）は唐津−福岡水域。

MK26とMK36が1,000ポンド機雷。MK25が2,000ポンド機雷（1トン機雷）。爆弾・焼夷弾と同じく、正味重量とは違いがある。

8．Time Over Primaryについては、070128K-070239Kと記されている。このマリアナ時間を日本時間になおすと、6月7日0時28分〜1時39分となる。しかし、戦術作戦任務報告（Tactical Mission Report）では、071528Z-071737Zとなっており、このグリニッジ標準時を日本時間になおすと8日0時28分〜2時37分となる。時・分の誤記はよくあることとして、この場合のように1昼夜ものくいちがいは大きい。ここでは、戦術作戦任務報告の8日未明が正しいと思われるので、日は8日とし、時間はMission Summaryのとおりとした。なお、戦術作戦任務報告には、First ReleaseとLast Releaseが次のように記されている。

Mike 071528Z 071637Z；Love 071530Z 071609Z；Charlie 071633Z O71737Z

作戦任務第191号

(1945年6月20日)

1. 日付 　　　　　　　　　1945年6月9日
2. 目標 　　　　　　　　　川西航空機会社鳴尾製作所 90.25-18
3. 参加部隊 　　　　　　　第58航空団
4. 出撃機数 　　　　　　　46機
5. 第1目標爆撃機数の割合　96.26%（第1目標44機、臨機目標1機）
6. 爆弾の型と信管 　　　　AN-M65　1,000ポンド通常爆弾1/100秒延期弾頭と無延期弾底
7. 投下爆弾トン数 　　　　第1目標263.5トン、臨機目標6トン
8. 第1目標上空時間 　　　 6月9日8時30分～9時3分
9. 攻撃高度 　　　　　　　19,400～21,200フィート
10. 目標上空の天候 　　　 5/10－10/10
11. 損失機数合計 　　　　 0機
12. 作戦任務の概要 　　　 爆撃後の写真によると、工場はほとんど完全に破壊、全屋根面積の69%に損害、または破壊。工場の26%は修理できないほど(beyond repair)。1機のB29が無効果出撃。敵機30機視認、攻撃回数54。敵機を3機撃墜、5機不確実撃墜、15機撃破。対空砲火は重砲、貧弱ないし中程度、不正確。8機のB29が硫黄島に着陸。平均爆弾搭載量12,720ポンド。平均燃料残量778ガロン。

[訳者注]　第191～193号がエンパイア計画と称した昼間複数精密目標爆撃の始まりである。

作戦任務第192号

(1945年6月21日)

1. 日付 　　　　　　　　　1945年6月9日
2. 目標 　　　　　　　　　川崎航空機会社明石工場 90.25-1547
3. 参加部隊 　　　　　　　第313航空団
4. 出撃機数 　　　　　　　26機
5. 第1目標爆撃機数の割合　92.16%（第1目標24機、臨機目標2機）
6. 爆弾の型と信管 　　　　AN-M56　4,000ポンド軽筒爆弾　瞬発弾頭と無延期弾底

1945年6月

7．投下爆弾トン数　　　　　第１目標144トン、臨機目標12トン
8．第１目標上空時間　　　　6月9日9時52分〜9時54分
9．攻撃高度　　　　　　　　16,700〜17,400フィート
10．目標上空の天候　　　　　8/10−9/10
11．損失機数合計　　　　　　0機
12．作戦任務の概要　　　　　偵察写真によると、工場にはほとんど損害なし
（little damage）。爆撃は主としてレーダーによった。目標の南東約1,000ヤー
ド、明石に爆弾の投弾散布（one pattern of bombs）。敵機の迎撃なし。4機の
B29が硫黄島に着陸。平均爆弾搭載量13,065ポンド。平均燃料残量615ガロン。

作戦任務第193号

（1945年6月21日）

1．日付　　　　　　　　　　1945年6月9日
2．目標　　　　　　　　　　名古屋−愛知航空機熱田工場（愛知時計電機）90.20
　　　　　　　　　　　　　　−2010/198；　第１レーダー目標−浜松市
3．参加部隊　　　　　　　　第313航空団
4．出撃機数　　　　　　　　44機
5．第１目標爆撃機数の割合　96.6％（第１目標42機、第１レーダー目標1機）
6．爆弾の型と信管　　　　　AN-M56　4,000ポンド軽筒爆弾　瞬発弾頭と無
　　　　　　　　　　　　　　延期弾底。AN-M66　2,000ポンド通常爆弾　瞬
　　　　　　　　　　　　　　発弾頭と無延期弾底
7．投下爆弾トン数　　　　　第１目標265トン、第１レーダー目標6トン
8．第１目標上空時間　　　　6月9日9時17分〜9時23分
9．攻撃高度　　　　　　　　19,000〜20,700フィート
10．目標上空の天候　　　　　0/10
11．損失機数合計　　　　　　0機
12．作戦任務の概要　　　　　写真偵察によると、工場の約95.7％を破壊、また
は損害を与えた。愛知航空機発動機会社の名古屋の工場の53％を破壊、または
損害を与えた。対空砲火は重砲、中程度、おおむね不正確。敵機32機視認、攻
撃回数87。敵機を2機撃墜、3機不確実撃墜、2機撃破。7機のB29が硫黄島
に着陸した。平均爆弾搭載量14,233ポンド。平均燃料残量703ガロン。
［訳者注］　1943年3月、愛知時計電機会社の航空機部門が独立して愛知航空機

会社となった。原文には、2．Target：Aichi Aircraft Works, Atsuta Plant at Nagoya（90.20-2010/198）; City of Hamamatsu（PR）とある。Target Number 90.20-2010は愛知航空機熱田発動機製作所であり、90.20-198は愛知航空機船方工場と愛知時計電機船方工場を指す。

作戦任務第194号

（1945年6月21日）

1．日付	1945年6月9日	
2．目標	下関海峡	
3．参加部隊	第313航空団	
4．出撃機数	28機	
5．第1目標爆撃機数の割合	92.82％（第1目標26機、予備海面1機）	
6．機雷の型とセッティング	MK25とMK26・MK36　多様にセット	
7．投下機雷トン数	1,000ポンド機雷90個、2,000ポンド機雷126個、予備海面に1,000ポンド機雷18個	
8．第1目標上空時間	6月10日0時1分～1時43分	
9．攻撃高度	6,200～8,400フィート	
10．目標上空の天候	0/10－2/10	
11．損失機数合計	0機	
12．作戦任務の概要	機雷敷設海域マイクとラブに敷設、瀬戸内海は予	

備海面（alternate field）とされた。5機が硫黄島に着陸。対空砲火は全くなし。敵機8機視認、攻撃回数なし。敵機に与えた損害の申告なし。平均機雷搭載量13,179ポンド。平均燃料残量794ガロン。

[訳者注]　作戦任務第190号では、7．No. of Mines Laidsとなっていたが、この194号では、7．Tons of Mines Droppedとなっている。しかし、記されているのはトン数ではなく、機雷の個数である。予備海面に1機が1,000ポンド機雷18個というのは、B29の積載能力を超えており、誤記と思われる。201号と202号は、7．Tons of Mines Plantedとなっている。

8．Time Over Primaryは090101K-090243Kと記されており、9日未明となっている。しかし、戦術作戦任務報告では091501Z-091646Z、つまり10日0時1分～1時46分となっており、日本側資料でも10日未明であるので、上記のように訂正した。

1945年 6 月

作戦任務第195号

(1945年 6 月21日)

1．	日付	1945年 6 月10日
2．	目標	中島飛行機会社大宮工場　90.17-2097；第 1 レーダー目標－霞ヶ浦水上機基地
3．	参加部隊	第58航空団
4．	出撃機数	29機
5．	第 1 目標爆撃機数の割合	レーダー目標79.35％（23機）、臨機目標 2 機
6．	爆弾の型と信管	AN-M64　500ポンド通常爆弾　1/100延期弾頭と無延期弾底
7．	投下爆弾トン数	第 1 レーダー目標123.3トン、臨機目標11.2トン
8．	第 1 目標上空時間	6 月10日 9 時 1 分～ 9 時12分（レーダー目標）
9．	攻撃高度	17,700～20,100フィート
10．	目標上空の天候	2/10－9/10
11．	損失機数合計	0 機
12．	作戦任務の概要	23機が第 1 レーダー目標を攻撃した。爆撃写真に

よると、視認できるダメージは13の建物に与えた損害、または破壊を含む。敵
機27機視認、攻撃回数27。敵機撃墜はなく、 4 機不確実撃墜、 8 機撃破。対空
砲火は重砲と報告され、皆無ないし貧弱。 2 機のB29が対空砲火により損傷。
107機の掩護戦闘機P51が硫黄島を発進。約36機のP51を集結点で視認したが、
目標上空では視認せず。 3 機のB29が硫黄島に着陸。平均爆弾搭載量11,910ポ
ンド。平均燃料残量700ガロン。

［訳者注］　この195号から243号まではほとんど 8 ．Time　Over　Primary：
Rader Target：1001K-1012Kのように、攻撃時刻の日付が記されず、時・分だ
けとなった。本作戦のように白昼攻撃の場合は問題がないが、夜間攻撃の場合
には戦術作戦任務報告などによって月日を記した。

作戦任務第196号

(1945年 6 月28日)

1．	日付	1945年 6 月10日
2．	目標	日本飛行機会社富岡工場 90.17-1391
3．	参加部隊	第58航空団

4．出撃機数　　　　　　　　33機

5．第1目標爆撃機数の割合　96.66%（第1目標32機、臨機目標1機）

6．爆弾の型と信管　　　　　AN-M64　500ポンド通常爆弾　瞬発弾頭と無延
　　　　　　　　　　　　　　期弾底

7．投下爆弾トン数　　　　　第1目標172.5トン、臨機目標5.3トン

8．第1目標上空時間　　　　6月10日9時24分～9時29分

9．攻撃高度　　　　　　　　21,000～22,000フィート

10．目標上空の天候　　　　　10/10

11．損失機数合計　　　　　　0機

12．作戦任務の概要　　　　　成果は雲のため未確認。事後の写真情報も雲のた
　　め得られず。対空砲火は重砲、貧弱で不正確。掩護のP51は目標地域で見られ
　　ず。敵機7機視認、攻撃回数なし。敵機に与えた損害の申告なし。平均爆弾搭
　　載量12,100ポンド。平均燃料残量735ガロン。

作戦任務第197号

(1945年6月28日)

1．日付　　　　　　　　　　1945年6月10日

2．目標　　　　　　　　　　第1目標－中島飛行機武蔵製作所(目視)90.17-
　　　　　　　　　　　　　　357、日立航空機立川発動機製造所(レーダー)
　　　　　　　　　　　　　　90.17-2009

3．参加部隊　　　　　　　　第73航空団

4．出撃機数　　　　　　　　124機

5．第1目標爆撃機数の割合　第1レーダー目標95.11%(118機、臨機目標2機)

6．爆弾の型と信管　　　　　AN-M66　2,000ポンド通常爆弾　多様な延期弾
　　　　　　　　　　　　　　頭と1/40秒延期弾底

7．投下爆弾トン数　　　　　第1レーダー目標806トン、臨機目標14トン

8．第1目標上空時間　　　　第1レーダー目標6月10日8時57分～9時38分

9．攻撃高度　　　　　　　　19,600～21,200フィート

10．目標上空の天候　　　　　2/10－3/10

11．損失機数合計　　　　　　0機

12．作戦任務の概要　　　　　爆撃報告写真は、目標の約85%破壊という甚大な
　　爆撃成果を示した。目標の東端中央の鉄筋コンクリート建物(複数)は、少なく

1945年6月

とも10個の直撃弾を受けた。建物内部の損害査定は不可能だが、激甚（severe）と思われる。他の主要建物すべても内部破壊、または破壊。レーダー目標での対空砲火は貧弱ないし中程度、時には正確。対空砲火によって19機のB29が損傷。約50機のP51が青ケ島上空で最初のB29群（groups）と出会い、目標地域まで掩護した。敵機45機視認、攻撃回数41。敵機に与えた損害の申告は得られず。18機のB29が硫黄島に着陸。平均爆弾搭載量14,352ガロン。平均燃料残量631ガロン。

［訳者注］ 原文のTargetのうち、レーダー目標はHitachi Engine Works Kaigan Plant（PR）（90.17-2009）と記されている。しかし、目標番号90.17-2009は日立航空機立川工場を指すので、上記のようにした。

作戦任務第198号

（1945年6月28日）

1．日付　　　　　　　　　1945年6月10日
2．目標　　　　　　　　　日立航空機会社千葉工場 90.14-2145
3．参加部隊　　　　　　　第314航空団
4．出撃機数　　　　　　　27機
5．第1目標爆撃機数の割合　96.5％（第1目標26機）
6．爆弾・信管のタイプ　　AN-M64　500ポンド通常爆弾-1/100秒延期弾頭、
　　　　　　　　　　　　　無延期弾底
7．投下爆弾トン数　　　　第1目標138.2トン
8．第1目標上空時間　　　 6月10日7時45分〜7時46分
9．攻撃高度　　　　　　　15,600〜17,200フィート
10．目標上空の天候　　　　10/10
11．損失機数合計　　　　　0機
12．作戦任務の概要　　　　弾着写真によると、3飛行隊（Squardons）が目標を攻撃。写真から工場に損害がないことが明らか。敵機16機視認、攻撃回数なし。敵機に与えた損害の申告なし。対空砲火は重砲、薄弱で不正確。B29の5,000フィート下にP51と思われる数機が見られた。2機のB29が硫黄島に着陸。平均爆弾搭載量11,754ポンド。平均燃料残量1026ガロン。

作戦任務第199号

(1945年6月28日)

1. 日付　　　　　　　　　　　1945年6月10日
2. 目標　　　　　　　　　　　第1目標－中島飛行機会社荻窪工場(目視)90.17-
　　　　　　　　　　　　　　　356、霞ヶ浦水上機基地(レーダー)90.14-1491
3. 参加部隊　　　　　　　　　第314航空団
4. 出撃機数　　　　　　　　　65機
5. 第1目標爆撃機数の割合　　第1レーダー目標68.85％(45機、臨機目標4機)
　　　　　　　　　　　　　　　第1目視目標10.71％(7機)
6. 爆弾の型と信管　　　　　　AN－M64　500ポンド通常爆弾1/100秒延期弾頭
　　　　　　　　　　　　　　　と無延期弾底
7. 投下爆弾トン数　　　　　　第1目標281.3トン、臨機目標18トン
8. 第1目標上空時間　　　　　レーダー目標6月10日7時37分～7時59分
　　　　　　　　　　　　　　　目視目標6月10日8時24分～8時27分
9. 攻撃高度　　　　　　　　　レーダー目標21,000～23,000フィート
　　　　　　　　　　　　　　　目視目標21,000～21,100フィート
10. 目標上空の天候　　　　　　10/10
11. 損失機数合計　　　　　　　1機
12. 作戦任務の概要　　　　　　レーダー目標への弾着写真によると、目標の約33
％を破壊。対空砲火は、西部東京、立川、東京、横浜で重砲、貧弱ないし中程
度、不正確。約30機のP51を東京地域上空で目撃。脱去時に敵機39機視認、攻
撃回数83。敵機を1機撃墜、4機不確実撃墜、9機撃破。9機のB29が硫黄島
に着陸した。平均爆弾搭載量12,028ポンド。平均燃料残量704ガロン。作戦任
務第195～200号において、P51戦闘機は敵機を22機撃墜、6機不確実撃墜、12
機撃破と申告。

作戦任務第200号

(1945年6月28日)

1. 日付　　　　　　　　　　　1945年6月10日
2. 目標　　　　　　　　　　　立川陸軍航空工廠 90.17-2008
3. 参加部隊　　　　　　　　　第314航空団
4. 出撃機数　　　　　　　　　34機

— 144 —

1945年6月

5．第1目標爆撃機数の割合　87％（第1目標29機、臨機目標3機）

6．爆弾の型と信管　　　　AN-M64　500ポンド通常爆弾1/100秒延期弾頭
　　　　　　　　　　　　と無延期弾底

7．投下爆弾トン数　　　　第1目標163.5トン、臨機目標18トン

8．第1目標上空時間　　　6月10日7時52分～7時57分

9．攻撃高度　　　　　　　20,100～22,000フィート

10．目標上空の天候　　　　10/10

11．損失機数合計　　　　　0機

12．作戦任務の概要　　　　弾着写真によると、3飛行隊（3 squadrons）が目標を攻撃し、2飛行隊の爆弾が目標に命中した。事後の偵察写真は得られていない。立川での対空砲火は重砲、貧弱で不正確。9機のP51を脱去ルートに沿った東京北部で目撃。敵機25機視認、攻撃回数35。敵機を撃墜なし、1機不確実撃墜、3機撃破。2機のB29が硫黄島に着陸。平均爆弾搭載量12,980ポンド。平均燃料残量801ガロン。

作戦任務第201号

（1945年6月28日）

1．日付　　　　　　　　　1945年6月11日

2．目標　　　　　　　　　下関海峡、敦賀湾

3．参加部隊　　　　　　　第313航空団

4．出撃機数　　　　　　　27機

5．第1目標爆撃機数の割合　96.2％（26機）

6．投下機雷の型　　　　　MK25　2,000ポンド機雷

7．投下機雷トン数　　　　第1目標海面に182個

8．第1目標上空時間　　　6月12日0時40分～1時39分

9．攻撃高度　　　　　　　7,200～8,500フィート

10．目標上空の天候　　　　2/10－10/10

11．損失機数合計　　　　　0機

12．作戦任務の概要　　　　下関海峡の封鎖は3日または4日以上継続。敦賀湾は数日間封鎖。対空砲火は全くなく、B29の損害なし。敵機10機視認、攻撃なし。敵機に与えた損害の申告なし。平均機雷搭載量13,510ポンド。平均燃料残量864ガロン。

[訳者注]　原文では、7．Tons of Mines Plantedとなっているが、記されているのは機雷の個数である（194号参照）。次号も同様である。この作戦任務第201号では2,000ポンド機雷、すなわち1トン機雷だけであるから、個数とトン数は一致する。

8．Time Over Primary：0140K-0239Kと記され、日付がない（195号参照）。深夜の作戦の場合は、戦術作戦任務報告（Tactical Mission Report）などで月日を確かめて、上記のように記入した。本作戦は111540Z-111639Zである。

作戦任務第202号

（1945年6月28日）

1．日付	1945年6月13日	
2．目標	下関海峡、新潟	
3．参加部隊	第313航空団	
4．出撃機数	30機	
5．第1目標爆撃機数の割合	96.7％（29機）	
6．投下機雷の型	MK25　2,000ポンド機雷；MK26・MK36　1,000ポンド機雷	
7．投下機雷トン数	MK26・MK36機雷269個、MK25機雷　42個	
8．第1目標上空時間	6月14日0時19分〜1時43分	
9．攻撃高度	7,000〜7,700フィート	
10．目標上空の天候	0/10−10/10	
11．損失機数合計	0機	
12．作戦任務の概要	下関海峡の6月7日以来の封鎖は事実上引き延ばされた。新潟港は数日間閉鎖された。対空砲火は全くなし。B29の損害なし。敵機3機視認、攻撃回数1。敵機に与えた損害の申告なし。平均機雷搭載量12,686ポンド。平均燃料残量854ガロン。	

作戦任務第203号

（1945年6月28日）

1．日付	1945年6月15日
2．目標	大阪・尼崎市街地
3．参加部隊	第58・73・313・314航空団

1945年6月

4.	出撃機数	511機
5.	第1目標爆撃機数の割合	84.36%（第1目標444機、臨機目標25機）
6.	爆弾の型と信管	AN-M17A1　500ポンド焼夷集束弾とE46　500ポンド焼夷集束弾は目標上空5,000フィートで解束するようセット。AN-M47A2　100ポンド焼夷弾は瞬発弾頭。
7.	投下爆弾トン数	第1目標3157.3トン、臨機目標176.1トン
8.	第1目標上空時間	6月15日8時44分〜10時55分
9.	攻撃高度	16,300〜26,900フィート
10.	目標上空の天候	10/10
11.	損失機数合計	2機
12.	作戦任務の概要	雲量が目標の偵察写真の撮影を妨げた。対空砲火

は重砲、貧弱でおおむね不正確。100機のP51が掩護のため発進したが、悪天候のため引き返した。1機のB29が滑走路を外れて墜落、1機がグアムの北4マイルの海中に墜落。32機のB29が無効果出撃。43機のB29が硫黄島に着陸。平均爆弾搭載量13,577ポンド。平均燃料残量708ガロン。

［訳者注］　これをもって、5大都市市街地に対する焼夷弾攻撃は終了した。

作戦任務第204号

（1945年6月28日）

1.	日付	1945年6月15日
2.	目標	下関海峡、福岡、唐津、伏木
3.	参加部隊	第313航空団
4.	出撃機数	30機
5.	第1目標爆撃機数の割合	100%
6.	投下機雷の型	MK25　2,000ポンド機雷とMK26・MK36　1,000ポンド機雷　多様に延期セット
7.	投下機雷数	MK25機雷53個、MK26・MK36機雷244個
8.	第1目標上空時間	6月16日0時55分〜2時50分
9.	攻撃高度	7,800〜9,000フィート
10.	目標上空の天候	0/10−10/10
11.	損失機数合計	0機

12．作戦任務の概要　　　　　下関海峡の封鎖が続行。伏木も再敷設。加害機雷
原が福岡と唐津に投下設定された。投下された297個の機雷全部が有効と思わ
れた。対空砲火は重砲と小口径、貧弱で不正確。2機のB29が対空砲火で損傷。
敵機15機視認、攻撃なし。1機のB29が硫黄島に着陸。平均機雷搭載量12,755
ポンド。平均燃料残量760ガロン。

作戦任務第205号

(1945年6月28日)

1．日付	1945年6月17日	
2．目標	下関海峡、神戸	
3．参加部隊	第313航空団	
4．出撃機数	28機	
5．第1目標爆撃機数の割合	89.25％(第1目標25機、予備海面2機)	
6．投下機雷の型	MK25　2,000ポンド機雷とMK26・MK36　1,000ポンド機雷　多様にセット	
7．投下機雷数	MK25機雷42個、MK26・MK36機雷215個	
8．第1目標上空時間	6月17日23時24分〜18日1時13分	
9．攻撃高度	6,200〜8,550フィート	
10．目標上空の天候	0/10〜8/10	
11．損失機数合計	0機	

12．作戦任務の概要　　　　　下関海峡と神戸の停泊地での機雷敷設は、停泊地
の船舶を一掃し、これらの海域の航行をいっそう妨害すると思われた。投下さ
れた277個の機雷のうち、1個だけが無効果の模様。敵機3機視認、攻撃なし。
1機のB29が無効果出撃。2機のB29が硫黄島に着陸。平均機雷搭載量12,738
ポンド。平均燃料残量850ガロン。

[訳者注]　投下機雷数の項では257個、作戦任務の概要の項では277個と記され
ている。他の資料やB29の機雷搭載量からみて、この差の20個は予備海面に投
下されたものと思われる。

作戦任務第206号

(1945年6月28日)

1．日付	1945年6月17日

1945年6月

２．目標	鹿児島市街地(90.38)	
３．参加部隊	第314航空団	
４．出撃機数	120機	
５．第１目標爆撃機数の割合	97.46%(第１目標117機、臨機目標１機)	
６．爆弾の型と信管	E46　500ポンド焼夷集束弾とAN-M17A1　500ポンド焼夷集束弾は目標上空5,000フィートで解束するようセット。AN-M47A2　100ポンド焼夷弾は瞬発弾頭	
７．投下爆弾トン数	第１目標809.6トン、臨機目標７トン	
８．第１目標上空時間	６月17日23時６分〜18日０時49分	
９．攻撃高度	7,000〜9,200フィート	
10．目標上空の天候	6/10−10/10	
11．損失機数合計	１機	
12．作戦任務の概要	偵察によると、市街地(the built-up area)の２平	

方マイル(または41%)を破壊。現在、損害合計は50%である。損失B29は、未確認の原因により、日本沿岸から50〜75マイルの海中に墜落した。搭乗員全員が行方不明。２機のB29が無効果出撃。目標地域の対空砲火は重砲と自動火器、激烈、正確ないし不正確。敵機16機視認、攻撃回数１。３機のB29が硫黄島に着陸。平均爆弾搭載量14,508ポンド。平均燃料残量712ガロン。

[訳者注]　作戦任務第206〜209号をもって、中小都市市街地に対する焼夷弾攻撃が始まった。

作戦任務第207号

(1945年6月28日)

１．日付	1945年6月17日
２．目標	大牟田市街地(90.35)
３．参加部隊	第58航空団
４．出撃機数	126機
５．第１目標爆撃機数の割合	91.64%(第１目標116機、臨機目標３機)
６．爆弾の型と信管	AN-M47A2　100ポンド焼夷弾は瞬発弾頭。E46　500ポンド焼夷集束弾は目標上空5,000フィートで解束するようセット

— 149 —

7．投下爆弾トン数　　　　　第1目標769.2トン、臨機目標16.2トン

8．第1目標上空時間　　　　6月18日1時0分～3時9分

9．攻撃高度　　　　　　　　6,550～9,000フィート

10．目標上空の天候　　　　　10/10

11．損失機数合計　　　　　　0機

12．作戦任務の概要　　　　　全市街地(the total built up area of the city)の約
0.11平方マイル、または2.5%に損害を与えた。対空砲火は重砲、中口径、小
口径、貧弱で不正確。敵機8機視認、攻撃回数なし。7機のB29が硫黄島に着
陸。平均爆弾搭載量13,928ポンド。平均燃料残量709ガロン。

作戦任務第208号

(1945年6月28日)

1．日付　　　　　　　　　　1945年6月17日

2．目標　　　　　　　　　　浜松市街地(90.21)

3．参加部隊　　　　　　　　第73航空団

4．出撃機数　　　　　　　　137機

5．第1目標爆撃機数の割合　94.90%（130機）

6．爆弾の型と信管　　　　　AN-M17A1焼夷集束弾とE46焼夷集束弾はそれ
ぞれの弾頭・弾底を目標上空5,000フィートで解束
するようセット。AN-M47A2　100ポンド焼夷弾
は瞬発弾頭

7．投下爆弾トン数　　　　　第1目標911トン

8．第1目標上空時間　　　　6月18日0時59分～2時5分

9．攻撃高度　　　　　　　　7,850～9,010フィート

10．目標上空の天候　　　　　3/10－9/10

11．損失機数合計　　　　　　0機

12．作戦任務の概要　　　　　偵察によると、市街地(the city's built-up area)
の1.28平方マイル、または30%に損害を与え、または破壊した。遭遇した対空
砲火は重砲と中口径、非常に貧弱で不正確。敵機5機視認、攻撃回数2。敵機
に与えた損害の申告なし。1機のB29が硫黄島に着陸。7機が無効果出撃。平
均爆弾搭載量14,754ポンド。平均燃料残量1,025ガロン。

1945年6月

作戦任務第209号

（1945年6月28日）

1．日付		1945年6月17日
2．目標		四日市市街地(90.20)
3．参加部隊		第313航空団
4．出撃機数		94機
5．第1目標爆撃機数の割合		92.56％(89機)
6．爆弾の型と信管		AN-M17A1　500ポンド焼夷集束弾とE46　500 ポンド焼夷集束弾は目標上空5,000フィートで解 束するようにセット。AN-M47A2　100ポンド焼夷 弾は瞬発弾頭
7．投下爆弾トン数		第1目標567.3トン
8．第1目標上空時間		6月18日1時46分～3時5分
9．攻撃高度		7,000～7,800フィート
10．目標上空の天候		6/10－7/10
11．損失機数合計		0機
12．作戦任務の概要		市の主要市街地(main urban area of city)を破壊

した。損害合計は、工業地域を含む市街区域(the built-up portion of the city)
の1.23平方マイル、または59％。敵機9機視認、攻撃回数1。目標での対空砲
火は重砲、中口径、小口径、不正確。サーチライトは12。5機のB29が無効果
出撃。平均爆弾搭載量13,217ポンド。平均燃料残量1,128ガロン。

作戦任務第210号

（1945年6月28日）

1．日付		1945年6月19日
2．目標		豊橋市街地 90.21-1224
3．参加部隊		第58航空団
4．出撃機数		141機
5．第1目標爆撃機数の割合		95.2％(136機)
6．爆弾の型と信管		E46　500ポンド焼夷集束弾・AN-M17A2　500ポ ンド焼夷集束弾・E28　500ポンド焼夷集束弾は目 標上空2,500フィートで解束するようにセット。

AN-M47A2　100ポンド焼夷弾は瞬発弾頭

7．投下爆弾トン数　　　　　第1目標946.4トン

8．第1目標上空時間　　　　6月20日0時58分〜3時17分

9．攻撃高度　　　　　　　　6,900〜8,800フィート

10．目標上空の天候　　　　　7/10〜10/10

11．損失機数合計　　　　　　0機

12．作戦任務の概要　　　　　偵察によると、市街区域の1.7平方マイル(または50%)を破壊。対空砲火は重砲、中口径、おおむね貧弱で不正確。敵機13機視認、攻撃回数13。敵1機を不確実撃破。4機のB29が硫黄島に着陸。5機が無効果出撃。平均爆弾搭載量14,856ポンド。平均燃料残量916ガロン。

作戦任務第211号

(1945年6月28日)

1．日付　　　　　　　　　　1945年6月19日

2．目標　　　　　　　　　　福岡市街地(90.35)

3．参加部隊　　　　　　　　第73・313航空団

4．出撃機数　　　　　　　　237機

5．第1目標爆撃機数の割合　92.82%(第1目標221機、臨機目標2機)

6．爆弾の型と信管　　　　　E46　500ポンド焼夷集束弾とE36　500ポンド焼夷集束弾は目標上空2,500フィートで解束するようセット。AN-M47A2焼夷弾は瞬発弾頭

7．投下爆弾トン数　　　　　第1目標1,525トン、臨機目標13.3トン

8．第1目標上空時間　　　　6月19日23時11分〜20日0時53分

9．攻撃高度　　　　　　　　9,000〜10,000フィート

10．目標上空の天候　　　　　1/10〜3/10

11．損失機数合計　　　　　　0機

12．作戦任務の概要　　　　　第73航空団の弾着写真によると、成果は多大、市街地におびただしい火災が発生。市街地の1.3平方マイル(20%)を破壊。対空砲火は中口径、重砲、貧弱ないし中程度、おおむね不正確。敵機12機視認、攻撃回数4。10機のB29が硫黄島に着陸。14機のB29が無効果出撃。平均爆弾搭載量14,399ガロン。平均燃料残量717ガロン。

— 152 —

1945年6月

作戦任務第212号

(1945年6月28日)

1.	日付	1945年6月19日
2.	目標	静岡市街地(90.18)
3.	参加部隊	第314航空団
4.	出撃機数	137機
5.	第1目標爆撃機数の割合	91.25%(第1目標125機、臨機目標1機)
6.	爆弾の型と信管	E46　500ポンド焼夷集束弾は目標上空2,500フィートで解束するようセット。AN-M47A2　100ポンド焼夷弾は瞬発弾頭
7.	投下爆弾トン数	第1目標868.3トン、臨機目標9.6トン
8.	第1目標上空時間	6月20日0時51分～2時54分
9.	攻撃高度	8,000～12,000フィート
10.	目標上空の天候	0/10－2/10
11.	損失機数合計	2機
12.	作戦任務の概要	市の主要部分(main portion of city)を破壊。損

害合計は市街地の2.28平方マイル、または66%。敵機18機視認、攻撃回数4。
対空砲火は小口径、中口径、重砲、貧弱ないし中程度、おおむね不正確。いく
つかのサーチライト。2機のB29が未確認の原因で損失。11機が無効果出撃。
2機のB29が硫黄島に着陸。平均爆弾搭載量15,078ポンド。平均燃料残量954
ガロン。

作戦任務第213号

(1945年6月28日)

1.	日付	1945年6月19日
2.	目標	下関海峡、新潟、宮津、舞鶴
3.	参加部隊	第313航空団
4.	出撃機数	28機
5.	第1目標爆撃機数の割合	100%
6.	投下機雷の型	MK25　2,000ポンド機雷とMK26・MK36　1,000ポンド機雷　多様にセット
7.	投下機雷数	MK25機雷108個、MK26・MK36機雷144個

8．第1目標上空時間　　　　6月20日0時32分～1時18分

9．攻撃高度　　　　　　　　8,000～10,200フィート

10．目標上空の天候　　　　　5/10－6/10

11．損失機数合計　　　　　　0機

12．作戦任務の概要　　　　　投下された全機雷は有効と評価された。下関海峡
の封鎖は延長、新潟・宮津・舞鶴は再敷設。対空砲火は重砲、貧弱で不正確。
敵機6機視認、攻撃なし。2機のB29が硫黄島に着陸。平均機雷搭載量13,069
ポンド。平均燃料残量761ガロン。

作戦任務第214号

(1945年6月28日)

1．日付　　　　　　　　　　1945年6月21日

2．目標　　　　　　　　　　伏木、仙崎、七尾、油谷湾入口

3．参加部隊　　　　　　　　第313航空団

4．出撃機数　　　　　　　　30機

5．第1目標敷設機数の割合　83.75％（第1目標25機、予備海面2機）

6．投下機雷の型　　　　　　MK25　2,000ポンド機雷とMK26・MK36　1,000
ポンド機雷　多様にセット

7．投下機雷数　　　　　　　第1目標にMK25機雷56個、MK26・MK36機雷
204個、予備海面にMK26・MK36機雷24個

8．第1目標上空時間　　　　6月21日23時48分～22日1時39分

9．攻撃高度　　　　　　　　6,500～8,600フィート

10．目標上空の天候　　　　　1/10－5/10

11．損失機数合計　　　　　　0機

12．作戦任務の概要　　　　　投下された全機雷は有効と評価された。伏木と七
尾は3日ないし4日封鎖。新しい加害機雷原が油谷と仙崎に設置。数機の報告
によると、海中に投下された機雷の位置を突き止めるために、沿岸の砲台（複
数）が照明（lights）を使用したという。対空砲火は中口径、重砲、貧弱で正確。
3機のB29が無効果出撃。1機のB29が硫黄島に着陸。敵機を視認せず。平均
機雷搭載量12,755ポンド。平均燃料残量881ガロン。

1945年6月

作戦任務第215号

(1945年7月1日)

1.	日付	1945年6月22日
2.	目標	呉海軍工廠90.30-657A
3.	参加部隊	第58・73航空団
4.	出撃機数	195機
5.	第1目標爆撃機数の割合	82.62%(第1目標162機、臨機目標12機)
6.	爆弾の型と信管	AN-M65　1,000ポンド通常爆弾　1/10・1/40秒延期弾頭と1/40秒延期弾底。AN-M64　500ポンド通常爆弾　1/40秒延期弾頭・弾底。AN-M66　2,000ポンド通常爆弾　1/40秒延期弾頭・弾底
7.	投下爆弾トン数	第1目標795.8トン、臨機目標65.5トン
8.	第1目標上空時間	6月22日9時31分〜10時43分
9.	攻撃高度	18,000〜26,250フィート
10.	目標上空の天候	2/10−3/10
11.	損失機数合計	2機
12.	作戦任務の概要	目標を爆撃した5編隊のうち3編隊からの写真画

像によると、南西地域にうまく命中。投下爆弾の57%が目標に命中。135機が目視で、27機がレーダーで爆撃した。敵機20機視認、攻撃なし。対空砲火は重砲、激烈、正確。かなりの海軍の対空砲火も受けた。損失B29のうち、1機は対空砲火が命中、他の1機はエンジン2基が故障しコブラー飛行場に着陸を試みて墜落。96機が対空砲火により損傷。12機のB29が無効果出撃。10機が硫黄島に着陸。平均爆弾搭載量10,460ポンド。平均燃料残量848ガロン。

[訳者注]　コブラー飛行場(Kobler Field)とは、サイパン島のアイズリー飛行場(Isley Field)に隣接する戦闘機用滑走路で、島の南西端にあった。

作戦任務第216号

(1945年7月1日)

1.	日付	1945年6月22日
2.	目標	三菱重工業水島航空機製作所(Mitsubisi Aircraft Plant at Tamashima)90.27-1681
3.	参加部隊	第314航空団

4．出撃機数　　　　　　　123機

5．第1目標爆撃機数の割合　87.48%（第1目標108機、臨機目標10機）

6．爆弾の型と信管　　　　AN-M64　500ポンド通常爆弾　1/40秒延期弾頭
　　　　　　　　　　　　　と無延期弾底

7．投下爆弾トン数　　　　第1目標602.8トン、臨機目標58トン

8．第1目標上空時間　　　6月22日8時36分～9時30分

9．攻撃高度　　　　　　　15,400～18,300フィート

10．目標上空の天候　　　　0/10－2/10

11．損失機数合計　　　　　2機

12．作戦任務の概要　　　　全屋根面積の約85%に損害を与えた。平均弾着点
　の建物、他の小組立工場(sub-assembly building) 1棟、組立工場1棟、工場
　2棟(2 shops)、他の建物7棟に命中。95機が目視で、13機がレーダーで爆撃
　した。重砲、貧弱ないし中程度、正確ないし不正確の対空砲火に遭遇し、16機
　のB29が損傷。敵機49機、41回の攻撃。そのため1機のB29が撃墜された。敵
　機を1機撃墜、不確実撃墜も撃破もなし。失われた他の1機の損失原因は未確
　認。3機が硫黄島に着陸。平均爆弾搭載量12,192ポンド。平均燃料残量778ガ
　ロン。

［訳者注］　アメリカ軍のいうMitsubishi Aircraft Plant at Tamashimaとは、三
　菱重工業水島航空機製作所のことである。

作戦任務第217号

（1945年7月1日）

1．日付　　　　　　　　　1945年6月22日

2．目標　　　　　　　　　川西航空機姫路製作所 90.27-2047

3．参加部隊　　　　　　　第58航空団

4．出撃機数　　　　　　　58機

5．第1目標爆撃機数の割合　88.4%（第1目標52機、臨機目標4機）

6．爆弾の型と信管　　　　AN-M64　500ポンド通常爆弾　1/100秒延期弾
　　　　　　　　　　　　　頭と無延期弾底

7．投下爆弾トン数　　　　第1目標350.7トン、臨機目標25.5トン

8．第1目標上空時間　　　6月22日9時46分～10時37分

9．攻撃高度　　　　　　　15,200～18,000フィート

1945年6月

10. 目標上空の天候 　　　　0/10－5/10
11. 損失機数合計 　　　　　　0 機
12. 作戦任務の概要 　　　　写真偵察によると、製作所の南部3/4の建物を破
壊、または構造的に損害を与えた(structurally damaged)。これらの建物の大
部分は完全に破壊。爆弾の投弾散布(bomb patterns)は、目標の北部地域の建
物群の不確実破壊(probable destruction)を示した。目標はおそらく完全に破
壊されたとみなされた。爆撃はすべて目視による。 2機が無効果出撃。目標で
の対空砲火は貧弱、不正確。敵機12機視認、攻撃回数17。敵機を撃墜も不確実
撃墜もなく、 2機撃破。平均爆弾搭載量14,964ポンド。平均燃料残量734ガロ
ン。11機のB29が硫黄島に着陸。

作戦任務第218号

(1945年7月2日)

1. 日付 　　　　　　　　1945年6月22日
2. 目標 　　　　　　　　三菱重工業各務原格納庫(整備工場)(Mitsubishi
　　　　　　　　　　　　A/C Plant at Kagamigahara)90.20-1833 ；
　　　　　　　　　　　　第2目標－第2海軍燃料廠(Utsube Oil Refin-
　　　　　　　　　　　　ery)
3. 参加部隊 　　　　　　第313航空団
4. 出撃機数 　　　　　　28機
5. 第1目標爆撃機数の割合 59.5%(第1目標17機、第2目標6機)
6. 爆弾の型と信管 　　　AN-M56　4,000ポンド軽筒爆弾(L.C.)　瞬発弾
　　　　　　　　　　　　頭と無延期弾底
7. 投下爆弾トン数 　　　第1目標90トン、第2目標34トン
8. 第1目標上空時間 　　 6月22日9時16分～9時18分
9. 攻撃高度 　　　　　　16,000～18,400フィート
10. 目標上空の天候 　　　5/10
11. 損失機数合計 　　　　0 機
12. 作戦任務の概要 　　　第2目標を爆撃した飛行隊(squadron)の爆弾の
75%が、平均弾着点(MPI)の1,000フィート以内に着弾。第1目標は目視で爆
撃、これの結果如何を示す偵察写真は得られなかった。対空砲火は重砲、貧弱
ないし中程度、不正確。敵機33機視認、攻撃回数54。敵機撃墜はなく、 1機不

— 157 —

確実撃墜、2機撃破。5機のB29が無効果出撃。作戦任務第218・219・220号で、11機が硫黄島に着陸。平均爆弾搭載量13,065ポンド。平均燃料残量835ガロン。

[訳者注]　アメリカ軍は、四日市の第2海軍燃料廠をUtsube Oil Refinery（宇津部精油所）と称していた。原文には、Target Numberとして(218)と記されているが、これは完全な誤記なので、削除しておいた。戦術作戦任務報告には、この第218号と次の第219号の第2目視目標・第1レーダー目標としてUtsube River Oil Refinery（90.20-1684）が指示されたとある。このTarget Numberが正しい。

作戦任務第219号

(1945年7月2日)

1．日付　　　　　　　　　　　1945年6月22日
2．目標　　　　　　　　　　　川崎航空機岐阜工場－各務原 90.20-240
3．参加部隊　　　　　　　　　第313航空団
4．出撃機数　　　　　　　　　21機
5．第1目標爆撃機数の割合　　79.9％（第1目標17機、臨機目標4機）
6．爆弾の型と信管　　　　　　AN‐M56　4,000ポンド軽筒爆弾とAN‐M66
　　　　　　　　　　　　　　　2,000ポンド通常爆弾　瞬発弾頭と無延期弾底
7．投下爆弾トン数　　　　　　第1目標116トン、臨機目標28トン
8．第1目標上空時間　　　　　6月22日9時19分～9時23分
9．攻撃高度　　　　　　　　　16,100～18,200フィート
10．目標上空の天候　　　　　　5/10－7/10
11．損失機数合計　　　　　　　1機
12．作戦任務の概要　　　　　　目標の約35％に損害、または破壊。最初の飛行隊(the first squadron)は、指示された平均弾着点の700フィート南東に投弾、翼組立て工場に9か所着弾。1飛行隊は、指示された平均弾着点の近くと右方へ投弾。対空砲火は重砲、貧弱、おおむね正確。爆撃はすべて目視による。損失B29は目標付近で失われた。敵機15機視認、攻撃回数14。敵機撃墜はなく、3機不確実撃墜、4機撃破。平均爆弾搭載量15,022ポンド。平均燃料残量787ガロン。

[訳者注]　8．Time Over Primaryは、0019K-0023Kとなっている。これは

1945年6月

1019K-1023Kの誤記と思われるので、上記のように訂正しておいた。

作戦任務第220号

(1945年7月2日)

1.	日付	1945年6月22日
2.	目標	川崎航空機明石工場 90.25-1547
3.	参加部隊	第313航空団
4.	出撃機数	30機
5.	第1目標爆撃機数の割合	83.25％（第1目標25機、臨機目標1機）
6.	爆弾の型と信管	AN-M56　4,000ポンド軽筒爆弾　瞬発弾頭と無延期弾底
7.	投下爆弾トン数	第1目標148トン、臨機目標6トン
8.	第1目標上空時間	6月22日9時51分～9時53分
9.	攻撃高度	18,000～19,600フィート
10.	目標上空の天候	3/10－10/10
11.	損失機数合計	0機
12.	作戦任務の概要	全当初屋根面積の約18％を破壊した。現時点での与えた損害合計は、全当初屋根面積の約45.1％である。爆撃は目視による。重口径対空砲火は、貧弱ないし中程度の激烈さ、正確ないし不正確。4機のB29が無効果出撃。敵機7機視認、攻撃回数11。敵機に与えた損害の申告なし。平均爆弾搭載量12,920ポンド。平均燃料残量531ガロン。

作戦任務第221号

(1945年7月2日)

1.	日付	1945年6月24日
2.	目標	福岡、唐津、境港(Sakai)、新潟の諸港
3.	参加部隊	第313航空団
4.	出撃機数	27機
5.	第1目標敷設機数の割合	96.2％（26機）
6.	投下機雷の型	MK25　2,000ポンド機雷とMK26・MK36　1,000ポンド機雷　多様にセット
7.	投下機雷トン数	163トン

8．第 1 目標上空時間　　　　6 月24日 0 時32分～ 2 時46分

9．攻撃高度　　　　　　　　4,200～8,700フィート

10．目標上空の天候　　　　　1/10－10/10

11．損失機数合計　　　　　　 1 機

12．作戦任務の概要　　　　　投下された277個の機雷のうち、276個が有効と見込まれた。損失した 1 機は離陸時に墜落。死傷者なし。対空砲火は中口径と重砲、貧弱ないし中程度、不正確。敵機 6 機視認、攻撃なし。 1 機が硫黄島に着陸。平均機雷搭載量12,747ポンド。平均燃料残量659ガロン。

作戦任務第222号

(1945年 7 月 2 日)

1．日付　　　　　　　　　　1945年 6 月25日

2．目標　　　　　　　　　　下関海峡、舞鶴、小浜

3．参加部隊　　　　　　　　第313航空団

4．出撃機数　　　　　　　　27機

5．第 1 目標敷設機数の割合　96.2％（26機）

6．投下機雷の型　　　　　　MK25　2,000ポンド機雷とMK26・MK36　1,000ポンド機雷　多様にセット

7．投下機雷トン数　　　　　177トン

8．第 1 目標上空時間　　　　6 月26日 0 時11分～ 1 時11分

9．攻撃高度　　　　　　　　6,200～8,700フィート

10．目標上空の天候　　　　　0/10－7/10

11．損失機数合計　　　　　　 0 機

12．作戦任務の概要　　　　　投下された201個の機雷のすべてが有効と見込まれ、下関海峡の封鎖は続行した。対空砲火は全くなく、B29の損傷なし。敵機30機視認、攻撃回数 6 。敵機に与えた損害の申告なし。 2 機のB29が硫黄島に着陸。平均機雷搭載量13,357ポンド。平均燃料残量792ガロン。

作戦任務第223号

(1945年 7 月 4 日)

1．日付　　　　　　　　　　1945年 6 月26日

2．目標　　　　　　　　　　大阪－住友金属工業　（Sumitomo Light Metal

1945年6月

Industry）90.25-263A

3．参加部隊	第58航空団
4．出撃機数	71機
5．第1目標爆撃機数の割合	89.6％（第1目標64機、臨機目標4機）
6．爆弾の型と信管	AN-M56　4,000ポンド軽筒爆弾　瞬発弾頭と無延期弾底
7．投下爆弾トン数	第1目標382トン、臨機目標26トン
8．第1目標上空時間	6月26日9時26分〜11時2分
9．攻撃高度	19,600〜25,300フィート
10．目標上空の天候	10/10
11．損失機数合計	0機
12．作戦任務の概要	弾着写真は得られなかった。爆撃はすべてレーダーによる。3機が無効果出撃。対空砲火は重砲、貧弱ないし中程度、不正確ないし正確。144機のP51で掩護が行われ、目標地域でP51の1編隊を視認。敵機5機視認、攻撃回数5。敵機に与えた損害の申告なし。8機が硫黄島に着陸。平均爆弾搭載量13,065ポンド。平均燃料残量675ガロン。

［訳者注］　アメリカ軍はSumitomo Light Metal Industryと称しているが、正しくは住友金属工業（大阪市此花区）のプロペラ・軽合金部門のことである。住友金属工業桜島製作所の伸銅所とプロペラ製造所である。

作戦任務第224号

（1945年7月4日）

1．日付	1945年6月26日
2．目標	大阪陸軍造兵廠 90.25-382
3．参加部隊	第73航空団
4．出撃機数	120機
5．第1目標爆撃機数の割合	90.47％（第1目標109機、臨機目標3機）
6．爆弾の型と信管	AN-M66　2,000ポンド通常爆弾　1/40秒延期弾頭・弾底
7．投下爆弾トン数	第1目標758トン、臨機目標25トン
8．第1目標上空時間	6月26日9時18分〜10時16分
9．攻撃高度	17,400〜29,060フィート

10. 目標上空の天候　　　　　10/10
11. 損失機数合計　　　　　　1機
12. 作戦任務の概要　　　　　攻撃報告によると、爆弾の破裂と火災が大阪城の
すぐ北西と目標の約2,000ヤード南に見られた。爆撃はすべてレーダーによる。
8機が無効果出撃。対空砲火は重砲、貧弱、不正確。何機かのP51を目標地域
で目撃。敵機12機視認、攻撃回数7。敵機を1機撃墜、1機不確実撃墜、撃破
なし。行方不明B29の原因は未確認。14機が硫黄島に着陸。平均爆弾搭載量
14,402ポンド。平均燃料残量593ガロン。

作戦任務第225号

(1945年7月4日)

1. 日付　　　　　　　　　　1945年6月26日
2. 目標　　　　　　　　　　川崎航空機明石工場　90.25-1547
3. 参加部隊　　　　　　　　第313航空団
4. 出撃機数　　　　　　　　38機
5. 第1目標爆撃機数の割合　80.6%（第1目標31機、臨機目標5機）
6. 爆弾の型と信管　　　　　AN-M56　4,000ポンド軽筒爆弾　瞬発弾頭と無
　　　　　　　　　　　　　延期弾底
7. 投下爆弾トン数　　　　　第1目標184トン、臨機目標30トン
8. 第1目標上空時間　　　　16,000～26,200フィート
9. 攻撃高度　　　　　　　　6月26日9時1分～9時52分
10. 目標上空の天候　　　　　10/10
11. 損失機数合計　　　　　　0機
12. 作戦任務の概要　　　　　弾着写真によると、機械工場建物、工場の南西の
鉄道用地、目標の南西の海岸にある砲台への不確実命中弾がしめされていた。
最終組立て工場に有効近接弾があったが、北西の壁には爆風による損害が見ら
れた。有効近接弾（複数）が部品組立て工場の屋根を損傷。対空砲火は重砲、貧
弱ないし中程度、不正確。戦闘機の護衛はなし。2機が無効果出撃。9機が目
視により、22機がレーダーにより爆撃。敵機6機視認、攻撃回数2。敵機を1
機撃墜、不確実撃墜なし、1機撃破。8機が硫黄島に着陸。平均爆弾搭載量
12,950ポンド。平均燃料残量619ガロン。

1945年6月

作戦任務第226号

(1945年7月4日)

1．日付	1945年6月26日	
2．目標	名古屋陸軍造兵廠千種製造所 90.20-196	
3．参加部隊	第314航空団	
4．出撃機数	35機	
5．第1目標爆撃機数の割合	92.4%(33機)	
6．爆弾の型と信管	AN-M64　500ポンド通常爆弾　1/40秒延期弾頭と無延期弾底	
7．投下爆弾トン数	第1目標189.5トン	
8．第1目標上空時間	6月26日9時7分～9時11分	
9．攻撃高度	16,400～18,400フィート	
10．目標上空の天候	0/10	
11．損失機数合計	0機	
12．作戦任務の概要	弾着写真によると、爆弾破裂が目標地域のほぼ全域	

域をおおっていることが明らかである。1航空群(one group)が2機を除いて、目標に対して全爆弾を投下。爆撃はすべて目視による。対空砲火は重砲、中程度ないし激烈、不正確ないし正確。2機が無効果出撃。敵機29機視認、攻撃回数56。敵機を6機撃墜、不確実撃墜なし、撃破1。2機が硫黄島に着陸。平均爆弾搭載量12,351ポンド。平均燃料残量624ガロン。

作戦任務第227号

(1945年7月4日)

1．日付	1945年6月26日	
2．目標	名古屋陸軍造兵廠熱田製造所と日本車輌会社 90.20-197,241	
3．参加部隊	第314航空団	
4．出撃機数	32機	
5．第1目標爆撃機数の割合	77.5%(第1目標25機、臨機目標6機)	
6．爆弾の型と信管	AN-M64　500ポンド通常爆弾　1/40秒延期弾頭と無延期弾底	
7．投下爆弾トン数	第1目標143.8トン、臨機目標36トン	

— 163 —

8．第1目標上空時間　　　　6月26日9時10分〜9時29分

9．攻撃高度　　　　　　　　15,500〜19,910フィート

10．目標上空の天候　　　　　0/10

11．損失機数合計　　　　　　1機

12．作戦任務の概要　　　　　　不十分な弾着写真によると、爆弾の投弾散布
（pattern of bombs）が目標の北東区域を横切っていた。2編隊が目標を攻撃し、
成果は良好。16機が目視により、9機がレーダーにより爆撃。1機が無効果出
撃。対空砲火は重砲、貧弱ないし中程度、不正確ないし正確。目標地域で味方
の戦闘機を目撃せず。目標地域で失ったB29は対空砲火による。12人の搭乗員
はパラシュートで脱出し、救助された。敵機29機視認、攻撃回数52。敵機を4
機撃墜、2機不確実撃墜、1機撃破。4機が硫黄島に着陸。平均爆弾搭載量
12,573ポンド。平均燃料残量648ガロン。

［訳者注］　原文では、Target Numberが（90.25-197 and 241）となっている。こ
れは明らかな誤記であるから、上記のように訂正しておいた。

作戦任務第228号

（1945年7月4日）

1．日付　　　　　　　　　　1945年6月26日

2．目標　　　　　　　　　　三菱重工業各務原格納庫（整備工場）（Mitsubishi
A/C Plant, Kagamigahara）90.20-1833；第2目
標−津

3．参加部隊　　　　　　　　第58航空団

4．出撃機数　　　　　　　　79機

5．第1目標爆撃機数の割合　75.60％（第1目標60機、第2目標15機、臨機目標2
機）

6．爆弾の型と信管　　　　　AN-M64　500ポンド通常爆弾　瞬発弾頭と無延
期弾底

7．投下爆弾トン数　　　　　第1目標411.5トン、第2目標102.2トン、臨機目
標13.3トン

8．第1目標上空時間　　　　6月26日9時12分〜9時55分

9．攻撃高度　　　　　　　　15,000〜16,900フィート

10．目標上空の天候　　　　　0/10−3/10

— 164 —

1945年6月

11．損失機数合計　　　　　　　　1機

12．作戦任務の概要　　　　　　　工場に多数の命中弾、大多数は平均弾着点の北東。
各務原飛行場は一時的に使用不能。津市街地は15機によって爆撃、写真画像に
は2機から投下の爆弾破裂が示されている。第1目標への爆撃はすべて目視に
よる。対空砲火は重砲、貧弱ないし中程度、正確ないし不正確。目標地域で味
方の戦闘機を目撃。2機が無効果出撃。損失1機は、対空砲火でひどい損傷を
受けた後、硫黄島で毀損調査の結果、損失とされた。敵機21機視認、攻撃回数
44。敵機を6機撃墜、3機不確実撃墜、3機撃破。11機が硫黄島に着陸。平均
爆弾搭載量15,327ポンド。平均燃料残量699ガロン。

[訳者注]　目標は、原文ではMitsubishi A/C Plant, Kagamigahara、戦術作戦
任務報告ではMitsubishi Aircraft Works, Kagamigahara Plantと記されてい
るが、正確には三菱重工業各務原格納庫（整備工場）である。

作戦任務第229号
（1945年7月4日）

1．日付　　　　　　　　　　　　1945年6月26日

2．目標　　　　　　　　　　　　愛知航空機永徳工場 90.20-1729

3．参加部隊　　　　　　　　　　第313航空団

4．出撃機数　　　　　　　　　　67機

5．第1目標爆撃機数の割合　　　74.50%（第1目標50機、臨機目標14機）

6．爆弾の型と信管　　　　　　　AN-M66　2,000ポンド通常爆弾　1/100秒延期
　　　　　　　　　　　　　　　　弾頭と無延期弾底

7．投下爆弾トン数　　　　　　　第1目標346トン、臨機目標98トン

8．第1目標上空時間　　　　　　6月26日9時13分〜9時34分

9．攻撃高度　　　　　　　　　　17,200〜24,700フィート

10．目標上空の天候　　　　　　　0/10−10/10

11．損失機数合計　　　　　　　　2機

12．作戦任務の概要　　　　　　　多数の爆弾が目標の南西、名古屋港に落下。煙と
火災の発生が目標90.20-1800と90.20-1829で見られた。3機が目視により、47
機がレーダーにより爆撃。3機が無効果出撃。対空砲火は重砲、貧弱ないし中
程度、不正確。100機までの味方戦闘機を目標地域で目撃。損失機のうち、1
機は目標上空で対空砲火により被弾、1機は行方不明。敵機17機視認、攻撃回

— 165 —

数 4 。敵機に与えた損害の申告なし。平均爆弾搭載量14,324ポンド。平均燃料残量574ガロン。15機が硫黄島に着陸。

[訳者注]　90.20-1800はDaido Machinery Co. Showa Plant、90.20-1829は矢作製鉄(Yahagi Steel Plant)である。

作戦任務第230号

(1945年7月4日)

1．日付	1945年6月26日
2．目標	住友金属名古屋軽合金製造所(Sumitomo　Light Metals Co. at Nagoya)90.20-2040
3．参加部隊	第314航空団
4．出撃機数	33機
5．第1目標爆撃機数の割合	87%(第1目標29機、臨機目標2機)
6．爆弾の型と信管	AN-M64　500ポンド通常爆弾　1/40秒延期弾頭と無延期弾底
7．投下爆弾トン数	第1目標150トン、臨機目標20トン
8．第1目標上空時間	6月26日8時19分〜9時34分
9．攻撃高度	17,000〜25,000フィート
10．目標上空の天候	0/10−1/10
11．損失機数合計	0機
12．作戦任務の概要	不十分な弾着写真によると、目標の南半分に爆弾

破裂の軽度の集中が見られる。目標に8機からの投下弾群(eight　sticks　of bombs)が命中。不出来な写真、煙、ほこりが損害査定を妨げた。13機が目視により、16機がレーダーにより爆撃。2機が無効果出撃。対空砲火は重砲、貧弱ないし激烈、不正確ないし正確。戦闘機の護衛はなし。敵機35機視認、攻撃回数35。敵機に与えた損害の申告なし。7機が硫黄島に着陸。平均爆弾搭載量11,770ガロン。平均燃料残量757ガロン。

[訳者注]　原文では、Target Numberが(90.25-2040)となっている。これは明らかな誤記であるから、上記のように訂正しておいた。

— 166 —

1945年6月

作戦任務第231号

(1945年7月4日)

1.	日付	1945年6月26日
2.	目標	川崎航空機岐阜工場
		(Kawasaki A/C Co. Kagamigahara) 90.20-240
3.	参加部隊	第314航空団
4.	出撃機数	35機
5.	第1目標爆撃機数の割合	70%（第1目標25機、臨機目標6機）
6.	爆弾の型と信管	AN-M64　500ポンド通常爆弾　瞬発弾頭と無延期弾底
7.	投下爆弾トン数	第1目標143トン、臨機目標24トン
8.	第1目標上空時間	6月26日9時26分〜10時0分
9.	攻撃高度	14,870〜17,400フィート
10.	目標上空の天候	0/10
11.	損失機数合計	1機
12.	作戦任務の概要	良好な弾着写真によると、目標内と近辺に爆弾破

裂。照準点(aiming point)にある建物にうまく命中した模様。煙が観測を妨げた。4機が第1目標である津市を爆撃した。21機が目視により爆撃。対空砲火は重砲、貧弱ないし中程度、不正確。戦闘機の護衛はなし。5機が無効果出撃。損失1機は敵機の体当たりによるもので、目標到着前に爆発。敵機26機視認、攻撃回数7。敵機を9機撃墜、1機不確実撃墜、2機撃破。4機が硫黄島に着陸。平均爆弾搭載量12,100ポンド。平均燃料残量699ガロン。

作戦任務第232号

(1945年7月6日)

1.	日付	1945年6月26日
2.	目標	四日市－第2海軍燃料廠(Utsube Oil Refinery)
		90.20-1684
3.	参加部隊	第315航空団
4.	出撃機数	35機
5.	第1目標爆撃機数の割合	92.4%（第1目標33機、臨機目標1機）
6.	爆弾の型と信管	AN-M64　500ポンド通常爆弾　1/40秒延期弾頭

— 167 —

と無延期弾底

7．投下爆弾トン数　　　　　第1目標222.8トン、臨機目標6.7トン

8．第1目標上空時間　　　　6月26日22時35分〜27日0時50分

9．攻撃高度　　　　　　　　15,000〜16,000フィート

10．目標上空の天候　　　　9/10〜10/10

11．損失機数合計　　　　　0機

12．作戦任務の概要　　　　2連続投下弾(two strings of bombs)が目標の半径2,000フィート内に、3連続投下弾が照準点の約7,500フィート西北西に、1連続投下弾が照準点の約9,000フィート北北西に着弾。30機がレーダーにより、3機が目視により爆撃。1機が無効果出撃。対空砲火は重砲、皆無ないし貧弱、おおむね不正確。目標地域で29の無力なサーチライトを視認。1機が硫黄島に着陸。敵機を視認せず。平均爆弾搭載量14,631ポンド。平均燃料残量1320ガロン。

[訳者注]　アメリカ軍は、四日市の第2海軍燃料廠をUtsube Oil Refineryと称していた。作戦任務第218号・第261号参照。

　グアム北西飛行場に新たに配備された第315航空団は夜間レーダー爆撃専門の部隊であり、この作戦任務第232号から日本の臨海石油施設への通常爆弾による夜間攻撃を開始した。

作戦任務第233号

(1945年7月6日)

1．日付　　　　　　　　　　1945年6月27日

2．目標　　　　　　　　　　萩、神戸、新潟

3．参加部隊　　　　　　　　第313航空団

4．出撃機数　　　　　　　　30機

5．第1目標爆撃機数の割合　96.57％（29機）

6．投下機雷の型　　　　　　MK25　2,000ポンド機雷とMK26・MK36　1,000ポンド機雷　多様にセット

7．投下機雷トン数　　　　　186.5トン

8．第1目標上空時間　　　　6月27日23時51分〜28日2時24分

9．攻撃高度　　　　　　　　6,700〜8,700フィート

10．目標上空の天候　　　　0/10−10/10

1945年6月

11. 損失機数合計　　　　　　0機

12. 作戦任務の概要　　　　　投下された機雷275個のうち、261個が攻撃された港の封鎖に有効であった模様。敵機5機視認、攻撃回数なし。1機のB29が無効果出撃。2機が硫黄島に着陸。平均機雷搭載量12,961ポンド。平均燃料残量709ガロン。

作戦任務第234号

(1945年7月6日)

1. 日付　　　　　　　　　　1945年6月28日

2. 目標　　　　　　　　　　岡山市街地

3. 参加部隊　　　　　　　　第58航空団

4. 出撃機数　　　　　　　　141機

5. 第1目標爆撃機数の割合　96.6%（138機）

6. 爆弾の型と信管　　　　　AN-M47A2　100ポンド焼夷弾　瞬発弾頭。E48 500ポンド焼夷集束弾　目標上空5,000フィートで解束するようにセット

7. 投下爆弾トン数　　　　　981.5トン

8. 第1目標上空時間　　　　6月29日2時43分〜4時7分

9. 攻撃高度　　　　　　　　11,000〜13,300フィート

10. 目標上空の天候　　　　　0/10−10/10

11. 損失機数合計　　　　　　1機

12. 作戦任務の概要　　　　　搭乗員の報告によると成果は甚大、煙が20,000フィートまで上昇。134機が目視により、4機がレーダーにより爆撃。3機が無効果出撃。対空砲火は重砲と中口径、貧弱ないし中程度、おおむね不正確。1機を未確認の原因で損失、目標上空で損失した模様。敵機7機視認、攻撃回数2。敵機に与えた損害の申告なし。4機が硫黄島に着陸。平均爆弾搭載量14,565ポンド。平均燃料残量853ガロン。

［訳者注］　原文には、8．Time Over Primary：0343K-0407Kとあるが、夜間都市爆撃としては、時間的に短かすぎる。戦術作戦任務報告には、1743Z-1907Zとある。これは0343K-0507Kである。これに従って、上記のように訂正しておいた。

— 169 —

作戦任務第235号

(1945年7月6日)

1. 日付　　　　　　　　　　1945年6月28日
2. 目標　　　　　　　　　　佐世保市街地
3. 参加部隊　　　　　　　　第73航空団
4. 出撃機数　　　　　　　　145機
5. 第1目標爆撃機数の割合　95.88%（第1目標141機、臨機目標2機）
6. 爆弾の型と信管　　　　　AN-M76500ポンド焼夷弾　瞬発弾頭と無延期弾底。M17A1焼夷集束弾・E48焼夷集束弾・E46焼夷集束弾　目標上空5,000フィートで解束するようセット
7. 投下爆弾トン数　　　　　第1目標1058.9トン、臨機目標18.11トン
8. 第1目標上空時間　　　　6月29日0時37分〜1時53分
9. 攻撃高度　　　　　　　　10,100〜11,700フィート
10. 目標上空の天候　　　　9/10−10/10
11. 損失機数合計　　　　　0機
12. 作戦任務の概要　　　　写真偵察によると、損害合計は市街地と工業地域の0.41平方マイル、または17.9%。135機がレーダーにより、6機が目視により爆撃。対空砲火は重砲と中口径、貧弱ないし中程度、不正確。敵機9機視認、攻撃回数1。敵機に与えた損害の申告なし。2機が無効果出撃。8機が硫黄島に着陸。平均爆弾搭載量14,706ポンド。平均燃料残量692ガロン。

作戦任務第236号

(1945年7月6日)

1. 日付　　　　　　　　　　1945年6月28日
2. 目標　　　　　　　　　　門司市街地
3. 参加部隊　　　　　　　　第313航空団
4. 出撃機数　　　　　　　　101機
5. 第1目標爆撃機数の割合　91.09%（第1目標91機、臨機目標3機）
6. 爆弾の型と信管　　　　　AN-M47A2　100ポンド焼夷弾　瞬発弾頭と無延期弾底。E46　500ポンド焼夷集束弾　目標上空5,000フィートで解束するようセット

— 170 —

1945年6月

7．投下爆弾トン数　　　　　第1目標625.9トン、臨機目標17.3トン
8．第1目標上空時間　　　　6月29日0時11分〜1時43分
9．攻撃高度　　　　　　　　9,900〜11,600フィート
10．目標上空の天候　　　　　10/10
11．損失機数合計　　　　　　0機
12．作戦任務の概要　　　　　写真偵察によると、損害合計は市街地の0.32平方

マイル、または28.8%。1機だけが目視により第1目標を爆撃。敵機7機視認、
攻撃回数1。敵機に与えた損害の申告なし。対空砲火は目標上空で重砲、中口
径、小口径、貧弱でおおむね不正確。7機が無効果出撃。2機のB29が硫黄島
に着陸。平均爆弾搭載量14,302ポンド。平均燃料残量747ガロン。

作戦任務第237号

(1945年7月6日)

1．日付　　　　　　　　　　1945年6月28日
2．目標　　　　　　　　　　延岡市街地
3．参加部隊　　　　　　　　第314航空団
4．出撃機数　　　　　　　　122機
5．第1目標爆撃機数の割合　95.94%（117機）
6．爆弾の型と信管　　　　　E46　500ポンド焼夷集束弾　目標上空5,000フィ
　　　　　　　　　　　　　　ートで解束するようセット。AN-M47A2　100ポ
　　　　　　　　　　　　　　ンド焼夷弾　瞬発弾頭
7．投下爆弾トン数　　　　　第1目標828.8トン
8．第1目標上空時間　　　　6月29日1時46分〜3時17分
9．攻撃高度　　　　　　　　7,000〜12,000フィート
10．目標上空の天候　　　　　8/10〜9/10
11．損失機数合計　　　　　　0機
12．作戦任務の概要　　　　　写真偵察によると、市街地の0.515平方マイル、

または36%に損害を与えた。25機が目視により、92機がレーダーにより爆撃。
対空砲火は重砲、貧弱、不正確。敵機6機視認、攻撃回数1。敵機に与えた損
害の申告なし。5機が無効果出撃。6機のB29が硫黄島に着陸。平均爆弾搭載
量14,984ポンド。平均燃料残量787ガロン。

作戦任務第238号

(1945年7月6日)

1.	日付	1945年6月29日
2.	目標	日本石油会社下松製油所 90.32-672
3.	参加部隊	第315航空団
4.	出撃機数	36機
5.	第1目標爆撃機数の割合	86.4%(32機)
6.	爆弾の型と信管	M64 500ポンド通常爆弾 1/10秒延期弾頭と 1/100秒延期弾底
7.	投下爆弾トン数	第1目標208.5トン
8.	第1目標上空時間	6月30日0時6分〜0時37分
9.	攻撃高度	15,400〜16,875フィート
10.	目標上空の天候	8/10−10/10
11.	損失機数合計	0機
12.	作戦任務の概要	成果は未確認。爆撃のすべてはレーダーによる。

対空砲火は重砲、貧弱、不正確。目標上空でいくつかのサーチライトを視認。4機が無効果出撃。敵機を視認せず。平均爆弾搭載量14,647ポンド。平均燃料残量1,181ガロン。

[訳者注] 原文では、Target Numberが(90.20-672)となっている。これは明らかな誤記であるから、上記のように訂正しておいた。

作戦任務第239号

(1945年7月6日)

1.	日付	1945年6月29日
2.	目標	下関海峡(西)、舞鶴、酒田
3.	参加部隊	第313航空団
4.	出撃機数	29機
5.	第1目標爆撃機数の割合	83.25%(25機)
6.	投下機雷の型	MK25 2,000ポンド機雷とMK26・MK36 1,000ポンド機雷 多様にセット
7.	投下機雷トン数	165トン
8.	第1目標上空時間	6月30日0時21分〜1時43分

1945年6月

9．攻撃高度　　　　　　　　4,200〜8,500フィート

10．目標上空の天候　　　　　0/10−10/10

11．損失機数合計　　　　　　0 機

12．作戦任務の概要　　　　　投下された機雷225個のうち、215個が下関海峡の
封鎖続行と諸港への機雷敷設に有効であった模様。対空砲火は重砲、中口径、
貧弱ないし中程度、不正確。4機が無効果出撃。敵機4機視認、攻撃回数なし。
1機のB29が硫黄島に着陸。平均機雷搭載量13,084ポンド。平均燃料残量708
ガロン。

1945年7月

作戦任務第240号

(1945年7月7日)

1.	日付	1945年7月1日
2.	目標	呉市街地
3.	参加部隊	第58航空団
4.	出撃機数	160機
5.	第1目標爆撃機数の割合	94.24%（第1目標152機、臨機目標2機）
6.	爆弾の型と信管	E46　500ポンド焼夷集束弾　目標上空5,000フィートで解束するようセット。AN-M47A2　100ポンド焼夷弾　瞬発弾頭
7.	投下爆弾トン数	第1目標1081.7トン、臨機目標14.3トン
8.	第1目標上空時間	7月2日0時2分～2時5分
9.	攻撃高度	10,300～11,800フィート
10.	目標上空の天候	6/10－8/10
11.	損失機数合計	0機
12.	作戦任務の概要	写真偵察によると、市街地の46%を破壊。120機

がレーダーにより、32機が目視により爆撃。6機が無効果出撃。対空砲火は貧弱、不正確。1機が対空砲火により損傷。敵機3機視認、攻撃回数なし。敵機に与えた損害の申告なし。16機が硫黄島に着陸。平均爆弾搭載量14,869ポンド。平均燃料残量769ガロン。

作戦任務第241号

(1945年7月7日)

1.	日付	1945年7月1日
2.	目標	熊本市街地
3.	参加部隊	第73航空団
4.	出撃機数	162機
5.	第1目標爆撃機数の割合	93.94%（第1目標154機、臨機目標1機）
6.	爆弾の型と信管	AN-M47A2　100ポンド焼夷弾　瞬発弾頭。

1945年7月

> E46・E36　500ポンド焼夷集束弾とE48500ポンド
> 焼夷集束弾目標上空5,000フィートで解束するよ
> うセット

7．投下爆弾トン数　　　第1目標1,113.2トン、臨機目標7.8トン

8．第1目標上空時間　　7月1日23時59分〜2日1時30分

9．攻撃高度　　　　　　10,050〜11,500フィート

10．目標上空の天候　　　9/10−10/10

11．損失機数合計　　　　　1機

12．作戦任務の概要　　　写真偵察によると、市街地の16％を破壊。8機が
目視により、147機がレーダーにより爆撃。7機が無効果出撃。対空砲火は重
砲、中口径、おおむね不正確。敵機は全くなし。不時着水したB29の搭乗員は
救助された。4機が硫黄島に着陸。平均爆弾搭載量15,171ポンド。平均燃料残
量781ガロン。

作戦任務第242号

(1945年7月7日)

1．日付　　　　　　　　　1945年7月1日

2．目標　　　　　　　　　宇部市街地

3．参加部隊　　　　　　　第313航空団

4．出撃機数　　　　　　　112機

5．第1目標爆撃機数の割合　89％（100機）

6．爆弾の型と信管　　　　AN−M47A2　100ポンド焼夷弾　瞬発弾頭。E46
500ポンド焼夷集束弾　目標上空5,000フィートで
解束するようセット

7．投下爆弾トン数　　　　第1目標714.6トン

8．第1目標上空時間　　　7月2日0時47分〜2時12分

9．攻撃高度　　　　　　　10,000〜11,600フィート

10．目標上空の天候　　　　0/10−5/10

11．損失機数合計　　　　　0機

12．作戦任務の概要　　　　写真偵察によると、市街地の23％を破壊。71機が
目視により、29機がレーダーにより爆撃。12機が無効果出撃。敵機12機視認、
攻撃回数3。敵機に与えた損害の申告なし。対空砲火は重砲、中口径、貧弱な

いし中程度、不正確。22機が硫黄島に着陸。平均爆弾搭載量14,958ポンド。平均燃料残量716ガロン。

作戦任務第243号

(1945年7月7日)

1．日付	1945年7月1日
2．目標	下関市街地
3．参加部隊	第314航空団
4．出撃機数	141機
5．第1目標爆撃機数の割合	88.9%（第1目標127機、臨機目標5機）
6．爆弾の型と信管	AN-M47A2　100ポンド焼夷弾　瞬発弾頭。E46 500ポンド焼夷集束弾　目標上空5,000フィートで解束するようセット
7．投下爆弾トン数	第1目標833トン、臨機目標37.3トン
8．第1目標上空時間	7月2日2時25分～3時0分
9．攻撃高度	7,900～19,000フィート
10．目標上空の天候	4/10－9/10
11．損失機数合計	1機
12．作戦任務の概要	写真偵察によると、損害合計は市街地の0.51平方

マイル、または36%に及ぶ。16機が目視により、111機がレーダーにより爆撃。9機が無効果出撃。敵機を視認せず。対空砲火は重砲、貧弱ないし中程度、不正確。損失したB29は、目標への往途、エンジン2基が未確認の原因で故障して失った。パラシュートで脱出した搭乗員11人のうち、9人が救出された。22機が硫黄島に着陸。平均爆弾搭載量13,809ポンド。平均燃料残量656ガロン。

作戦任務第244号

(1945年7月12日)

1．日付	1945年7月1・2日
2．目標	下関海峡、七尾、伏木
3．参加部隊	第313航空団
4．出撃機数	28機
5．第1目標爆撃機数の割合	85.71%（24機）

1945年7月

6．爆弾の型と信管　　　　　MK25　2,000ポンド機雷とMK26・MK36　1,000
　　　　　　　　　　　　　　ポンド機雷　多様にセット

7．投下機雷トン数　　　　　161トン

8．第1目標上空時間　　　　7月1日23時53分～2日1時33分

9．攻撃高度　　　　　　　　7,200～8,700フィート

10．目標上空の天候　　　　　4/10－10/10

11．損失機数合計　　　　　　0機

12．作戦任務の概要　　　　　成果は甚大の模様。第1目標海面に投下された
　　119個のMK25と84個のMK26・MK36のうち、195個が有効の模様。4機が無効
　　果出撃。対空砲火は重砲、貧弱、不正確。敵機を1機だけ視認。2機のB29が
　　硫黄島に着陸。平均機雷搭載量13,179ポンド。平均燃料残量770ガロン。

［訳者注］　原文が6．Type of Bombs and Fuzesとなっているので、そのまま
　　訳しておいた。

作戦任務第245号
（1945年7月12日）

1．日付　　　　　　　　　　1945年7月2・3日

2．目標　　　　　　　　　　丸善石油和歌山(下津)製油所　90.25-1764

3．参加部隊　　　　　　　　第315航空団

4．出撃機数　　　　　　　　40機

5．第1目標爆撃機数の割合　97.5%(第1目標39機、臨機目標1機)

6．爆弾の型と信管　　　　　AN-M64　500ポンド通常爆弾　1/40秒延期弾頭
　　　　　　　　　　　　　　と瞬発弾底

7．投下爆弾トン数　　　　　第1目標296.7トン、臨機目標8トン

8．第1目標上空時間　　　　7月3日0時8分～1時7分

9．攻撃高度　　　　　　　　15,000～16,000フィート

10．目標上空の天候　　　　　4/10－10/10

11．損失機数合計　　　　　　0機

12．作戦任務の概要　　　　　精油地域の1区画にひどい損害を与え、工場南端
　　の少なくとも2つのタンクの炎上が見られた。37機がレーダーにより、2機が
　　目視により爆撃。対空砲火は重砲、皆無ないし貧弱、不正確。敵機11機視認、
　　攻撃回数なし。平均爆弾搭載量16,823ポンド。平均燃料残量1230ガロン。

[訳者注]　原文では、2．Target：Maruzen Oil Refinery at Minoshimaとなっているが、丸善石油製油所の所在地は海草郡大崎村(現・下津町)であり、箕島町(現・有田市)ではない。

作戦任務第246号

(1945年 7 月12日)

1．日付	1945年 7 月 3 ・ 4 日
2．目標	下関海峡、船川、舞鶴
3．参加部隊	第313航空団
4．出撃機数	31機
5．第 1 目標爆撃機数の割合	83.8%(第 1 目標26機、第 2 目標 2 機)
6．機雷の型と信管	MK25　2,000ポンド機雷とMK26・MK36　1,000ポンド機雷　多様にセット
7．投下機雷トン数	第 1 目標253トン、第 2 目標21トン
8．第 1 目標上空時間	7 月 3 日23時37分～ 4 日 2 時11分
9．攻撃高度	7,200～8,900フィート
10．目標上空の天候	0/10−4/10
11．損失機数合計	0 機
12．作戦任務の概要	成果は有効の模様。投下された119個のMK25機

雷と108個のMK25・MK36機雷のうち、232個が有効の模様。 3 機が無効果出撃。敵機28機視認、攻撃回数 8 、 2 機のB29が損傷。対空砲火は弾幕タイプ(barrage type)と追随射撃(continuously pointed)、小口径、中口径、重砲、貧弱、不正確ないし正確、 1 機のB29が損傷。 5 機が硫黄島に着陸。平均機雷搭載量13,211ポンド。平均燃料残量689ガロン。

[訳者注]　12．Resume of Missionでは、投下機雷が119個と108個、計227個であり、そのうち232個が有効となっていて、計算があわないが、そのままとした。 7 ．Tons of Mines Droppedの数字にも疑問がある。

作戦任務第247号

(1945年 7 月12日)

1．日付	1945年 7 月 3 ・ 4 日
2．目標	高松市街地

1945年7月

3．参加部隊	第58航空団
4．出撃機数	128機
5．第1目標爆撃機数の割合	90.62％（第1目標116機、臨機目標3機）
6．爆弾の型と信管	E46　500ポンド焼夷集束弾　目標上空5,000フィートで解束するよう弾底セット。AN-M47　100ポンド焼夷弾　瞬発弾頭。AN-M64　500ポンド通常爆弾　瞬発弾頭と無延期弾底
7．投下爆弾トン数	第1目標833.1トン、臨機目標22.3トン
8．第1目標上空時間	7月4日2時56分～4時42分
9．攻撃高度	9,900～11,100フィート
10．目標上空の天候	0/10
11．損失機数合計	2機

12．作戦任務の概要　　市の西部と中央部の大部分と南部を破壊。損害は市街地の1.4平方マイル、または78％に及ぶ。86機のB29が目視により、30機がレーダーにより爆撃。9機が無効果出撃。敵機11機視認、攻撃回数なし。敵機の迎撃皆無だが、目標地域内でバカ1機（1 Baka）が見られた。中口径砲と自動火器による対空砲火は貧弱ないし中程度、正確、第1目標では赤い曳光弾が10,000フィートまで発射。第1目標で重砲のものと思われる2連射（two bursts）が高松の南の飛行場からあったと報告された。阻塞気球1個を第1目標の港湾地域上空5,000フィートで確認。他の気球らしきもの（複数）が第1目標地域8,000～10,000フィートにあり。損失B29のうち、1機は離陸直後に不時着水、1機は滑走路からはずれた。27機が硫黄島に着陸。平均爆弾搭載量14,999ポンド。平均燃料残量734ガロン。

［訳者注］　バカはロケット推進の特攻機（飛行爆弾）桜花を指すのが普通だが、本土空襲の場合の日本軍のバカとは何を意味するのか不明である。

作戦任務第248号

（1945年7月12日）

1．日付	1945年7月3・4日
2．目標	高知市街地
3．参加部隊	第73航空団
4．出撃機数	129機

5．第1目標爆撃機数の割合　96.89%（125機）

6．爆弾の型と信管　　　　E46　500ポンド焼夷集束弾　目標上空5,000フィートで解束するよう弾底セット。AN-M76　500ポンド焼夷弾　瞬発弾頭と無延期弾底

7．投下爆弾トン数　　　　1,060.8トン

8．第1目標上空時間　　　7月4日1時52分～2時52分

9．攻撃高度　　　　　　　10,270～11,530フィート

10．目標上空の天候　　　　1/10－2/10

11．損失機数合計　　　　　1機

12．作戦任務の概要　　　　弾着写真によると、火災の集中が目標地域に見られ、0.92平方マイル（市街地の48%）を破壊。15機のB29が目視により、110機がレーダーにより爆撃。4機が無効果出撃。敵機2機視認、攻撃回数なし。対空砲火は小口径、中口径、貧弱、おおむね不正確。損失1機は離陸後、報告を受けていず、原因は未確認である。6機が硫黄島に着陸。平均爆弾搭載量17,455ポンド。平均燃料残量791ガロン。

作戦任務第249号

（1945年7月12日）

1．日付　　　　　　　　　1945年7月3・4日

2．目標　　　　　　　　　姫路市街地

3．参加部隊　　　　　　　第313航空団

4．出撃機数　　　　　　　107機

5．第1目標爆撃機数の割合　99.06%（106機）

6．爆弾の型と信管　　　　E46　500ポンド焼夷集束弾　目標上空5,000フィートで解束するよう弾底セット。AN-M47　100ポンド焼夷弾　瞬発弾頭

7．投下爆弾トン数　　　　767.1トン

8．第1目標上空時間　　　7月3日23時50分～4日1時29分

9．攻撃高度　　　　　　　10,100～11,500フィート

10．目標上空の天候　　　　4/10－7/10

11．損失機数合計　　　　　0機

12．作戦任務の概要　　　　搭乗員への質問から、投弾の後半時に上昇気流が

1945年7月

激しく、煙が20,000フィートまで達したことが判明。後の偵察写真では、市街地の1.12平方マイル(58.3％)を破壊。この日までの破壊合計は71.8％。94機がレーダーにより、2機が目視により爆撃。1機が無効果出撃。バカ(Baka)による攻撃2回が報告された。バカ1機が300ヤードまで接近し、明らかにその力を消失し、消えていった。敵機12機視認、攻撃回数8。敵機に与えた損害の申告なし。対空砲火は主として中口径、自動火器、重砲の少ない連射、貧弱、不正確。1個の地対空ロケットを視認。4機が硫黄島に着陸。平均爆弾搭載量15,751ポンド。平均燃料残量676ガロン。

［訳者注］　戦術作戦任務報告(Tactical Mission Report)によると、Betty(海軍1式陸上攻撃機)がBakaを発射したとのことである。桜花(Baka)は1式陸攻(Betty)から発進するロケット推進特攻機(飛行爆弾)であるが、艦船攻撃用であり、高性能爆薬1,200kgを抱えている。したがって、桜花がB29迎撃用に使われたとは思えない。B29搭乗員がBakaと報告したのは何であろうか。なお、戦術作戦任務報告では、目視爆撃94機、レーダー爆撃12機となっている。

作戦任務第250号

(1945年7月12日)

1．日付　　　　　　　　　　1945年7月3・4日
2．目標　　　　　　　　　　徳島市街地
3．参加部隊　　　　　　　　第314航空団
4．出撃機数　　　　　　　　137機
5．第1目標爆撃機数の割合　94.16％(第1目標129機、臨機目標2機)
6．爆弾の型と信管　　　　　AN-M47　100ポンド焼夷弾　瞬発弾頭。AN-M17　500ポンド焼夷集束弾　目標上空5,000フィートで解束するよう弾頭セット
7．投下爆弾トン数　　　　　第1目標1,050.8トン、臨機目標12.6トン
8．第1目標上空時間　　　　7月4日1時24分～3時19分
9．攻撃高度　　　　　　　　10,200～16,940フィート
10．目標上空の天候　　　　　晴れ
11．損失機数合計　　　　　　0機
12．作戦任務の概要　　　　　写真偵察によると、徳島市の市街地の74％(1.8平方マイル)を破壊。51機がレーダーにより、78機が目視により爆撃。6機が無

— 181 —

効果出撃。敵機10機視認、攻撃回数なし。対空砲火は重砲、自動火器、貧弱ないし中程度、不正確。3機が硫黄島に着陸。平均爆弾搭載量15,675ポンド。平均燃料残量762ガロン。

[訳者注]　戦術作戦任務報告では、目視爆撃51機、レーダー爆撃78機となっている。

作戦任務第251号

(1945年7月16日)

1．日付	1945年7月6・7日	
2．目標	千葉市街地	
3．参加部隊	第58航空団	
4．出撃機数	129機	
5．第1目標爆撃機数の割合	95.48％(第1目標124機、臨機目標1機)	
6．爆弾の型と信管	AN-M47A2　100ポンド焼夷弾　瞬発弾頭。E46 500ポンド焼夷集束弾　目標上空5,000フィートで解束するよう弾底セット。T4E4　500ポンド破片集束弾　投下1,000フィートで解束するよう弾頭セット	
7．投下爆弾トン数	第1目標889.5トン、臨機目標6.3トン	
8．第1目標上空時間	7月7日1時39分～3時5分	
9．攻撃高度	9,900～11,500フィート	
10．目標上空の天候	10/10	
11．損失機数合計	0機	
12．作戦任務の概要	搭乗員への質問から、目標地域で点々と火災が起	

こりはじめ(scattered fires were started)、煙が25,000フィートまで上昇したきたことが判明。偵察写真によると、千葉の市街地の43.4％(0.86平方マイル)を破壊、または損害を与えた。5機が目視により、残りがレーダーにより爆撃。4機が無効果出撃。遭遇した対空砲火は重砲、中口径、小口径、皆無ないし貧弱、不正確。敵機18機視認、攻撃回数1。14機のB29が硫黄島に着陸。平均爆弾搭載量14,974ポンド。平均燃料残量842ガロン。

1945年7月

作戦任務第252号
(1945年7月16日)

1. 日付　　　　　　　　　1945年7月6・7日
2. 目標　　　　　　　　　明石市街地
3. 参加部隊　　　　　　　第73航空団
4. 出撃機数　　　　　　　131機
5. 第1目標爆撃機数の割合　93.48%（第1目標123機、臨機目標1機）
6. 爆弾の型と信管　　　　E46　500ポンド焼夷集束弾　目標上空2,500フィートで解束するよう弾底セット
7. 投下爆弾トン数　　　　第1目標975トン、臨機目標8トン
8. 第1目標上空時間　　　7月7日0時15分〜1時27分
9. 攻撃高度　　　　　　　6,900〜8,200フィート
10. 目標上空の天候　　　　4/10−8/10
11. 損失機数合計　　　　　0機
12. 作戦任務の概要　　　　搭乗員の報告によると、成果は未確認ないし甚大。弾着写真によると、明石市内に多くの火災が発生。偵察写真によると、明石市の24%（0.42平方マイル）と明石にある川崎航空機会社の74.3%に損害、または破壊した。視認した敵機3機は翼端のライトを点灯していた。攻撃回数なし。対空砲火は重砲、中口径、貧弱、不正確、追随射撃。7機のB29が目視により、116機がレーダーにより爆撃。7機が無効果出撃。2機のB29が硫黄島に着陸。平均爆弾搭載量16,959ポンド。平均燃料残量778ガロン。

作戦任務第253号
(1945年7月16日)

1. 日付　　　　　　　　　1945年7月6・7日
2. 目標　　　　　　　　　清水市街地
3. 参加部隊　　　　　　　第313航空団
4. 出撃機数　　　　　　　136機
5. 第1目標爆撃機数の割合　97.09%（133機）
6. 爆弾の型と信管　　　　AN-M47A2　100ポンド焼夷弾　瞬発弾頭。AN-M17　500ポンド焼夷集束弾　目標上空3,000フィートで解束するよう弾頭セット

— 183 —

7．投下爆弾トン数　　　　　　1,029.6トン
8．第1目標上空時間　　　　　7月7日0時33分～2時10分
9．攻撃高度　　　　　　　　　7,100～8,300フィート
10．目標上空の天候　　　　　　4/10－10/10
11．損失機数合計　　　　　　　1機
12．作戦任務の概要　　　　　　雲の切れ目から観測し得た搭乗員達は、全市が海
　　岸線まで燃え上がっていたと述べた。激しい上昇気流に遭遇。偵察によると、
　　清水市街地の47％(0.67平方マイル)、ドック地帯(the docks)の60％、豊年製油
　　工場(Honan Oil Plant)の30％に損害、または破壊。対空砲火は重砲と中口径
　　と自動火器から成り、貧弱ないし中程度、おおむね不正確。2機のB29が対空
　　砲火により損傷。6航空群のうち、いくつかが地上ロケット(ground rockets)
　　を報告。敵機12機視認、攻撃回数4。25機が目視により、108機がレーダーに
　　より爆撃。3機が無効果出撃。2機のB29が硫黄島に着陸。損失機は制動装置
　　の故障のため、滑走路からはずれた。平均爆弾搭載量15,053ポンド。平均燃料
　　残量1,103ガロン。

[訳者注]　Honan Oil Plantは、戦術作戦任務報告ではHonan Vegetable Oil
　　Plantとなっている。豊年製油清水工場のことであろう。

作戦任務第254号

(1945年7月16日)

1．日付　　　　　　　　　　　　1945年7月6・7日
2．目標　　　　　　　　　　　　甲府市街地
3．参加部隊　　　　　　　　　　第314航空団
4．出撃機数　　　　　　　　　　138機
5．第1目標爆撃機数の割合　　　94.32％(第1目標131機、臨機目標1機)
6．爆弾の型と信管　　　　　　　AN-M47A2　100ポンド焼夷弾　瞬発弾頭。AN
　　　　　　　　　　　　　　　　-M17　500ポンド焼夷集束弾とE46　500ポンド
　　　　　　　　　　　　　　　　焼夷集束弾　目標上空5,000フィートで解束する
　　　　　　　　　　　　　　　　ようセット。
7．投下爆弾トン数　　　　　　　第1目標970.4トン、臨機目標1トン
8．第1目標上空時間　　　　　　7月6日23時47分～7日1時35分
9．攻撃高度　　　　　　　　　　11,200～17,100フィート

— 184 —

1945年7月

10. 目標上空の天候	8/10
11. 損失機数合計	0機
12. 作戦任務の概要	写真によると、生じた損害は全市街地の1.3平方

マイル、または64%。甲府市の南にある鉄道操車場の建物の50%を破壊。19機が目視により、112機がレーダーにより爆撃。7機が無効果出撃。敵機22機視認、攻撃回数なし。1個の空対空ロケットによる攻撃が報告された。重砲と自動火器による対空砲火は貧弱、不正確。3機が硫黄島に着陸。平均爆弾搭載量15,757ポンド。平均燃料残量783ガロン。

作戦任務第255号

(1945年7月16日)

1. 日付	1945年7月6・7日
2. 目標	丸善石油和歌山(下津)製油所 90.25-1764
3. 参加部隊	第315航空団
4. 出撃機数	60機
5. 第1目標爆撃機数の割合	98.34%(第1目標59機、臨機目標1機)
6. 爆弾の型と信管	AN-M64　500ポンド通常爆弾　1/40秒延期弾頭と無延期弾底
7. 投下爆弾トン数	第1目標441.5トン、臨機目標8トン
8. 第1目標上空時間	7月6日23時19分～7日0時18分
9. 攻撃高度	10,200～11,500フィート
10. 目標上空の天候	10/10
11. 損失機数合計	0機
12. 作戦任務の概要	7月11日の写真偵察によると、工場の95%が破壊

されていた。58機がレーダーにより、1機が目視により爆撃。敵機17機視認と報告された。2機が体当たりを試みたと報告された。対空砲火は重砲、貧弱ないし皆無、不正確。気球1個を高度11,500フィートで目撃。平均爆弾搭載量16,071ポンド。平均燃料残量1,386ガロン。

[訳者注]　原文では、2. Target：Maruzen Oil Refinery at Osakaとなっているが、Osaka Area(90.25)に属しているために大阪と記されたのであり、作戦任務第245号と同じく、目標は和歌山県下津の丸善石油製油所であった。

作戦任務第256号

(1945年 7 月17日)

1．日付	1945年 7 月 9 ・10日
2．目標	下関海峡、新潟、七尾
3．参加部隊	第313航空団
4．出撃機数	31機
5．第 1 目標爆撃機数の割合	93.55%（第 1 目標29機、予備海面 1 機）
6．使用機雷の型	MK26・MK36　1,000ポンド機雷とMK25　2,000ポンド機雷　多様にセット
7．投下機雷トン数	第 1 目標193トン、予備海面7トン
8．第 1 目標上空時間	7 月10日 0 時 2 分～ 2 時17分
9．攻撃高度	6,900～8,800フィート
10．目標上空の天候	0/10－9/10
11．損失機数合計	1 機

12．作戦任務の概要　伏木港・新潟港は約 4 日間封鎖され、下関海峡の機雷敷設海域は 1 週間航行不能となった模様。投下された274個の機雷のうち、267個が有効と判断された。 1 機が無効果出撃。敵機18機視認、攻撃回数 4 。対空砲火は重砲、下関上空では中程度ないし激烈、正確、その他では貧弱、不正確。損失機は、機雷敷設海域上空で対空砲火と敵機により撃墜された。 8 機のB29が対空砲火により損傷。 9 機が硫黄島に着陸。平均機雷搭載量12,605ポンド。平均燃料残量580ガロン。

作戦任務第257号

(1945年 7 月17日)

1．日付	1945年 7 月 9 ・10日
2．目標	仙台市街地
3．参加部隊	第58航空団
4．出撃機数	131機
5．第 1 目標爆撃機数の割合	93.89%（第 1 目標123機、臨機目標 1 機）
6．爆弾の型と信管	AN－M17A1　500ポンド焼夷集束弾　目標上空5,000フィートで解束するようセット。AN－M47A2　100ポンド焼夷弾　瞬発弾頭

1945年7月

7．投下爆弾トン数　　　　　第1目標909.3トン、臨機目標6.3トン

8．第1目標上空時間　　　　7月10日0時3分～2時5分

9．攻撃高度　　　　　　　　10,000～10,700フィート

10．目標上空の天候　　　　　3/10

11．損失機数合計　　　　　　1機

12．作戦任務の概要　　　　　搭乗員たちによる報告は成果多大ないし甚大。86
　機の搭乗員が目標を目視し、27機が目視できず。7機が無効果出撃。損失した
　B29は滑走路をはずれ、爆発炎上。全搭乗員は無事。敵機10機視認、攻撃回数
　1。対空砲火は重砲、貧弱ないし中程度、不正確、中口径と自動火器による対
　空砲火は貧弱、不正確。15ないし20のサーチライトを目撃、しかしレーダー妨
　害あるいはロープ（レーダー妨害片）のため、サーチライトは効果をあげられな
　かった。対空砲火は6機のB29を損傷。13機が硫黄島に着陸。平均爆弾搭載量
　14,372ポンド。平均燃料残量673ガロン。

作戦任務第258号

（1945年7月17日）

1．日付　　　　　　　　　　1945年7月9・10日

2．目標　　　　　　　　　　堺市街地

3．参加部隊　　　　　　　　第73航空団

4．出撃機数　　　　　　　　124機

5．第1目標爆撃機数の割合　92.74％（第1目標115機、臨機目標3機）

6．爆弾の型と信管　　　　　AN-M47A2　100ポンド焼夷弾　瞬発弾頭。E36
　　　　　　　　　　　　　　500ポンド焼夷集束弾とE46　500ポンド焼夷集束
　　　　　　　　　　　　　　弾　目標上空5,000フィートで解束するよう弾
　　　　　　　　　　　　　　頭・弾底にそれぞれセット

7．投下爆弾トン数　　　　　第1目標778.9トン、臨機目標19.6トン

8．第1目標上空時間　　　　7月10日1時33分～3時6分

9．攻撃高度　　　　　　　　10,000～11,350フィート

10．目標上空の天候　　　　　1/10

11．損失機数合計　　　　　　0機

12．作戦任務の概要　　　　　弾着写真によると、北東からの強い地上風が吹き、
　堺市内に火災がよく集中した。搭乗員たちは、火災の赤熱光（glow of fires）が

— 187 —

ほぼ200マイルにわたって見えたと報告した。煙の柱が17,000フィート上空まで達した。目標を目視できたのはわずか5機。6機が無効果出撃。敵機15機視認、攻撃回数5。目標上空で、空対空燐爆弾らしきもの1個の爆発に遭遇。対空砲火は重砲、中口径、貧弱ないし中程度、不正確、弾幕と追随射撃。目標地域にサーチライトが約20。対空砲火は5機のB29を損傷。出撃機数に含まれていない1機が、主力部隊に気象情報を送りつづけた。このB29が目標に6.3トン投弾。2機が硫黄島に着陸。平均爆弾搭載量13,972ポンド。平均燃料残量812ガロン。

作戦任務報告第259号

(1945年7月17日)

1．日付		1945年7月9・10日
2．目標		和歌山市街地
3．参加部隊		第313航空団
4．出撃機数		109機
5．第1目標爆撃機数の割合	99.9%（108機）
6．爆弾の型と信管		AN-M47A2　100ポンド焼夷弾　瞬発弾頭。AN-M17A1　500ポンド焼夷集束弾　目標上空5,000フィートで解束するよう弾頭セット
7．投下爆弾トン数		800.3トン
8．第1目標上空時間		7月9日23時58分〜10日1時58分
9．攻撃高度		10,200〜11,600フィート
10．目標上空の天候		1/10
11．損失機数合計		0機
12．作戦任務の概要		成果は未確認ないし甚大。攻撃の後半の段階に爆撃した搭乗員たちは、20,000フィート上空に達する煙の柱をともなう激烈な火災が和歌山市の至る所で起こったと報告した。何回もの大きな爆発といくつもの白色の閃光が発生したと報告。激しい乱気流が目標地域上空をおおった。97機が目標を目視、11機が目視できず。対空砲火は重砲、中口径、貧弱、不正確。サーチライトについては報告なし。敵機10機視認、攻撃回数なし。1機のB29が無効果出撃。1機が硫黄島に着陸。平均爆弾搭載量14,617ポンド。平均燃料残量951ガロン。

1945年7月

作戦任務第260号

(1945年7月17日)

1．日付	1945年7月9・10日
2．目標	岐阜市街地
3．参加部隊	第314航空団
4．出撃機数	135機
5．第1目標爆撃機数の割合	95.55％（第1目標129機、臨機目標1機）
6．爆弾の型と信管	E46　500ポンド焼夷集束弾　目標上空5,000フィートで解束するよう弾底セット。AN−M47A2 100ポンド焼夷弾　瞬発弾頭。
7．投下爆弾トン数	第1目標898.8トン、第2目標8.7トン
8．第1目標上空時間	7月9日23時34分〜10日1時20分
9．攻撃高度	14,720〜17,700フィート
10．目標上空の天候	0/10
11．損失機数合計	1機

12．作戦任務の概要　　　　写真偵察によると、市街地の1.93平方マイル、または74％を破壊。105機が目標を目視、24機が目視できず。5機が無効果出撃。敵機10機視認、攻撃回数3。敵機とサーチライトの間で調整が行われていることに気づいた。対空砲火は重砲、貧弱ないし中程度、不正確。自動火器は貧弱ないし激烈、不正確。4ないし12のサーチライトを目撃。ロタ島とサイパン島の間に不時着水した1機の搭乗員全員は救助された。損失B29は、目標を離脱後、火災発生。搭乗員がパラシュートで脱出後、機は空中で爆発。3機のB29が硫黄島に着陸。平均爆弾搭載量14,676ポンド。平均燃料残量685ガロン。

作戦任務第261号

(1945年7月17日)

1．日付	1945年7月9日
2．目標	四日市−第2海軍燃料廠(Utsube Oil Refinery) 90.20-1684
3．参加部隊	第315航空団
4．出撃機数	64機
5．第1目標爆撃機数の割合	95.31％（第1目標61機、臨機目標1機）

— 189 —

６．爆弾の型と信管　　　　　　AN-M64　500ポンド通常爆弾　1/40秒延期弾頭
　　　　　　　　　　　　　　　と無延期弾底

７．投下爆弾トン数　　　　　　第１目標468.7トン、臨機目標８トン

８．第１目標上空時間　　　　　７月９日22時40分〜23時38分

９．攻撃高度　　　　　　　　　15,550〜16,950フィート

10．目標上空の天候　　　　　　0/10

11．損失機数合計　　　　　　　０機

12．作戦任務の概要　　　　　　写真偵察によると、目標の20％に損害、または破
　　壊。10機が目標を目視。２機が無効果出撃。敵機15機視認、攻撃回数２。１機
　　のB29に20ミリ弾が命中、小損傷を受けた。対空砲火は重砲、皆無ないし貧弱、
　　不正確ないし正確、移動阻止集中射撃(predicted concentration)。20のサーチ
　　ライトを目撃、いくつかはレーダーでコントロール。２機が硫黄島に着陸。平
　　均爆弾搭載量16,811ポンド。平均燃料残量1,233ガロン。

作戦任務第262号

（1945年７月17日）

１．日付　　　　　　　　　　　1945年７月11・12日

２．目標　　　　　　　　　　　羅津、釜山、下関海峡、宮津、舞鶴、小浜
　　　　　　　　　　　　　　　 ナジン　ブサン

３．参加部隊　　　　　　　　　第313航空団

４．出撃機数　　　　　　　　　30機

５．第１目標敷設機数の割合　　83.33％（第１目標25機、予備海面２機）

６．投下機雷の型　　　　　　　MK26・MK36　1,000ポンド機雷とMK25　2,000
　　　　　　　　　　　　　　　ポンド機雷　多様にセット

７．投下機雷トン数　　　　　　第１目標150トン、予備海面13トン

８．第１目標上空時間　　　　　７月11日23時32分〜12日１時47分

９．攻撃高度　　　　　　　　　6,900〜9,400フィート

10．目標上空の天候　　　　　　4/10−10/10

11．損失機数合計　　　　　　　０機

12．作戦任務の概要　　　　　　投下された199個の機雷のうち、193個が封鎖の継
　　続と新目標港への敷設に有効であったと判断された。敵機を視認せず。３機だ
　　けが対空砲火を報告、重砲、貧弱、不正確。いくつかの非効果的サーチライト
　　を目撃。７機が硫黄島に着陸。平均機雷搭載量12,082ポンド。平均燃料残量

1945年7月

558ガロン。

作戦任務第263号

(1945年7月22日)

1.	日付	1945年7月12・13日
2.	目標	宇都宮市街地
3.	参加部隊	第58航空団
4.	出撃機数	130機
5.	第1目標爆撃機数の割合	88.46％(第1目標115機、臨機目標5機)
6.	爆弾の型と信管	AN-M47A2　100ポンド焼夷弾　瞬発弾頭。E46 500ポンド焼夷集束弾　目標上空5,000フィートで解束するよう弾底セット
7.	投下爆弾トン数	第1目標802.9トン、臨機目標43.4トン
8.	第1目標上空時間	7月12日23時19分〜13日1時30分
9.	攻撃高度	13,300〜14,600フィート
10.	目標上空の天候	10/10
11.	損失機数合計	1機
12.	作戦任務の概要	搭乗員たちは、B29の下の雲を通して約1マイル

離れた2つの大きな赤熱光(2 large glows)を報告。2機を除き、目標を投弾航程で目視できず。10機が無効果出撃。敵機9機視認、攻撃回数なし。対空砲火は重砲、中口径、自動火器、すべて貧弱、不正確。4つの非効果的サーチライトを目撃。1機のB29が不時着水後、9人救助。そのB29は、基地への帰途損失。27機が硫黄島に着陸。平均爆弾搭載量14,700ポンド。平均燃料残量664ガロン。

作戦任務第264号

(1945年7月22日)

1.	日付	1945年7月12・13日
2.	目標	一宮市街地
3.	参加部隊	第73航空団
4.	出撃機数	130機
5.	第1目標爆撃機数の割合	94.61％(第1目標123機、臨機目標2機)

6．爆弾の型と信管　　　　　AN-M47A2　100ポンド焼夷弾　瞬発弾頭
7．投下爆弾トン数　　　　　第１目標772トン、臨機目標12.6トン
8．第１目標上空時間　　　　７月13日０時54分～２時45分
9．攻撃高度　　　　　　　　6,000～12,200フィート
10．目標上空の天候　　　　　10/10
11．損失機数合計　　　　　　０機
12．作戦任務の概要　　　　　偵察写真によると、市街地部分の0.01平方マイル、
　　8％相当を破壊。市の北部と北西部にある織物工場がいくらかの損害を受けた。
　　１棟が100％内部破壊。９つの小建物が破壊。５機が無効果出撃。10機の搭乗
　　員が目標を視認、他のB29は目視できず。遭遇した対空砲火は重砲、中口径、
　　皆無ないし貧弱、不正確。敵機12機視認、攻撃回数なし。３機のB29が硫黄島
　　に着陸。平均爆弾搭載量12,769ポンド。平均燃料残量873ガロン。

作戦任務第265号

(1945年７月22日)

1．日付　　　　　　　　　　1945年７月12・13日
2．目標　　　　　　　　　　敦賀市街地
3．参加部隊　　　　　　　　第313航空団
4．出撃機数　　　　　　　　98機
5．第１目標爆撃機数の割合　93.87％(第１目標92機、臨機目標２機)
6．爆弾の型と信管　　　　　AN-M47A2　100ポンド焼夷弾　瞬発弾頭。E46
　　　　　　　　　　　　　　500ポンド焼夷集束弾　目標上空5,000フィートで
　　　　　　　　　　　　　　解束するよう弾底セット
7．投下爆弾トン数　　　　　第１目標679.1トン、臨機目標16トン
8．第１目標上空時間　　　　７月12日23時０分～13日１時７分
9．攻撃高度　　　　　　　　12,200～13,400フィート
10．目標上空の天候　　　　　10/10
11．損失機数合計　　　　　　０機
12．作戦任務の概要　　　　　搭乗員たちは、成果を未確認ないし甚大と報告。
　　爆撃の後半段階、目標上空のB29は、雲をとおして目標地域からの赤熱光(a
　　glow)を見ることができた。４機が無効果出撃。どの機も目標を目視しなかっ
　　た。第１目標で遭遇した対空砲火は小口径、貧弱、不正確。敵機２機視認、攻

— 192 —

1945年7月

撃回数なし。2機のB29が硫黄島に着陸。平均爆弾搭載量15,567ポンド。平均燃料残量820ガロン。

作戦任務第266号
(1945年7月22日)

1．日付	1945年7月12・13日
2．目標	宇和島市街地
3．参加部隊	第314航空団
4．出撃機数	130機
5．第1目標爆撃機数の割合	94.61%（第1目標123機、臨機目標1機）
6．爆弾の型と信管	AN-M47A2　100ポンド焼夷弾　瞬発弾頭。E46 500ポンド焼夷集束弾　目標上空5,000フィートで解束するよう弾底セット
7．投下爆弾トン数	第1目標872.5トン、臨機目標9トン
8．第1目標上空時間	7月12日23時13分〜13日1時26分
9．攻撃高度	10,400〜16,400フィート
10．目標上空の天候	10/10
11．損失機数合計	0機
12．作戦任務の概要	成果は未確認。全機にとって、目標は不明瞭であ

った。6機が無効果出撃。重砲と自動火器による対空砲火は貧弱、不正確。敵機6機視認、攻撃回数なし。6機のB29が硫黄島に着陸。平均爆弾搭載量15,026ポンド。平均燃料残量700ガロン。

作戦任務第267号
(1945年7月22日)

1．日付	1945年7月12・13日
2．目標	川崎石油センター(Kawasaki Petroleum Center)90.17-128
3．参加部隊	第315航空団
4．出撃機数	60機
5．第1目標爆撃機数の割合	88.33%（第1目標53機、臨機目標1機）
6．爆弾の型と信管	AN-M64　500ポンド通常爆弾　1/10秒延期弾頭

と1/40秒延期弾底

7．投下爆弾トン数　　　　　第1目標432トン、臨機目標8トン

8．第1目標上空時間　　　　7月13日0時6分〜1時19分

9．攻撃高度　　　　　　　　15,300〜16,700フィート

10．目標上空の天候　　　　　8/10−10/10

11．損失機数合計　　　　　　2機

12．作戦任務の概要　　　　　レーダー・スコープ写真は成果良好を示した。3
機だけが目標を視認した。6機のB29が無効果出撃。敵機38機視認、攻撃回数
2。敵機に与えた損害の申告なし。対空砲火は重砲、貧弱、不正確。雲におお
われていたため、サーチライトは効果なし。目標への往路、グアムとテニアン
の間で、1機の搭乗員がパラシュートで脱出した。9人が生存。1機のB29が
未確認の原因で行方不明。平均爆弾搭載量18,226ポンド。平均燃料残量1,175
ガロン。

[訳者注]　戦術作戦任務報告には、Kawasaki Petroleum Centerについて、川
崎臨海工業地域に位置し、約2,300平方フィートの人工島上にあり、長さ
14,000フィートの工業臨海地のほぼ中央に存在すると記されている。三菱石油
川崎製油所を中心に、他の数工場を含めて川崎石油コンビナートが形成されて
いた。第291号・第310号参照。

作戦任務第268号

(1945年7月17日)

1．日付　　　　　　　　　　1945年7月13・14日

2．目標　　　　　　　　　　下関海峡、清津、馬山、麗水、福岡
　　　　　　　　　　　　　　　　　チョンジン　マサン　ヨス

3．参加部隊　　　　　　　　第313航空団

4．出撃機数　　　　　　　　31機

5．第1目標爆撃機数の割合　96.77％（第1目標30機、予備海面1機）

6．機雷の型とセッティング　MK26・MK36　1,000ポンド機雷とMK25　2,000
　　　　　　　　　　　　　　ポンド機雷　多様にセット

7．投下機雷トン数　　　　　第1目標199トン、予備海面1トン

8．第1目標上空時間　　　　7月13日23時12分〜14日2時27分

9．攻撃高度　　　　　　　　6,900〜8,600フィート

10．目標上空の天候　　　　　0/10−10/10

1945年7月

11. 損失機数合計	0機	

12. 作戦任務の概要　　　　　投下された254個の機雷のうち、249個が有効の模様。対空砲火は貧弱、中程度、不正確。機雷投下はレーダーによる。敵機9機視認、攻撃回数1。レーダー対策機（RCM A/C）1機も出撃。18機が硫黄島に着陸。平均機雷搭載量13,211ポンド。平均燃料残量561ガロン。

作戦任務第269号
（1945年7月17日）

1. 日付　　　　　　　　　1945年7月15・16日
2. 目標　　　　　　　　　羅津、釜山、元山^{ウオンサン}－興南^{フンナム}、直江津、新潟
3. 参加部隊　　　　　　　第313航空団
4. 出撃機数　　　　　　　28機
5. 第1目標爆撃機数の割合　92.85％（第1目標26機、予備海面1機）
6. 投下機雷の型　　　　　MK26・MK36　1,000ポンド機雷とMK25　2,000ポンド機雷　多様にセット
7. 投下機雷トン数　　　　第1目標172トン、予備海面6トン
8. 第1目標上空時間　　　7月15日22時8分〜16日2時23分
9. 攻撃高度　　　　　　　6,900〜8,400フィート
10. 目標上空の天候　　　　8/10－10/10
11. 損失機数合計　　　　　0機
12. 作戦任務の概要　　　　投下された244個の機雷のうち、241個が有効の模様。全機雷がレーダーにより投下。1機が無効果出撃。敵機16機視認、攻撃回数なし。新潟と釜山で遭遇した対空砲火は重砲、貧弱、不正確。17機が硫黄島に、1機が沖縄に着陸。平均機雷搭載量13,068ポンド。平均燃料残量485ガロン。

作戦任務第270号
（1945年7月17日）

1. 日付　　　　　　　　　1945年7月15・16日
2. 目標　　　　　　　　　日本石油下松製油所　90.32-657A
3. 参加部隊　　　　　　　第315航空団
4. 出撃機数　　　　　　　69機

5．第1目標爆撃機数の割合　85.5％（第1目標59機、臨機目標3機）

6．爆弾の型と信管　　　　AN-M64　500ポンド通常爆弾　1/10秒延期弾頭
　　　　　　　　　　　　　と1/100秒延期弾底

7．投下爆弾トン数　　　　第1目標476.8トン、臨機目標28.7トン、風程観
　　　　　　　　　　　　　測機17トン

8．第1目標上空時間　　　7月15日23時41分～16日1時1分

9．攻撃高度　　　　　　　10,230～11,700フィート

10．目標上空の天候　　　　3/10－10/10

11．損失機数合計　　　　　0機

12．作戦任務の概要　　　　成果は未確認。爆撃はレーダーによって行われ、
　　7機が目視による。7機が無効果出撃。敵機32機視認、攻撃回数なし。対空砲
　　火は重砲、皆無ないし貧弱、不正確。目標地域で10～13のサーチライトを目撃、
　　おおむね非効果的。風程観測機(wind-run A/C)2機も出撃し、風程観測機の
　　第1目標である帝国燃料興業宇部工場(Ube Coal Liquefaction Co.)を爆撃し
　　た。5機のB29が硫黄島に着陸。平均爆弾搭載量17,806ポンド。平均燃料残量
　　1,066ガロン。

［訳者注］　原文では、8．Time Over Primary：200041K-200201Kとなってい
　　るが、これは明らかな誤記である。160041K-160201Kが正しい。そこで上記
　　のように訂正しておいた。なお、Ube Coal Liquefaction Co.は直訳すると宇
　　部石炭液化会社となるが、正しくは帝国燃料興業宇部工場である。作戦任務第
　　283号・第315号の第1目標である。

作戦任務第271号

(1945年7月31日)

1．日付　　　　　　　　　1945年7月16・17日

2．目標　　　　　　　　　沼津市街地(90.18)

3．参加部隊　　　　　　　第58航空団

4．出撃機数　　　　　　　128機

5．第1目標爆撃機数の割合　82.56％(119機)

6．爆弾の型と信管　　　　AN-M47A2　100ポンド焼夷弾　瞬発弾頭。M17
　　　　　　　　　　　　　A1　500ポンド焼夷集束弾とE46　500ポンド焼夷
　　　　　　　　　　　　　集束弾　目標上空5,000フィートで解束するよう

— 196 —

1945年7月

		セット

7．投下爆弾トン数　　　　　1035.8トン

8．第1目標上空時間　　　　7月17日1時13分〜2時52分

9．攻撃高度　　　　　　　　10,600〜11,600フィート

10．目標上空の天候　　　　　7/10−10/10

11．損失機数合計　　　　　　0機

12．作戦任務の概要　　　　　偵察によると、沼津市の89.5％に損害、または破壊。2機だけが目標を目視。12機の先導機が上記合計数に含まれている。9機が無効果出撃。目標地域上空で、バカを3〜6機目撃。目標での対空砲火は重砲、中口径、小口径、貧弱、不正確。出撃機数には、大型救助機1機（1 Super Dumbo）と風程観測機1機（1 Wind-Run A/C）を含んでいない。5機が硫黄島に着陸。平均爆弾搭載量17,000ポンド。平均燃料残量813ガロン。敵機21機視認、攻撃回数なし。

[訳者注]　出撃機数・爆撃機数に先導機（Pathfinder A/C）を含むのは当然のことであり、どうして特記したのか不明である。バカ（Baka）については、作戦任務第247号・第249号参照。

前の第270号まではMission Summaryであったが、この第271号からMission Resumeとなっている。これは、アメリカ陸軍戦略航空部隊の編成替えによって、従来の第21爆撃機軍団（XXI Bomber Command）が第20航空軍（20th Air Force）として改編されたことによる。

作戦任務第272号

（1945年7月31日）

1．日付　　　　　　　　　　1945年7月16・17日

2．目標　　　　　　　　　　大分市街地（90.33）

3．参加部隊　　　　　　　　第73航空団

4．出撃機数　　　　　　　　129機

5．第1目標爆撃機数の割合　96.12％（124機）

6．爆弾の型と信管　　　　　AN-M47A2　100ポンド焼夷弾　瞬発弾頭

7．投下爆弾トン数　　　　　790.4トン

8．第1目標上空時間　　　　7月17日0時12分〜1時32分

9．攻撃高度　　　　　　　　10,000〜11,500フィート

10. 目標上空の天候　　　　　4/10－5/10

11. 損失機数合計　　　　　　0機

12. 作戦任務の概要　　　　　搭乗員たちは、成果多大ないし甚大と報告。早期
の弾着写真は、目標地域に多くの大きな火災の発生を表示。目標を目視したの
は、4機の搭乗員だけであった。敵機3機視認，攻撃回数なし。11機が先導機
として行動。5機が無効果出撃。目標地域の対空砲火は重砲、中口径、貧弱、
不正確。出撃機数には、レーダー対策機(RCM jammer)2機、風程観測機1
機、大型救助機2機を含んでいない。2機が硫黄島に着陸。平均爆弾搭載量
12,725ポンド。平均燃料残量849ガロン。

作戦任務第273号

(1945年7月31日)

1. 日付　　　　　　　　　　1945年7月16・17日

2. 目標　　　　　　　　　　桑名市街地(90.20)

3. 参加部隊　　　　　　　　第313航空団

4. 出撃機数　　　　　　　　99機

5. 第1目標爆撃機数の割合　94.84％(第1目標94機、臨機目標2機)

6. 爆弾の型と信管　　　　　AN-M47A2・AN-M47A3　100ポンド焼夷弾　瞬
　　　　　　　　　　　　　発弾頭。E46　500ポンド焼夷集束弾　目標上空
　　　　　　　　　　　　　5,000フィートで解束するようセット

7. 投下爆弾トン数　　　　　第1目標693.3トン、臨機目標16トン

8. 第1目標上空時間　　　　7月17日1時25分～2時40分

9. 攻撃高度　　　　　　　　10,200～11,300フィート

10. 目標上空の天候　　　　　10/10

11. 損失機数合計　　　　　　0機

12. 作戦任務の概要　　　　　成果は未確認だが、目標上空での輝く赤熱光と中
程度の上昇気流が報告された。1機だけが目標を目視。3機が無効果出撃。敵
機9機視認、攻撃回数1。目標地域での対空砲火は重砲、小口径、貧弱、不正
確。12個の地対空ロケットが認められた。出撃機数には、大型救助機1機と風
程観測機1機を含んでいない。4機が硫黄島に着陸。平均爆弾搭載量15,623ポ
ンド。平均燃料残量829ガロン。

[訳者注]　AN-M47A3　100ポンド焼夷弾が使用されたと記されているのは、

1945年7月

この桑名空襲のほか、第279号銚子空襲の例があるだけである。

作戦任務第274号

（1945年7月31日）

1. 日付　　　　　　　　　1945年7月16・17日
2. 目標　　　　　　　　　平塚市街地(90.17)
3. 参加部隊　　　　　　　第314航空団
4. 出撃機数　　　　　　　132機
5. 第1目標爆撃機数の割合　97.72%（第1目標129機、臨機目標1機）
6. 爆弾の型と信管　　　　AN-M47A2　100ポンド焼夷弾　瞬発弾頭。AN
　　　　　　　　　　　　 -M17　500ポンド焼夷集束弾　目標上空5,000フ
　　　　　　　　　　　　 ィートで解束するようセット
7. 投下爆弾トン数　　　　第1目標1162.5トン、臨機目標10トン
8. 第1目標上空時間　　　 7月16日23時32分〜17日1時12分
9. 攻撃高度　　　　　　　0,900〜15,200フィート
10. 目標上空の天候　　　　10/10
11. 作戦任務の概要　　　　成果は未確認ないし多大と報告された。数機の搭
乗員が、目標上空で巨大な爆発が起こり、煙が10,000フィートの高さまで上昇
したと報告した。5機の搭乗員だけが目標を目視。目標での対空砲火は重砲、
小口径、貧弱、不正確。2〜4のサーチライトを目撃。出撃機数には、レーダ
ー対策機4機、風程観測機1機、大型救助機1機を含んでいない。11機が硫黄
島に着陸。平均爆弾搭載量16,923ポンド。平均燃料残量765ガロン。

［訳者注］　この第274号だけが11．Total A/C Lostを欠いており、Resume of
Missionが11．に繰り上がっている。
原文にA/C A/B included 4 RCM jammer, 1 Wind-Run A/C and 1 Super-
Dumbo.と記されているが、この文中のincludedはdoes not includeの誤りであ
ることが明らかなので、上記のように訂正しておいた。戦術作戦任務報告にも、
主力部隊120機、先導機12機、合計132機が発進し、うち117機と12機、合計129
機が第1目標を爆撃とあり、Other Type Missionsの6機は含まれていない。

作戦任務第275号

(1945年7月31日)

1. 日付　　　　　　　　　　1945年7月17・18日

2. 目標　　　　　　　　　　下関海峡、清津、七尾－伏木、東岩瀬(Hieashi and Iwase)

3. 参加部隊　　　　　　　　第313航空団

4. 出撃機数　　　　　　　　30機

5. 第1目標爆撃機数の割合　90%(第1目標27機、予備海面1機)

6. 機雷の型とセッティング　MK26・MK36　1,000ポンド機雷とMK25　2,000 ポンド機雷　多様にセット

7. 投下機雷トン数　　　　　178トン

8. 第1目標上空時間　　　　7月17日23時48分～18日2時11分

9. 攻撃高度　　　　　　　　7,100～8,500フィート

10. 目標上空の天候　　　　　4/10－10/10

11. 損失機数合計　　　　　　0機

12. 作戦任務の概要　　　　　投下された238個の機雷のうち、237個が有効であ
り、要求通りの封鎖を続行した模様。1機だけが目視で機雷投下。敵機2機視
認、攻撃回数なし。敵機に与えた損害の申告なし。対空砲火は重砲、小口径、
貧弱、不正確。2機が無効果出撃。出撃機数にレーダー対策機1機が含まれて
いない。7機のB29が硫黄島に着陸。平均機雷搭載量13,166ポンド。平均燃料
残量707ガロン。

[訳者注]　　Targetのうち、Hieashi and Iwaseを神通川河口の東岩瀬ではないか
と推測しておいた。アメリカ軍の機雷作戦関係地図には、Higashi-Iwaseの地
名が常に表示されている。しかし、この作戦任務第275号(Mining　Mission
No.36)に関する最終データ(Best available data of final positions of mines
planted)を見る限り、東岩瀬水域への機雷投下はない。帰投直後の搭乗員の報
告に誤りがあったものと思われる。なお、1機が投下した予備海面は、戦術作
戦任務報告によると、北緯34度30分・東経136度54分の地点である。

作戦任務第276号

(1945年7月31日)

1. 日付　　　　　　　　　　1945年7月19・20日

1945年7月

2．目標　　　　　　　　　　　神戸－大阪、オヤマ(Oyama)、ヤノハマ(Yano-
　　　　　　　　　　　　　　　 hama)、新潟、宮津、舞鶴、元山－興南、敦賀、
　　　　　　　　　　　　　　　 小浜、鼠ヶ関(Nezugasaki)

3．参加部隊　　　　　　　　　第313航空団

4．出撃機数　　　　　　　　　31機

5．第1目標爆撃機数の割合　 87.09％(第1目標27機、予備海面2機)

6．機雷の型とセッティング　 MK26・MK36　1,000ポンド機雷とMK25　2,000
　　　　　　　　　　　　　　　 ポンド機雷　多様にセット

7．投下機雷トン数　　　　　 184トン

8．第1目標上空時間　　　　 7月19日23時3分～20日1時47分

9．攻撃高度　　　　　　　　 7,100～8400フィート

10．目標上空の天候　　　　　 0/10－10/10

11．損失機数合計　　　　　　 1機

12．作戦任務の概要　　　　　　投下された228個の機雷のうち、226個が有効の模
　様。2機だけが目視で機雷を投下。1機が無効果出撃。敵機バカ1機を含む7
　機視認、攻撃回数なし。損失機は、目標を離脱後、未確認の原因で行方不明。
　レーダー対策機1機が出撃。11機が硫黄島に着陸。平均機雷搭載量13,344ポン
　ド。平均燃料残量852ガロン。

［訳者注］　OyamaとYanohamaについては不明。戦術作戦任務報告によると、
　　2機が投下した予備海面は、北緯34度39分・東経138度57分と北緯34度24分・東
　経134度17分の地点である。

作戦任務第277号

(1945年7月31日)

1．日付　　　　　　　　　　　1945年7月19・20日

2．目標　　　　　　　　　　　福井市街地(90.13)

3．参加部隊　　　　　　　　　第58航空団

4．出撃機数　　　　　　　　　130機

5．第1目標爆撃機数の割合　 97.69％(第1目標127機、臨機目標1機)

6．爆弾の型と信管　　　　　 E46　500ポンド焼夷集束弾　目標上空5,000フィ
　　　　　　　　　　　　　　　 ートで解束するようセット。AN-M47A2　100ポ
　　　　　　　　　　　　　　　 ンド焼夷弾　瞬発弾頭

— 201 —

7．投下爆弾トン数　　　　　第1目標953.4トン、臨機目標8トン

8．第1目標上空時間　　　　7月19日23時24分〜20日0時45分

9．攻撃高度　　　　　　　　12,400〜14,000フィート

10．目標上空の天候　　　　　0/10−3/10

11．損失機数合計　　　　　　0機

12．作戦任務の概要　　　　　搭乗員たちは、成果多大ないし甚大と報告。目標の中央で、高度15,000フィートに達する煙を伴った大火災が目撃された。目標地域の川の北と南の火災は約1〜3平方マイル。後の偵察は、福井市が84.8%（1.61平方マイル）破壊されたことを明らかにした。114機が目標を目視。2機が無効果出撃。対空砲火は重砲、中口径、小口径、貧弱、不正確。非常に微弱な重砲と中口径の自動火器が報告された。2つのサーチライトが見られた。敵機8機視認、攻撃回数なし。風程観測機2機が主力部隊に随伴して行動した。17機のB29が硫黄島に着陸。平均爆弾搭載量15,829ポンド。平均燃料残量752ガロン。

作戦任務第278号

（1945年7月31日）

1．日付　　　　　　　　　　1945年7月19・20日

2．目標　　　　　　　　　　日立市街地（90.14）

3．参加部隊　　　　　　　　第73航空団

4．出撃機数　　　　　　　　130機

5．第1目標爆撃機数の割合　96.92%（第1目標126機、臨機目標1機）

6．爆弾の型と信管　　　　　AN−M47A2　100ポンド焼夷弾　瞬発弾頭。E46・E36　500ポンド焼夷集束弾とAN−M17A1　500ポンド焼夷集束弾　目標上空5,000フィートで解束するようセット

7．投下爆弾トン数　　　　　第1目標963.2トン、臨機目標7.2トン

8．第1目標上空時間　　　　7月19日23時20分〜20日0時53分

9．攻撃高度　　　　　　　　12,200〜13,630フィート

10．目標上空の天候　　　　　9/10−10/10

11．損失機数合計　　　　　　2機

12．作戦任務の概要　　　　　偵察によると、日立市の市街地の0.88平方マイル

1945年7月

（または64.5%）を破壊。レーダー対策機が60マイル離れたところから火災を視認。6機だけが目標を目視。3機が無効果出撃。敵機1機視認、攻撃回数なし。対空砲火は中口径、重砲、貧弱、不正確、B29の約1/3が遭遇。風程観測機1機出撃。機械の故障のため不時着水した1機から生存者5人。1機のB29が未確認の原因で損失。1機のB29が硫黄島に着陸。平均爆弾搭載量15,214ポンド。平均燃料残量910ガロン。

作戦任務第279号

(1945年7月31日)

1．日付	1945年7月19・20日
2．目標	銚子市街地(90.14)
3．参加部隊	第313航空団
4．出撃機数	97機
5．第1目標爆撃機数の割合	93.81%(91機)
6．爆弾の型と信管	E46 500ポンド焼夷集束弾 目標上空5,000フィートで解束するようセット。T4E4 500ポンド破片集束弾 投下1,000フィートで解束するようセット。AN-M47A2・AN-M47A3 100ポンド焼夷弾 瞬発弾頭
7．投下爆弾トン数	628.8トン
8．第1目標上空時間	7月20日0時31分～1時52分
9．攻撃高度	10,200～11,400フィート
10．目標上空の天候	3/10－10/10
11．損失機数合計	0機
12．作戦任務の概要	高度10,000フィートに達する煙を伴う多大の火災

が報告された。敵機3機視認、攻撃回数なし。1機だけが目標を目視。6機が無効果出撃。目標での対空砲火は重砲、中口径、小口径、貧弱ないし中程度、不正確。2～6個の地対空ロケットを目撃。レーダー対策機2機と風程観測機1機が出撃。3機のB29が硫黄島に着陸。平均爆弾搭載量16,468ポンド。平均燃料残量852ガロン。

[訳者注] AN-M47A3 100ポンド焼夷弾が使用されたのは、このほかに第273号桑名空襲の例があるだけである。

— 203 —

なお、平均爆弾搭載量が16,000ポンド余、すなわち約8トンだから、91機で投下弾量628.8トンというのは少ない。戦術作戦任務報告では704.8トンとなっている。

作戦任務第280号

1945年7月31日

1．日付	1945年7月19・20日
2．目標	岡崎市街地(90.20)
3．参加部隊	第314航空団
4．出撃機数	130機
5．第1目標爆撃機数の割合	96.92％(第1目標126機、臨機目標1機)
6．爆弾の型と信管	E46　500ポンド焼夷集束弾とAN-M17A1　500ポンド焼夷集束弾　目標上空5,000フィートで解束するようセット。AN-M47A2　100ポンド焼夷弾　瞬発弾頭
7．投下爆弾トン数	第1目標850トン、臨機目標6.3トン
8．第1目標上空時間	7月20日0時52分〜2時10分
9．攻撃高度	12,700〜16,300フィート
10．目標上空の天候	0/10−9/10
11．損失機数合計	0機
12．作戦任務の概要	成果は未確認ないし甚大、高度10,000フィートに

達する煙を伴うと報告された。2,500フィートにまで達する大爆発を目標地域で目撃。偵察によると、目標地域の68％に損害を与えたことが判明。対空砲火は重砲、中口径、貧弱、不正確。燃える赤いロケットが目撃された。敵機9機視認、攻撃回数なし。4つのサーチライトが目標地域で目撃された。62機が目標を目視、64機が目視できず。レーダー風程観測機(rader wind A/C)1機が出撃。3機が無効果出撃。4機のB29が硫黄島に着陸。平均爆弾搭載量15,021ポンド。平均燃料残量884ガロン。

[訳者注]　rader wind A/Cは、戦術作戦任務報告ではrader wind run aircraftとなっている。

1945年7月

作戦任務第281号

(1945年7月31日)

1．日付	1945年7月19・20日
2．目標	日本石油関西製油所(尼崎)・日本人造石油尼崎工場(Nippon Oil Co. at Amagasaki)90.25-1203
3．参加部隊	第315航空団
4．出撃機数	84機
5．第1目標爆撃機数の割合	98.79%(83機)
6．爆弾の型と信管	AN-M64　500ポンド通常爆弾　1/10秒延期弾頭と1/40秒延期弾底
7．投下爆弾トン数	第1目標701.8トン、臨機目標4.5トン
8．第1目標上空時間	7月19日23時20分〜20日0時0分
9．攻撃高度	15,410〜16,900フィート
10．目標上空の天候	8/10−10/10
11．損失機数合計	0機
12．作戦任務の概要	スコープ写真によると、成果は甚大。7機が目標

そのものを識別できなかったにもかかわらず、残りの機がかなりの濃密な投弾散布を創出した(the remainder created a comparative solid bomb pattern)。石油合成工場の14の建物のうち12に損害を与え、小タンク3基だけが無傷のまま。貯蔵タンク場の大タンク10基のうち、2基だけが無傷で残った。対空砲火は重砲、貧弱、不正確。敵機15機視認、攻撃回数なし。目標地域でサーチライトが激烈に作動。1機が無効果出撃。爆撃はすべてレーダーによる。風程観測機2機が主力部隊に先行した。1機のB29が硫黄島に着陸。平均爆弾搭載量17,832ポンド。平均燃料残量999ガロン。

[訳者注]　原文では8．Time Over Primary：200020K-201000Kとなっているが、投弾最終時刻の201000Kが誤りであることは明らかである。戦術作戦任務報告には1420Z-1500Zとあり、最終時刻が200100Kであることがわかるので、上記のように訂正しておいた。

作戦任務第282号

(1945年8月3日)

1．日付	1945年7月22・23日

2．目標　　　　　　　　　　下関海峡、羅津、釜山－馬山

3．参加部隊　　　　　　　　第313航空団

4．出撃機数　　　　　　　　29機

5．第１目標爆撃機数の割合　79.31％（第１目標23機、予備海面３機）

6．機雷の型とセッティング　1,000ポンド機雷と2,000ポンド機雷　多様にセット

7．投下機雷トン数　　　　　第１目標156トン、予備海面21トン

8．第１目標上空時間　　　　７月23日０時37分～１時57分

9．攻撃高度　　　　　　　　7,600～8,300フィート

10．目標上空の天候　　　　　3/10－10/10

11．損失機数合計　　　　　　１機

12．作戦任務の概要　　　　　投下された全機雷が有効と思われた。数機が硫黄
島を中継基地とした。３機が無効果出撃。下関海峡地域での貧弱で不正確な対
空砲火が報告された。敵機３機視認、攻撃回数なし。搭乗員11人がサイパンか
ら15マイル離れた地点で救助された。この損失機は燃料の不足と機械の故障に
よる。レーダー対策機１機と大型救助機１機は、上記の合計数には含まれてい
ない。11機のB29が硫黄島に着陸。平均機雷搭載量13,332ポンド。平均燃料残
量609ガロン。

［訳者注］　原文では、１．Date：23/24 July 1945、また８．Time Over Pri-
mary：240137K-240257Kとなっている。いずれも、戦術作戦任務報告の記載
よりも１日おくれている。正しいと思われる戦術作戦任務報告に従って、上記
のように訂正しておいた。

作戦任務第283号

（1945年８月３日）

1．日付　　　　　　　　　　1945年７月23・24日

2．目標　　　　　　　　　　帝国燃料興業宇部工場（Ube Coal Liquefaction
Co.）90.32-1841

3．参加部隊　　　　　　　　第315航空団

4．出撃機数　　　　　　　　80機

5．第１目標爆撃機数の割合　90％（第１目標72機、臨機目標４機）

6．爆弾の型と信管　　　　　AN-M64　500ポンド通常爆弾　1/10秒延期弾頭

1945年7月

と1/100秒延期弾底。M-81　260ポンド破片爆弾(fragmentary bombs)　瞬発弾頭と無延期弾底

7．投下爆弾トン数　　　　第1目標619.8トン、臨機目標36トン、特定目標(on special)17トン

8．第1目標上空時間　　　7月24日0時3分〜1時40分

9．攻撃高度　　　　　　　12,400〜15,460フィート

10．目標上空の天候　　　　5/10

11．損失機数合計　　　　　0機

12．作戦任務の概要　　　　雲が爆撃成果のいかなる確認も妨げた。5機が目視により、67機がレーダーにより爆撃。4機が無効果出撃。敵機1機が灯を点滅させながら、多分対空砲火の高度と方向の標定機として、射程外を平行に飛行した。敵機の攻撃なし。対空砲火は中口径、貧弱、不正確。下関地域と九州沿岸からのサーチライトの作動状況は貧弱、おおむね非効果的。風程観測機2機が出撃、破片爆弾で日本石油製油所(Nippon Oil Refinery)を爆撃した。8機のB29が硫黄島に着陸。平均爆弾搭載量18,656ポンド。平均燃料残量879ガロン。

［訳者注］　風程観測機2機が爆撃したNippon Oil Refineryとは、日本石油下松製油所である。

作戦任務第284号

(1945年8月3日)

1．日付　　　　　　　　　　1945年7月24日

2．目標　　　　　　　　　　大阪−住友金属工業　90.25-263A

3．参加部隊　　　　　　　　第58航空団

4．出撃機数　　　　　　　　90機

5．第1目標爆撃機数の割合　91.11％(第1目標82機、臨機目標4機)

6．爆弾の型と信管　　　　　AN-M56　4,000ポンド軽筒爆弾　瞬発弾頭と無延期弾底

7．投下爆弾トン数　　　　　第1目標488トン、臨機目標26トン

8．第1目標上空時間　　　　7月24日11時51分〜12時22分

9．攻撃高度　　　　　　　　19,900〜22,100フィート

10．目標上空の天候　　　　　0/10−3/10

11．損失機数合計　　　　　　1機

12．作戦任務の概要　　　　　　弾着写真は、爆弾の大多数が目標に投下され、目標が多分破壊されたことを示した。爆弾数個は隣接した目標264と53に投下。その後の偵察は、目標の76.9％に損害を与え、累積損害は89.6％に達したことを明らかにした。投下された244個の爆弾のうち、115個が平均弾着点の1,000フィート以内に着弾の模様である。4機が無効果出撃。爆撃はすべて目視による。重砲の対空砲火は中程度から激烈まで多様であり、正確であった。対空砲火によって、1機のB29が撃墜され、50機が損傷。損失機は目標上空で対空砲火の直撃弾を受け、真っ二つになった。搭乗員11人全員行方不明。敵機は見られず。42機のB29が硫黄島に着陸。平均爆弾搭載量15,193ポンド。平均燃料残量645ガロン。

[訳者注]　目標264は住友金属工業の鉄鋼部門製鋼所、53は大阪港を指す。この作戦の目標となった263Aは、263Bとともにアルミニウム部門である。

作戦任務第285号

(1945年8月3日)

1．日付　　　　　　　　　　　1945年7月24日

2．目標　　　　　　　　　　　川西航空機宝塚製作所 90.25-2137、第1レーダー目標－桑名市(90.20)

3．参加部隊　　　　　　　　　第58航空団

4．出撃機数　　　　　　　　　88機

5．第1目標爆撃機数の割合　　93.18％(第1目標77機、第1レーダー目標4機、臨機目標3機)

6．爆弾の型と信管　　　　　　AN-M65　1,000ポンド通常爆弾1/100秒延期弾頭と無延期弾底

7．投下爆弾トン数　　　　　　第1目標(複数)474.5トン、臨機目標18トン

8．第1目標上空時間　　　　　7月24日10時33分〜11時3分

9．攻撃高度　　　　　　　　　19,000〜20,600フィート

10．目標上空の天候　　　　　　0/10－4/10

11．損失機数合計　　　　　　0機

12．作戦任務の概要　　　　　　早期の弾着写真によると、目標はほぼ破壊。目標の北と南にある工具宿舎は酷い損害。写真偵察は目標の77％に損害を与えたこ

1945年7月

とを示した。1機だけが目標を目視しなかった。目標に投下された爆弾949個のうち、418個が平均弾着点の1,000フィート以内に命中。4機が無効果出撃。目標周辺を敵機16機飛行、攻撃はなし。対空砲火は重砲、貧弱ないし中程度、おおむね正確。51機のB29が対空砲火により損傷。尻尾をぶら下げた固定していない気球3個を、組立て工場付近で視認。第1目標の西がかなりの煙に覆われていたのを視認。40機のB29が硫黄島に着陸。平均爆弾搭載量12,668ポンド。平均燃料残量614ガロン。

[訳者注]　第1目標（目視）が雲に覆われていた場合、第1レーダー目標を爆撃することになっていた。この作戦任務参加のB29のうち、4機が桑名市に投弾したのである。

なお、戦術作戦任務報告では、宝塚製作所への投弾時刻は0133Z-0147Z（日本時間10時33分～10時47分）、桑名市は0203Z（日本時間11時3分）となっている。

作戦任務第286号

(1945年8月3日)

1．日付	1945年7月24日	
2．目標	大阪陸軍造兵廠 90.25-382（第1目視目標）、桑名市 (90.20)（第1レーダー目標）	
3．参加部隊	第73航空団	
4．出撃機数	170機	
5．第1目標爆撃機数の割合	90%（第1目視目標35機、第1レーダー目標119機、臨機目標9機）	
6．爆弾の型と信管	AN-M66　2,000ポンド通常爆弾　1/40秒延期弾頭・弾底	
7．投下爆弾トン数	第1目視目標216トン、第1レーダー目標794トン、臨機目標59トン	
8．第1目標上空時間	7月24日10時44分～11時27分	
9．攻撃高度	19,900～23,000フィート	
10．目標上空の天候	分厚い雲（Nearly solid undercast）	
11．損失機数合計	0機	
12．作戦任務の概要	弾着写真によると、目標地域と目標の真南と西に	

数個の命中弾。数個の爆弾破裂は大阪城に被害。後の偵察では目標の8.4%に

—209—

損害、累積破壊は18.1％に達した。 8機が無効果出撃。35機だけが目標を目視。敵機を視認せず。進入点での対空砲火は分散的、貧弱、重砲、不正確、追随射撃。大阪上空では中程度、正確、追随射撃。大阪から琵琶湖までは重砲、中程度、正確、弾幕と追随射撃。吹田(Fukido)、八幡、伏見、オグラ飛行場、京都から対空砲火。京都付近では特に正確。46機が対空砲火により損傷。出撃機数には風程観測機1機を含んでいない。39機のB29が硫黄島に着陸。平均爆弾搭載量14,301ポンド。平均燃料残量611ガロン。大阪陸軍造兵廠に投下された爆弾216個のうち、28個が平均弾着点の1,000フィート以内に命中。第1レーダー目標爆撃機数には風程観測機が含まれている。

[訳者注] 気象上の理由で大多数のB29が桑名に向かったのである。戦術作戦任務報告では、造兵廠への投弾時刻は0144Z-0201Z、桑名は0155Z-0227Zである。ここでの進入点(Initial Point)は淡路島由良である。原文にFukidoとあるのは、前後の関係からみても吹田である。アメリカ軍地図には吹田をFukidaとしている例が多い。

作戦任務第287号

(1945年8月3日)

1．日付	1945年7月24日
2．目標	愛知航空機永徳工場 90.20-1729
3．参加部隊	第313航空団
4．出撃機数	74機
5．第1目標爆撃機数の割合	86.48％(第1目標66機、臨機目標5機)
6．爆弾の型と信管	AN-M66 2,000ポンド通常爆弾 1/100秒延期弾頭と無延期弾底
7．投下爆弾トン数	第1目標451トン、臨機目標35トン
8．第1目標上空時間	7月24日10時25分～10時52分
9．攻撃高度	20,000～23,800フィート
10．目標上空の天候	10/10
11．損失機数合計	0機
12．作戦任務の概要	成果は未確認。目標を目視した機はなし。重砲による対空砲火は貧弱ないし中程度、不正確ないし正確。 2機が対空砲火により損傷。敵機を視認せず。26機のB29が硫黄島に着陸。平均爆弾搭載量14,273ポ

1945年7月

ンド。平均燃料残量634ガロン。

作戦任務第288号

(1945年8月3日)

1.	日付	1945年7月24日
2.	目標	津海軍工廠(第1目視目標)90.24-2224、津市
		(第1レーダー目標)(90.24)
3.	参加部隊	第313航空団
4.	出撃機数	41機
5.	第1目標爆撃機数の割合	92.68%(第1目標38機、臨機目標2機)
6.	爆弾の型と信管	AN-M64　500ポンド通常爆弾　1/100秒延期弾
		頭と無延期弾底
7.	投下爆弾トン数	第1目標280.3トン、臨機目標14.8トン
8.	第1目標上空時間	7月24日10時27分〜10時54分
9.	攻撃高度	15,800〜18,600フィート
10.	目標上空の天候	10/10
11.	損失機数合計	0機
12.	作戦任務の概要	成果は未確認。津市の損害については、作戦任務

第289号の概要を参照。38機が第1レーダー目標を爆撃。爆撃はすべてレーダ
ーによる。1機が無効果出撃。敵の攻撃には遭遇せず。1機のB29が硫黄島に
着陸。平均爆弾搭載量15,985ポンド。平均燃料残量767ガロン。

[訳者注]　戦術作戦任務報告によると、この第288号と次の第289号の作戦は、
　　目標地域が全曇り(ten-tenths undercast)のため、第1目視目標爆撃が妨げら
　　れ、第1レーダー目標の津市を爆撃したとのことである。

作戦任務第289号

(1945年8月3日)

1.	日付	1945年7月24日
2.	目標	三菱重工業名古屋機器製作所(Mitsubishi　A/C
		Plant)90.20-1141,2140、津市(第1レーダー目標)
		(90.24)
3.	参加部隊	第314航空団

— 211 —

4．出撃機数　　　　　　　81機

5．第1目標爆撃機数の割合　92.59％（75機）

6．爆弾の型と信管　　　　AN‐M56　4,000ポンド軽筒爆弾とAN‐M64 500ポンド通常爆弾　いずれも瞬発弾頭と無延期弾底

7．投下爆弾トン数　　　　第1目標298トン、臨機目標5トン

8．第1目標上空時間　　　7月24日10時38分～10時54分

9．攻撃高度　　　　　　　18,000～22,600フィート

10．目標上空の天候　　　　10/10

11．損失機数合計　　　　　0機

12．作戦任務の概要　　　　第1目視目標が目視できなかったので、75機が第1レーダー目標を爆撃した。偵察によると、今回と作戦任務第288号の攻撃で0.217平方マイルに損害、この日までで合計0.238マイルに損害を与えた。6機が無効果出撃。名古屋地域での対空砲火は重砲、貧弱、不正確。京都地域での対空砲火は貧弱、強烈、正確、不正確。9機が対空砲火で損傷。敵機4機視認、攻撃回数なし。合計機数には1機の気象観測機（Weather Control A/C）を含んでいない。15機が硫黄島に着陸。平均爆弾搭載量9,032トン。平均燃料残量676ガロン。

［訳者注］　原文では、目標を次のように記している。

2．Target：Mitsubishi A/C Plant,（90.20-1141）, Fuji Textile Plant and Toyowa Heavy Industries at Nagoya（90.20-2140）
City of Tsu（PR）（90.24）

1944年1月に発足した三菱名古屋機器製作所は、富士紡績名古屋工場を転換したものであったから、Fuji　Textile　Plantと書いたのであろう。Toyowa Heavy Industriesは豊和重工業であろう。

天候の具合で津空襲となったために、全国各地の三菱重工業工場のうち、名古屋機器製作所は空襲被害のない珍しい例となった。

作戦任務第290号

（1945年8月3日）

1．日付　　　　　　　　　1945年7月24日

2．目標　　　　　　　　　中島飛行機半田製作所　90.20-1635

1945年7月

3．参加部隊　　　　　　　　第314航空団

4．出撃機数　　　　　　　　81機

5．第1目標爆撃機数の割合　95.06％（第1目標77機、臨機目標1機）

6．爆弾の型と信管　　　　　AN-M64　500ポンド通常爆弾　1/40秒延期弾頭
　　　　　　　　　　　　　　と無延期弾底

7．投下爆弾トン数　　　　　第1目標537.3トン、臨機目標8トン

8．第1目標上空時間　　　　7月24日10時38分～10時56分

9．攻撃高度　　　　　　　　15,700～19,700フィート

10．目標上空の天候　　　　9/10－10/10

11．損失機数合計　　　　　0機

12．作戦任務の概要　　　　偵察によると、目標の44.2％を破壊。目標を目視
　できなかったので、爆撃はすべてレーダーによった。3機が無効果出撃。対空
　砲火は重砲、貧弱ないし中程度、不正確。2機が対空砲火により損傷。敵機4
　機視認、攻撃回数なし。15機のB29が硫黄島に着陸。平均爆弾搭載量15,499ポ
　ンド。平均燃料残量625ガロン。

作戦任務第291号

(1945年8月3日)

1．日付　　　　　　　　　　1945年7月25・26日

2．目標　　　　　　　　　　川崎石油コンビナート　90.17-116,127

3．参加部隊　　　　　　　　第315航空団

4．出撃機数　　　　　　　　83機

5．第1目標爆撃機数の割合　90.36％（第1目標75機、臨機目標1機）

6．爆弾の型と信管　　　　　AN-M64　500ポンド通常爆弾　1/10秒延期弾頭
　　　　　　　　　　　　　　と1/40秒延期弾底

7．投下爆弾トン数　　　　　第1目標650トン、臨機目標9トン、風程観測機
　　　　　　　　　　　　　　による投弾18トン

8．第1目標上空時間　　　　7月25日22時23分～23時3分

9．攻撃高度　　　　　　　　16,500～18,100フィート

10．目標上空の天候　　　　0/10－4/10

11．損失機数合計　　　　　1機

12．作戦任務の概要　　　　写真偵察によると、三菱石油川崎製油所(90.17-

116)の貯蔵タンク区画の32%、炉1基、アスファルト荷積み区画1、缶製造工場1棟、倉庫2棟を破壊、ハヤマ石油(Hayama Petroleum Co. 90.17-127)の貯蔵タンクの36%、未確認の建物5棟、事務所と思われる建物7棟、営繕小屋4棟を破壊。3機だけが目標を目視。重砲の対空砲火は中程度ないし激烈、正確ないし不正確。激烈に作動するサーチライトに遭遇、ロープ(レーダー妨害片)が使用され、成功。風程観測機2機が清水の清水アルミニウム工場を爆撃した。7機が無効果出撃。3機のB29が硫黄島に着陸。損失機は目標上空で高射砲の直撃命中弾を受けためである。敵機なし。平均爆弾搭載量18,664ポンド。平均燃料残量1,109ガロン。

[訳者注] 原文には、目標をMitsubishi Oil Refinery (90.17-116) and Hayama Petroleum Center at Kawasaki (90.17-127)と記している。しかし、戦術作戦任務報告にはPetroleum Complex (Mitsubishi Oil Refinery, 90.17-116; Hayama Petroleum Refinery, 90.17-127; and Asaishi Petroleum Company, 90.17-130)とあり、平均弾着点を示す航空写真にはKAWASAKI PETROLEUM COMPLEX(90.17-116-127-130)とあるので、ここでは上記のように川崎石油コンビナートとしておいた。なお、戦略爆撃調査団の石油・化学部報告には、7月25日の爆撃の目標は三菱石油川崎製油所と昭和石油製油所であったと書いている。

作戦任務第292号

(1945年8月5日)

1. 日付	1945年7月25・26日
2. 目標	清津、釜山、七尾、伏木、敦賀、小浜
3. 参加部隊	第313航空団
4. 出撃機数	30機
5. 第1目標爆撃機数の割合	96.66%(第1目標29機、予備海面1機)
6. 機雷の型とセッティング	MK26・MK36 1,000ポンド機雷とMK25 2,000ポンド機雷 多様にセット
7. 投下機雷トン数	第1目標195トン、予備海面6トン
8. 第1目標上空時間	7月25日23時50分～26日0時57分
9. 攻撃高度	6,900～8,400フィート
10. 目標上空の天候	6/10－10/10

1945年7月

11．損失機数合計　　　　　　　0 機

12．作戦任務の概要　　　　　　投下された243個の機雷のうち、240個が封鎖続行
に有効と思われた。機雷投下はすべてレーダーによった。敵の攻撃には遭遇せ
ず。6 機が清津への往路、硫黄島を中継基地とした。8 機のB29が硫黄島に着
陸。平均機雷搭載量13,270ポンド。平均燃料残量779ガロン。

作戦任務第293号

(1945年 8 月 5 日)

1．日付　　　　　　　　　　　1945年 7 月26・27日

2．目標　　　　　　　　　　　松山市街地(90.29)

3．参加部隊　　　　　　　　　第73航空団

4．出撃機数　　　　　　　　　129機

5．第 1 目標爆撃機数の割合　　98.45％(127機)

6．爆弾の型と信管　　　　　　AN-M17A1　500ポンド焼夷集束弾とE46・E36
500ポンド焼夷集束弾　目標上空5,000フィートで
解束するようセット。M47A2　100ポンド焼夷弾
瞬発弾頭

7．投下爆弾トン数　　　　　　896トン

8．第 1 目標上空時間　　　　　7 月26日23時 8 分〜27日 1 時18分

9．攻撃高度　　　　　　　　　11,000〜12,350フィート

10．目標上空の天候　　　　　　0/10-2/10

11．損失機数合計　　　　　　　0 機

12．作戦任務の概要　　　　　　弾着写真によると、成果は多大ないし甚大、松山
の市街地に多数の火災。松山城の南・東の照準点周辺に最大の火災の集中が見
られた。火災により、市の南と東の区域が激甚な損害を受けた。偵察によると、
市の73％に損害。21機だけが目標を目視。重砲、中口径、貧弱、不正確な対空
砲火に遭遇。13のサーチライトを目標地域で視認。敵機 5 機視認、攻撃回数 2 。
申告によると敵機を 1 機撃墜、不確実撃墜なし、撃破なし。2 機が無効果出撃。
12機は先導機。風程観測機 1 機は出撃機数に含まれていない。7 機のB29が硫
黄島に着陸。平均爆弾搭載量14.786ポンド。平均燃料残量660ガロン。

作戦任務第294号

（1945年8月5日）

1．	日付	1945年7月26・27日
2．	目標	徳山市街地(90.32)
3．	参加部隊	第313航空団
4．	出撃機数	102機
5．	第1目標爆撃機数の割合	95.09％(97機、臨機目標1機)
6．	爆弾の型と信管	E46　500ポンド焼夷集束弾　目標上空5,000フィートで解束するようセット。M47A2　100ポンド焼夷弾瞬発弾頭。T4E4　500ポンド破片集束弾投下1,000フィートで解束するようセット
7．	投下爆弾トン数	第1目標751.5トン
8．	第1目標上空時間	7月27日0時22分～1時35分
9．	攻撃高度	11,000～12,500フィート
10．	目標上空の天候	3/10～10/10
11．	損失機数合計	0機
12．	作戦任務の概要	目標上空最後の搭乗員の報告によると、市全体で

有効に始まったらしい火災に港湾地域が包まれた。敵機1機視認、攻撃回数1。申告によると敵機を1機撃墜、不確実撃墜なし、撃破なし。バカ1機が目標と陸端の間に出現と報告。そのバカは1機のB29によって射撃されたのち爆発した。対空砲火は重砲、中口径、貧弱ないし激烈、不正確。12機は先導機。4機が無効果出撃。55機が目標を目視、40機が目視できず。レーダー対策機2機と風程観測機1機も参加。12機のB29が硫黄島に着陸。平均爆弾搭載量16,406ポンド。平均燃料残量580ガロン。

［訳者注］　バカ(Baka)については、第247号・第249号参照。

作戦任務第295号

（1945年8月5日）

1．	日付	1945年7月26・27日
2．	目標	大牟田市街地(90.35)
3．	参加部隊	第314航空団
4．	出撃機数	130機

1945年7月

5．第1目標爆撃機数の割合　95.39%（第1目標124機、臨機目標1機）

6．爆弾の型と信管　　　　M17A1　500ポンド焼夷集束弾　目標上空5,000
　　　　　　　　　　　　　フィートで解束するようセット。M47A2　100ポ
　　　　　　　　　　　　　ンド焼夷弾　瞬発弾頭

7．投下爆弾トン数　　　　964.6トン

8．第1目標上空時間　　　7月27日0時13分〜1時31分

9．攻撃高度　　　　　　　13,100〜16,300フィート

10．目標上空の天候　　　　0/10−10/10

11．損失機数合計　　　　　1機

12．作戦任務の概要　　　　搭乗員の報告によると、成果は未確認ないし甚大。
　　67機が目標地域を目視、57機が目視できず。5機が無効果出撃。敵機25機ない
　　し30機視認、攻撃回数9。敵機に与えた損害の申告なし。火の球（複数）を目標
　　から40マイルの地点で目撃。損失機は敵機の攻撃による。中口径、重砲、自動
　　火器による対空砲火は、貧弱ないし中程度、不正確。風程観測機1機が参加。
　　16機のB29が硫黄島に着陸。平均爆弾搭載量15,165ポンド。平均燃料残量526
　　ガロン。

[訳者注]　中小都市焼夷弾攻撃の目標に2度なったのは、大牟田、一宮、宇和
島の3都市である。

作戦任務第296号
（1945年8月14日）

1．日付　　　　　　　　　1945年7月27・28日

2．目標　　　　　　　　　下関海峡、羅津、福岡、新潟、舞鶴、深川（Fuka
　　　　　　　　　　　　　Wan）、仙崎

3．参加部隊　　　　　　　第313航空団

4．出撃機数　　　　　　　30機

5．第1目標爆撃機数の割合　80%（第1目標24機、予備海面1機）

6．機雷の型とセッティング　1,000ポンド機雷と2,000ポンド機雷　多様にセッ
　　　　　　　　　　　　　ト

7．投下機雷トン数　　　　第1目標161トン、予備海面7トン

8．第1目標上空時間　　　7月27日23時34分〜28日1時11分

9．攻撃高度　　　　　　　7,300〜10,400フィート

— 217 —

10. 目標上空の天候　　　　　0/10－10/10
11. 損失機数合計　　　　　　　3機
12. 作戦任務の概要　　　　　　投下された189個の機雷のうち186個が有効の模様。
　　5機が無効果出撃。羅津への敷設機全機が硫黄島を中継基地とした。対空砲火
　は重砲、貧弱ないし中程度、正確ないし不正確。2機のB29が硫黄島に着陸。
　　2機が不時着水、搭乗員13人が救助された。1機のB29が硫黄島に破損着陸し、
　毀損調査が行われた。平均機雷搭載量13,338ポンド。平均燃料残量858ガロン。
　機雷投下はすべてレーダーによる。敵機10機視認、攻撃回数なし。

作戦任務第297号

（1945年8月14日）

1. 日付　　　　　　　　　　　1945年7月28・29日
2. 目標　　　　　　　　　　　津市街地
3. 参加部隊　　　　　　　　　第58航空団
4. 出撃機数　　　　　　　　　78機
5. 第1目標爆撃機数の割合　97.43％（76機）
6. 爆弾の型と信管　　　　　　E48　500ポンド焼夷集束弾　目標上空5,000フィ
　　　　　　　　　　　　　　　ートで解束するようセット
7. 投下爆弾トン数　　　　　　729.8トン
8. 第1目標上空時間　　　　7月28日23時47分～29日0時56分
9. 攻撃高度　　　　　　　　　11,000～11,600フィート
10. 目標上空の天候　　　　　8/10－10/10
11. 損失機数合計　　　　　　　0機
12. 作戦任務の概要　　　　　　搭乗員の報告によると、成果は多大ないし甚大。
　　写真偵察によると、市の57％に損害を与え、この日までの損害合計71.1％に達
　した。重砲、中口径、小口径よりなる対空砲火は貧弱、不正確。敵機2機視認、
　攻撃回数なし。2機が無効果出撃。51機が目視により、25機がレーダーにより
　爆撃した。12機が先導機として行動し、2機が風程観測機として追加出撃。こ
　の作戦任務では、伝単が投下された。7機のB29が硫黄島に着陸。平均爆弾搭
　載量19,979ポンド。平均燃料残量686ガロン。

［訳者注］　7月27～28日夜間、B29は青森、西宮、大垣、一宮、久留米、宇和島、
　長岡、函館、郡山、津、宇治山田の中小都市と東京を爆撃するとの予告ビラを

1945年7月

散布した。第１回リーフレット心理作戦である。その１昼夜あと、予告された11の中小都市のうち、津、青森、一宮、宇治山田、大垣、宇和島の６都市が爆撃された。原文では、pamphlets, leafletsなどの語が使われているが、ここでは日本式に伝単と訳しておいた。

作戦任務第298号

(1945年8月14日)

1．日付　　　　　　　　　　1945年7月28・29日
2．目標　　　　　　　　　　青森市街地
3．参加部隊　　　　　　　　第58航空団
4．出撃機数　　　　　　　　65機
5．第１目標爆撃機数の割合　93.84％(第１目標61機、臨機目標３機)
6．爆弾の型と信管　　　　　E48　500ポンド焼夷集束弾　目標上空5,000フィートで解束するようセット
7．投下爆弾トン数　　　　　第１目標546.5トン、臨機目標27.5トン
8．第１目標上空時間　　　　7月28日22時37分〜23時48分
9．攻撃高度　　　　　　　　14,100〜14,700フィート
10．目標上空の天候　　　　　0/10−9/10
11．損失機数合計　　　　　　0機
12．作戦任務の概要　　　　　報告によると成果は甚大、目標地域の北東部、平均弾着点(MPI)周辺の火災を目撃。煙が20,000フィートまで上昇。この作戦任務についた爆撃機は、硫黄島を中継基地として発進。目標上空で不正確な重砲の対空砲火の僅かな砲弾破裂があったと報告された。敵機11機視認、攻撃回数なし。37機が目視により、24機がレーダーにより爆撃した。１機が無効果出撃。12機が先導機として行動した。この作戦任務では、伝単が投下された。２機の風程観測機が出撃。７機のB29が硫黄島に着陸。平均爆弾搭載量18,498ポンド。平均燃料残量667ガロン。

作戦任務第299号

(1945年8月14日)

1．日付　　　　　　　　　　1945年7月28・29日
2．目標　　　　　　　　　　一宮市街地(90.20)

— 219 —

３．参加部隊　　　　　　　　　第73航空団

４．出撃機数　　　　　　　　　127機

５．第１目標爆撃機数の割合　　96.20％（第１目標122機、臨機目標２機）

６．爆弾の型と信管　　　　　　E46　500ポンド焼夷集束弾とM17　500ポンド焼
　　　　　　　　　　　　　　　夷集束弾　目標上空5,000フィートで解束するよ
　　　　　　　　　　　　　　　うセット。M47　100ポンド焼夷弾　瞬発弾頭

７．投下爆弾トン数　　　　　　第１目標868.8トン、臨機目標16.7トン

８．第１目標上空時間　　　　　７月28日22時56分〜29日０時48分

９．攻撃高度　　　　　　　　　13,500〜16,700フィート

10．目標上空の天候　　　　　　4/10−8/10

11．損失機数合計　　　　　　　０機

12．作戦任務の概要　　　　　　爆撃直後の写真（early photos）によると、市の中
心部に多数の大火災が発生。26機が目視により、96機がレーダーにより爆撃。
３機が無効果出撃。敵機19機視認、攻撃回数14、４機のB29が損傷。敵機に与
えた損害の申告なし。対空砲火は重砲、貧弱、不正確、弾幕と追随射撃。サー
チライト約20基視認。７機のB29が硫黄島に着陸。平均爆弾搭載量14,833ポン
ド。平均燃料残量758ガロン。

［訳者注］　原文では、１．Date：28/29 August 1945と誤記されているので、上
記のように修正しておいた。また、２．Target：Ichinomiya　Urban　Indus-
trial　Area（90.20）となっていて、他都市の場合のUrban　Areaと異なっている
が、別に意味はなく、同じことなので、市街地と訳しておいた。

作戦任務第300号

（1945年８月14日）

１．日付　　　　　　　　　　　1945年７月28・29日

２．目標　　　　　　　　　　　宇治山田市街地

３．参加部隊　　　　　　　　　第313航空団

４．出撃機数　　　　　　　　　99機

５．第１目標爆撃機数の割合　　92.92％（第１目標93機、臨機目標１機）

６．爆弾の型と信管　　　　　　E46　500ポンド焼夷集束弾　目標上空5,000フィ
　　　　　　　　　　　　　　　ートで解束するようセット

７．投下爆弾トン数　　　　　　第１目標734.6トン、臨機目標7.8トン

—220—

1945年7月

8．第1目標上空時間　　　　7月29日1時15分〜2時24分

9．攻撃高度　　　　　　　　12,000〜13,800フィート

10．目標上空の天候　　　　　0/10−5/10

11．損失機数合計　　　　　　0機

12．作戦任務の概要　　　　　搭乗員の報告によると、成果は未確認ないし甚大。
火災が120マイルにわたって見えた。後の偵察によると、市街地の39％を破壊。
35機が目視により、58機がレーダーにより爆撃した。伝単(propaganda　leaf-
lets)に載っていないいくつかの市では灯火管制は不十分であったが、目標地
域の灯火管制は完全であった。対空砲火は重砲、中口径、貧弱ないし中程度、
おおむね不正確と報告された。多くの自動火器の砲火が報告された。少しの燐
爆弾と火の球が報告された。敵機12機視認、攻撃回数2。5機が無効果出撃。
風程観測機1機が出撃。9機のB29が硫黄島に着陸。平均爆弾搭載量16,906ポ
ンド。平均燃料残量774ガロン。

[訳者注]　燐爆弾(phosphorous bomb)・火の球(ball of fire)とアメリカ軍が表
現しているのは、今までにも述べたが、日本軍の三号爆弾・夕弾のことであろ
うか。

作戦任務第301号

（1945年8月14日）

1．日付　　　　　　　　　　1945年7月28・29日

2．目標　　　　　　　　　　大垣市街地

3．参加部隊　　　　　　　　第314航空団

4．出撃機数　　　　　　　　96機

5．第1目標爆撃機数の割合　93.54％（90機）

6．爆弾の型と信管　　　　　E46　500ポンド焼夷集束弾とM17A1　500ポンド
　　　　　　　　　　　　　　焼夷集束弾　目標上空5,000フィートで解束する
　　　　　　　　　　　　　　ようセット。M47A2　100ポンド焼夷弾　瞬発弾
　　　　　　　　　　　　　　頭

7．投下爆弾トン数　　　　　658.7トン

8．第1目標上空時間　　　　7月29日0時52分〜2時50分

9．攻撃高度　　　　　　　　14,000〜16,400フィート

10．目標上空の天候　　　　　2/10−5/10

11．損失機数合計　　　　　　0 機

12．作戦任務の概要　　　　　　搭乗員の報告によると、爆撃成果は未確認ないし甚大。写真偵察によると、市の38％を破壊。6 機が無効果出撃。61機が目標を目視、31機が目視できず。敵機28機による攻撃回数21、2 機のB29が損傷。重砲による対空砲火は、貧弱で不正確、また貧弱で激烈と報告された。これにより 3 機が損傷。自動火器による砲火は正確ないし不正確。12〜35基のサーチライトは効果がなかった。風程観測機 1 機、ブロードカースト機 1 機が出撃。10機のB29が硫黄島に着陸。平均爆弾搭載量14,977ポンド。平均燃料残量594ガロン。申告によると、敵機を 1 機撃墜、不確実撃墜なし、撃破なし。

作戦任務第302号

(1945年 8 月14日)

1．日付　　　　　　　　　　　1945年 7 月28・29日

2．目標　　　　　　　　　　　宇和島市街地

3．参加部隊　　　　　　　　　第314航空団

4．出撃機数　　　　　　　　　32機

5．第 1 目標爆撃機数の割合　　90.62％（29機）

6．爆弾の型と信管　　　　　　E46　500ポンド焼夷集束弾　目標上空5,000フィートで解束するようセット。M47A2　100ポンド焼夷弾　瞬発弾頭

7．投下爆弾トン数　　　　　　205.3トン

8．第 1 目標上空時間　　　　　7 月29日 0 時16分〜 1 時25分

9．攻撃高度　　　　　　　　　10,400〜11,230フィート

10．目標上空の天候　　　　　　4/10−6/10

11．損失機数合計　　　　　　　0 機

12．作戦任務の概要　　　　　　写真偵察によると、市の39％が破壊され、合計52％を破壊。敵機の迎撃なく、自動火器による砲火は貧弱、不正確。爆撃はすべてレーダーによる。風程観測機 1 機出撃。2 機のB29が硫黄島に着陸。平均爆弾搭載量14,960ポンド。平均燃料残量725ガロン。3 機のB29が無効果出撃。

— 222 —

1945年7月

作戦任務第303号

(1945年8月14日)

1.	日付	1945年7月28・29日
2.	目標	東亜燃料工業和歌山製油所－初島
		(Shimotsu Oil Refinery) XXI-5046
3.	参加部隊	第315航空団
4.	出撃機数	82機
5.	第1目標爆撃機数の割合	92.68%（第1目標76機、臨機目標1機）
6.	爆弾の型と信管	AN-M64　500ポンド通常爆弾　1/10秒延期弾頭
		と無延期弾底
7.	投下爆弾トン数	第1目標658.3トン、臨機目標16.7トン
8.	第1目標上空時間	7月28日22時2分～29日0時23分
9.	攻撃高度	10,100～12,000フィート
10.	目標上空の天候	4/10－10/10
11.	損失機数合計	0機
12.	作戦任務の概要	爆撃成果は未確認。爆撃はすべてレーダーによる。

5機が無効果出撃。敵機12機視認、攻撃回数なし。対空砲火は重砲、中口径、貧弱、不正確ないし正確。1機のB29が対空砲火により損傷。風程観測機2機が出撃。第1目標を爆撃した2機が、さらに臨機目標を爆撃。2機のB29が硫黄島に着陸。平均爆弾搭載量18,375ポンド。平均燃料残量1,145ガロン。

［訳者注］　臨機目標への投弾量16.7トンは、「第1目標を爆撃した2機」を含む3機によるものである。Target NumberのXXI-5046は第21爆撃機軍団が独自に付した番号であることを意味する。これ以外は、ワシントンの総合目標部(Joint Target Group)作成の番号である。

作戦任務第304号

(1945年8月14日)

1.	日付	1945年7月29・30日
2.	目標	下関海峡(西部)、羅津、福岡、唐津
3.	参加部隊	第313航空団
4.	出撃機数	29機
5.	第1目標爆撃機数の割合	82.78%（第1目標24機、予備海面2機）

— 223 —

6．機雷の型とセッティング　1,000ポンド機雷と2,000ポンド機雷　多様にセット

7．投下機雷トン数　　　　　第1目標161トン、予備海面14トン

8．第1目標上空時間　　　　7月29日23時12分〜30日0時56分

9．攻撃高度　　　　　　　　7,900〜12,900フィート

10．目標上空の天候　　　　　4/10−8/10

11．損失機数合計　　　　　　0機

12．作戦任務の概要　　　　　投下された385個の機雷のうち380個が有効の模様。
　3機が無効果出撃。機雷投下はすべてレーダーによる。対空砲火は重砲、貧弱、
不正確。福岡付近でサーチライト10基、下関海峡と八幡海岸でサーチライト30
基を視認。敵機9機視認、攻撃回数なし。レーダー対策機1機も出撃。羅津へ
向かった部隊は硫黄島を中継基地とした。17機が硫黄島に着陸。平均爆弾搭載
量13,332ポンド。平均燃料残量788ガロン。

[訳者注]　　原文には、8．Time Over Primary：300012K-310156Kとあるが、
　最終投弾時刻は明らかな誤記であり、300156Kが正しいので、上記のように修
　正しておいた。

1945年8月

作戦任務第305号

(1945年8月14日)

1．日付	1945年8月1・2日	
2．目標	羅津、清津、下関海峡(西部)、浜田、境港、米子、中海(Naka Umi)	
3．参加部隊	第313航空団	
4．出撃機数	43機	
5．第1目標爆撃機数の割合	86.04％(第1目標37機、予備海面5機)	
6．爆弾の型と信管	1,000ポンド機雷と2,000ポンド機雷　多様にセット	
7．投下爆弾トン数	第1目標241.5トン、予備海面32トン	
8．第1目標上空時間	8月1日23時51分〜2日1時28分	
9．攻撃高度	8,000〜12,000フィート	
10．目標上空の天候	0/10−10/10	
11．損失機数合計	0機	
12．作戦任務の概要	5海面に投下された機雷のうち、1個だけが無効	

と思われた。機雷投下はすべてレーダーによる。1機が無効果出撃。敵機4機視認、攻撃回数なし。対空砲火は貧弱、不正確。合計15〜40基のサーチライトを視認。17機が硫黄島に着陸。平均機雷搭載量13,151ポンド。平均燃料残量816ガロン。

[訳者注]　原文が6．Type of Bombs and Fuzes, 7．Tons of Bombs Droppedとなっているので、そのまま訳しておいた。戦術作戦任務報告では、MinefieldがRashin、Seishin、Mike(下関海峡)、George(浜田海域)、Xray(萩海域)の5海面となっている。

作戦任務第306号

(1945年8月14日)

1．日付	1945年8月1・2日
2．目標	八王子市街地

3．参加部隊　　　　　　　　第58航空団

4．出撃機数　　　　　　　　180機

5．第１目標爆撃機数の割合　93.88％（第１目標169機、臨機目標３機）

6．爆弾の型と信管　　　　　M17A1　500ポンド焼夷集束弾　目標上空5,000フィートで解束するようセット。M47A2　100ポンド焼夷弾　瞬発弾頭

7．投下爆弾トン数　　　　　第１目標1,593.3トン、臨機目標29.3トン

8．第１目標上空時間　　　　８月２日０時45分〜２時29分

9．攻撃高度　　　　　　　　14,800〜16,000フィート

10．目標上空の天候　　　　　0/10−8/10

11．損失機数合計　　　　　　１機

12．作戦任務の概要　　　　　成果は未確認ないし甚大と報告された。後の写真偵察によると、目標の80％を破壊（1.2平方マイル）。番号を付せられた目標２か所に損害を与えた。８機が無効果出撃。97機が目視により、72機がレーダーにより爆撃。敵機40〜50機視認、攻撃回数６。１機のB29が損傷。対空砲火は重砲と小口径、貧弱、不正確、１機のB29が損傷。レーダー対策機２機と風程観測機２機は、出撃機合計数に含まれていない。12機が先導機として行動。損失機は未確認の理由による。36機のB29が硫黄島に着陸。平均爆弾搭載量17,840ポンド。平均燃料残量629ガロン。

作戦任務第307号

（1945年８月14日）

1．日付　　　　　　　　　　1945年８月１・２日

2．目標　　　　　　　　　　富山市街地

3．参加部隊　　　　　　　　第73航空団

4．出撃機数　　　　　　　　182機

5．第１目標爆撃機数の割合　96.11％（第１目標173機、臨機目標１機）

6．爆弾の型と信管　　　　　M17A1　500ポンド焼夷集束弾とM19　500ポンド焼夷集束弾　目標上空5,000フィートで解束するようセット。M47A2　100ポンド焼夷弾と100ポンド白燐焼夷弾　瞬発弾頭

7．投下爆弾トン数　　　　　第１目標1,465.5トン、臨機目標８トン

1945年8月

8．第1目標上空時間　　　　　8月2日0時36分〜2時27分

9．攻撃高度　　　　　　　　　12,100〜13,600フィート

10．目標上空の天候　　　　　　0/10

11．損失機数合計　　　　　　　0機

12．作戦任務の概要　　　　　　偵察写真によると、市の99.5%（1.87平方マイル）
を破壊。目標90.11-6250、ラミー紡績工場を破壊。8機が無効果出撃。目標を
55機が目視、118機が目視せず。敵機の迎撃は皆無ないし薄弱。敵機5機視認、
攻撃回数なし。目標地域での対空砲火は中口径、重砲、皆無ないし貧弱、不正
確、この対空砲火により1機損傷。12機が先導機として行動。風程観測機1機
は、出撃機合計数に含まれていない。8機のB29が硫黄島に着陸。平均爆弾搭
載量16,094ポンド。平均燃料残量757ガロン。

［訳者注］　M19焼夷集束弾とは、E46が名称変更したものである。M47A2には、
Incendiary Bomb（I.B.）のほかに、White Phosphorus（W.P.）がある。W.P.は
殺傷力が強く、消火活動を妨害した。黄燐または白燐であるが、白燐焼夷弾と
訳した。次の長岡・水戸でも使われた。すでに作戦任務第277号の福井空襲で使
用されたが、作戦任務概要には特記されなかった。

作戦任務第308号

（1945年8月14日）

1．日付　　　　　　　　　　　1945年8月1・2日

2．目標　　　　　　　　　　　長岡市街地

3．参加部隊　　　　　　　　　第313航空団

4．出撃機数　　　　　　　　　136機

5．第1目標爆撃機数の割合　　91.91%（第1目標125機、臨機目標5機）

6．爆弾の型と信管　　　　　　M19　500ポンド焼夷集束弾　目標上空5,000フィ
　　　　　　　　　　　　　　　ートで解束するようセット。M47A2　100ポンド
　　　　　　　　　　　　　　　焼夷弾と100ポンド白燐焼夷弾　瞬発弾頭

7．投下爆弾トン数　　　　　　第1目標924.3トン、臨機目標36.6トン

8．第1目標上空時間　　　　　8月1日22時35分〜23時58分

9．攻撃高度　　　　　　　　　12,100〜13,400フィート

10．目標上空の天候　　　　　　0/10−2/10

11．損失機数合計　　　　　　　0機

12．作戦任務の概要　　　　　　搭乗員の報告によると、爆撃成果は甚大であった。火災は100マイル彼方から見え、25,000フィート上空まで達する強烈な熱気流に遭遇した。写真偵察によると、市の65.5%(1.33平方マイル)に損害を与えた。6機が無効果出撃。55機が目視により、70機がレーダーにより爆撃。敵機の迎撃は薄弱ないし中程度、非積極的。敵機40～50機視認、攻撃回数5。目標地域での中口径、小口径の対空砲火は、皆無ないし貧弱、不正確。富山での対空砲火は重砲、貧弱、不正確。目標地域で2つの地対空ロケットがあったと報告された。風程観測機1機は、出撃機合計数に含まれていない。38機のB29が硫黄島に着陸。平均爆弾搭載量15,791ポンド。平均燃料残量558ガロン。

作戦任務第309号

(1945年8月14日)

1．日付	1945年8月1・2日
2．目標	水戸市街地
3．参加部隊	第314航空団
4．出撃機数	167機
5．第1目標爆撃機数の割合	95.80%(第1目標160機、臨機目標1機)
6．爆弾の型と信管	M19　500ポンド焼夷集束弾　目標上空5,000フィートで解束するようセット。M47　100ポンド焼夷弾と100ポンド白燐焼夷弾　瞬発弾頭
7．投下爆弾トン数	第1目標1,144.8トン、臨機目標7.3トン
8．第1目標上空時間	8月2日0時42分～2時16分
9．攻撃高度	12,000～15,200フィート
10．目標上空の天候	8/10－10/10
11．損失機数合計	0機

12．作戦任務の概要　　　　　　写真偵察によると、市街地の65%(1.7平方マイル)を破壊。6機が無効果出撃。53機が目標を目視により、107機がレーダーにより爆撃。敵機は20～25機よりなり、攻撃回数1。対空砲火は重砲、小口径、貧弱ないし中程度、不正確。11機が先導機として行動。レーダー対策機1機は、出撃機合計数に含まれていない。6機のB29が硫黄島に着陸。平均爆弾搭載量15,071ポンド。平均燃料残量724ガロン。

1945年8月

作戦任務第310号

(1945年8月14日)

1. 日付　　　　　　　　　　1945年8月1・2日
2. 目標　　　　　　　　　　川崎石油コンビナート　90.17-128，127，116
3. 参加部隊　　　　　　　　第315航空団
4. 出撃機数　　　　　　　　128機
5. 第1目標爆撃機数の割合　93.75%（第1目標120機、臨機目標2機）
6. 爆弾の型と信管　　　　　M64　500ポンド通常爆弾　1/10秒延期弾頭と1/40秒秒延期弾底
7. 投下爆弾トン数　　　　　第1目標1,017.3トン、臨機目標26トン
8. 第1目標上空時間　　　　8月1日22時14分〜23時46分
9. 攻撃高度　　　　　　　　16,400〜18,600フィート
10. 目標上空の天候　　　　　0/10−10/10
11. 損失機数合計　　　　　　0機
12. 作戦任務の概要　　　　　写真偵察によると、作戦任務第291・310号の成果
は次の通り。

116−三菱石油川崎製油所(Mitsubishi Oil Refinery−貯蔵タンク容量の41%を破壊。

127−Hayama Petroleum Center −貯蔵タンク容量の43%、中継タンク容量の35%に損害。

128−川崎石油センター(Kawasaki Petroleum Center)−貯蔵タンク容量の35%、中継タンク容量の15%を破壊。

6機が無効果出撃。対空砲火は重砲、中口径、貧弱ないし激烈、正確。対空砲火により22機損傷。敵機30〜35機、攻撃回数9。敵機に与えた損害の申告なし。風程観測機1機は、上記の合計数に含まれていない。6機が目視により、114機がレーダーにより爆撃。7機のB29が硫黄島に着陸。平均爆弾搭載量18,410ポンド。平均燃料残量1,039ガロン。

[訳者注]　戦術作戦任務報告では、90.17-130を加えて、目標をKawasaki Petroleum Complexと記しているので、第291号と同じく、川崎石油コンビナートとした。原文には、Kawasaki Petroleum Center at Hayama and Mitsubishi Oil Refineryとある。

— 229 —

作戦任務第311号

(1945年8月14日)

1.	日付	1945年8月5・6日
2.	目標	羅津、迎日湾(Geijitsu)、境港、米子、中海、宮津、舞鶴、敦賀、小浜
3.	参加部隊	第313航空団
4.	出撃機数	30機
5.	第1目標爆撃機数の割合	90%(第1目標27機、予備海面1機)
6.	機雷の型とセッティング	1,000ポンド機雷と2,000ポンド機雷　多様にセット
7.	投下機雷トン数	第1目標175.5トン、予備海面6トン
8.	第1目標上空時間	8月5日22時32分～6日1時32分
9.	攻撃高度	7,500～8,600フィート
10.	目標上空の天候	晴れ
11.	損失機数合計	0機
12.	作戦任務の概要	目標海域に投下された253個の機雷のうち、251個

が有効と信じられた。2機が無効果出撃。1機が目視により機雷を投下。羅津
での対空砲火は中口径、正確、激烈、徳山では中程度、不正確ないし正確。サ
ーチライト20～25基を視認。敵機10機視認、攻撃回数1。11機が硫黄島に着陸。
平均機雷搭載量13,064ポンド。平均燃料残量605ガロン。

作戦任務第312号

(1945年8月14日)

1.	日付	1945年8月5・6日
2.	目標	佐賀市街地
3.	参加部隊	第58航空団
4.	出撃機数	65機
5.	第1目標爆撃機数の割合	96.92%(63機)
6.	爆弾の型と信管	M19　500ポンド焼夷集束弾　目標上空5,000フィートで解束するようセット。T4E4　500ポンド破片集束弾　投下3,000フィートで解束するようセット。M64　500ポンド通常爆弾　無延期弾底と

1945年8月

近接信管弾頭

7．投下爆弾トン数　　　　　458.9トン

8．第1目標上空時間　　　　　5日23時41分〜23時56分

9．攻撃高度　　　　　　　　12,400〜15,500フィート

10．目標上空の天候　　　　　0/10－9/10

11．損失機数合計　　　　　　1機

12．作戦任務の概要　　　　　攻撃速報によると、今回の爆撃で損害を受けた地域はない。損失機は基地に破損着陸、結果として損耗人員なし。14機が目標を目視、49機がレーダーで確認。対空砲火は重砲、小口径、皆無ないし貧弱、不正確。敵機19機視認、攻撃回数1。敵機に与えた損害の申告なし。11機が先導機として行動。2機が無効果出撃。風程観測機2機は、出撃機合計数に含まれていない。この航程には、T-3パンフレットが投下された。16機のB29が硫黄島に着陸した。平均爆弾搭載量15,526ポンド。平均燃料残量571ガロン。

作戦任務第313号

(1945年8月14日)

1．日付　　　　　　　　　　1945年8月5・6日

2．目標　　　　　　　　　　前橋市街地(90.13)

3．参加部隊　　　　　　　　第313航空団

4．出撃機数　　　　　　　　102機

5．第1目標爆撃機数の割合　90.19％（第1目標92機、臨機目標4機）

6．爆弾の型と信管　　　　　M19　500ポンド焼夷集束弾　目標上空5,000フィートで解束するようセット。T4E4　500ポンド破片集束弾　投下3,000フィートで解束するようセット。M64　500ポンド通常爆弾　近接信管弾頭と無延期弾底

7．投下爆弾トン数　　　　　第1目標723.8トン、臨機目標30.6トン

8．第1目標上空時間　　　　8月5日22時28分〜6日0時8分

9．攻撃高度　　　　　　　　15,200〜16,900フィート

10．目標上空の天候　　　　　0/10－9/10

11．損失機数合計　　　　　　0機

12．作戦任務の概要　　　　　成果は未確認ないし甚大と報告された。82機が目

標をレーダーで確認、10機が目視で確認。6機が無効果出撃。敵機30〜35機、攻撃回数14、1機のB29が損傷。敵機に与えた損害の申告なし。対空砲火は重砲、小口径、皆無ないし貧弱、不正確。この作戦任務には、風程観測機1機、レーダー対策機3機も参加した。出撃機合計数には、レーダー対策機3機と風程観測機1機は含まれていない。15機のB29が硫黄島に着陸。平均爆弾搭載量16,840ポンド。平均燃料残量498ガロン。

作戦任務第314号

(1945年8月14日)

1. 日付	1945年8月5・6日	
2. 目標	西宮−御影市街地(90.25)	
3. 参加部隊	第73・314航空団	
4. 出撃機数	261機	
5. 第1目標爆撃機数の割合	95.78%(第1目標250機、臨機目標3機)	
6. 爆弾の型と信管	M19・M17 500ポンド焼夷集束弾 目標上空5,000フィートで解束するようセット。T4E4 500ポンド破片集束弾 投下3,000フィートで解束するようセット。M47 100ポンド焼夷弾 瞬発弾頭。M64 500ポンド通常爆弾 多様な近接信管弾頭と無延期弾底	
7. 投下爆弾トン数	第1目標2,003.9トン。臨機目標23.8トン	
8. 第1目標上空時間	8月6日0時25分〜2時1分	
9. 攻撃高度	12,600〜16,000フィート	
10. 目標上空の天候	0/10−8/10	
11. 損失機数合計	1機	

12. 作戦任務の概要　写真偵察によると、市街地の32%を破壊。54機が目視、196機がレーダーによる。8機が無効果出撃。損失機は、3つのエンジン停止後、不時着水した。搭乗員12人救助。出撃機合計数には、レーダー対策機4機と風程観測機2機は含まれていない。第314航空団の17機が先導機として行動。対空砲火は重砲、中口径、小口径、貧弱ないし激烈、不正確。地対空ロケット(複数)と阻塞気球(複数)を目撃。サーチライトは多数で活発。5機が対空砲火で損傷。敵機25〜30機視認、攻撃回数8。敵機に与えた損害の申告な

1945年8月

し。24機のB29が硫黄島に着陸。平均爆弾搭載量：第73航空団16,861ポンド。第314航空団16,565ポンド。平均燃料残量：第73航空団635ガロン。第314航空団555ガロン。

[訳者注] 西宮市・芦屋市・御影町(現・神戸市東灘区)に平均弾着点があり、西宮・芦屋・東灘空襲である。戦術作戦任務報告とのくいちがいがいくつかあるのはよくあることとして、この原文で投弾最終時刻が060201Kとなっている部分は、時間的にも明白な誤りなので、上記のように訂正しておいた。

作戦任務第315号

(1945年8月14日)

1．日付	1945年8月5・6日
2．目標	帝国燃料興業宇部工場(Ube Coal Liquefaction Co.)90.32-1841
3．参加部隊	第315航空団
4．出撃機数	111機
5．第1目標爆撃機数の割合	95.50%(第1目標106機、臨機目標2機)
6．爆弾の型と信管	M64 500ポンド通常爆弾 1/10秒延期弾頭と1/100秒延期弾底
7．投下爆弾トン数	第1目標938トン、臨機目標22.5トン
8．第1目標上空時間	8月5日22時24分〜6日0時31分
9．攻撃高度	10,300〜12,600フィート
10．目標上空の天候	0/10−6/10
11．損失機数合計	0機
12．作戦任務の概要	精油所区画の100%、貯蔵所、工場の80%に損害、

または破壊。さらに、宇部製鉄所(Ube Iron Works Co. 90.32-1878)の50%に損害、または破壊。3機が無効果出撃。2機だけが目標を目視。対空砲火は重砲、貧弱、不正確。敵機25〜35機視認、攻撃回数1。風程観測機2機がこの作戦任務に参加し、主力部隊とともに爆撃。この2機は、出撃機合計数にはふくまれていない。5機のB29が硫黄島に着陸。平均爆弾搭載量18,704ポンド。平均燃料残量969ガロン。

— 233 —

作戦任務第316号

(1945年8月14日)

1．日付　　　　　　　　　　1945年8月5・6日
2．目標　　　　　　　　　　今治市街地
3．参加部隊　　　　　　　　第58航空団
4．出撃機数　　　　　　　　66機
5．第1目標爆撃機数の割合　 96.96％（64機）
6．爆弾の型と信管　　　　　M19　500ポンド焼夷集束弾　目標上空5,000フィ
　　　　　　　　　　　　　　ートで解束するようセット。T4E4破片集束弾
　　　　　　　　　　　　　　投下3,000フィートで解束するようセット。M64
　　　　　　　　　　　　　　500ポンド通常爆弾　近接信管弾頭と無延期弾底
7．投下爆弾トン数　　　　　510トン
8．第1目標上空時間　　　　 8月6日0時5分～0時47分
9．攻撃高度　　　　　　　　12,200～12,800フィート
10．目標上空の天候　　　　　0/10－5/10
11．損失機数合計　　　　　　0機
12．作戦任務の概要　　　　　成果は甚大、目標地域のいたるところで大火災が
　　見られた。後の写真偵察によると、市の76％が破壊された。2機が無効果出撃。
　　11機だけが目標を目視。出撃機合計数には、風程観測機2機は含まれていない。
　　敵機5機視認、攻撃回数なし。対空砲火は重砲、中口径、小口径、貧弱、不正
　　確。目標地域に2つのサーチライト。T-3パンフレットを投下。5機のB29が
　　硫黄島に着陸。平均爆弾搭載量16,986ポンド。平均燃料残量773ガロン。

作戦任務第317号

(1945年8月14日)

1．日付　　　　　　　　　　1945年8月7日
2．目標　　　　　　　　　　豊川海軍工廠 90.21-1653
3．参加部隊　　　　　　　　第58・73・313・314航空団
4．出撃機数　　　　　　　　131機
5．第1目標爆撃機数の割合　 94.35％（124機）
6．爆弾の型と信管　　　　　M64　500ポンド通常爆弾　1/100秒延期弾頭と無
　　　　　　　　　　　　　　延期弾底

1945年8月

7．投下爆弾トン数	第1目標813.3トン、臨機目標3.5トン	
8．第1目標上空時間	8月7日10時13分～10時39分	
9．攻撃高度	16,000～23,600フィート	
10．目標上空の天候	0/10－4/10	
11．損失機数合計	1機	
12．作戦任務の概要	搭乗員の報告によると、成果は多大ないし甚大。	

13機が目標を目視、111機がレーダーによる。7機が無効果出撃。1機が第1目標と臨機目標の双方を爆撃。敵機2機視認、攻撃回数なし。対空砲火はおおむね貧弱。戦闘機の掩護が目標上空で展開。対空砲火により21機が損傷。損失機は対空砲火による損傷のためで、硫黄島上空で搭乗員はパラシュート脱出を余儀なくされた。搭乗員全員が救助された。風程観測機2機は、出撃機合計数には含まれていない。7機のB29が硫黄島に着陸。平均爆弾搭載量14,518ポンド。平均燃料残量894ガロン。

作戦任務第318号

(1945年8月19日)

1．日付	1945年8月7・8日	
2．目標	羅津、下関海峡(西部)、宮津、舞鶴、敦賀、小浜、日本海·	
3．参加部隊	第313航空団	
4．出撃機数	32機	
5．第1目標爆撃機数の割合	90.62％(第1目標29機、予備海面1機)	
6．機雷の型とセッティング	1,000ポンド機雷と2,000ポンド機雷　多様にセット	
7．投下機雷トン数	第1目標188.5トン、予備海面7トン	
8．第1目標上空時間	8月7日22時2分～8日0時32分	
9．攻撃高度	1,000～12,000フィート	
10．目標上空の天候	0/10－8/10	
11．損失機数合計	0機	
12．作戦任務の概要	投下された265個の機雷のうち、253個が有効と信	

じられた。機雷投下はすべてレーダーによる。2機が無効果出撃。8機が硫黄島を中継基地とした。羅津上空での対空砲火は激烈、正確、中口径、重砲。舞

鶴湾上空で中程度、激烈、正確、中口径の対空砲火に遭遇。羅津上空で8基の
サーチライト。敵機7機視認、攻撃回数1。11機のB29が硫黄島に着陸。平均
機雷搭載量13,156ポンド。平均燃料残量839ガロン。

[訳者注] 原文では、1．Date：8/9 August 1945となっているが、戦術作戦任
務報告(Tactical Mission Report)の7/8 Augustとの記載にしたがって、日付
を8月7・8日に修正した。8．Time Over Primary：082302K-090132Kにつ
いても、上記のように修正した。硫黄島を中継基地としたのは、羅津に向かっ
た8機である。

作戦任務第319号

(1945年8月16日)

1．日付	1945年8月8日	
2．目標	八幡市街地	
3．参加部隊	第58・73・313航空団	
4．出撃機数	245機	
5．第1目標爆撃機数の割合	90.20％(第1目標221機、臨機目標6機)	
6．爆弾の型と信管	M17・M19　500ポンド焼夷集束弾　目標上空 5,000フィートで解束するようセット	
7．投下爆弾トン数	第1目標1,301.9トン、臨機目標37.3トン	
8．第1目標上空時間	8月8日10時1分～10時36分	
9．攻撃高度	19,000～24,300フィート	
10．目標上空の天候	4/10－6/10	
11．損失機数合計	4機	
12．作戦任務の概要	搭乗員の報告によると、成果は未確認ないし甚大。	

煙の柱が20,000フィート以上まで上昇。第73航空団の写真によると、成果は多
大、市街地の中心に多数の火災、市の21％を破壊。直掩戦闘機(fighter cover)
として、目標地域にP47とP51が派遣された。18機が無効果出撃。敵機60～70
機視認、攻撃回数53、このため、1機のB29が撃墜された。対空砲火は貧弱な
いし中程度、20機のB29が損傷。第58航空団は、衝突機(wrecked A/C)が滑走
路(複数)を閉鎖したため、予定していた131機のうち35機だけが発進。85機が
それぞれの目標を目視し、136機がレーダーにより爆撃。3機が機械の故障
(mechanical reasons)で損失。敵機を2機撃墜、不確実撃墜なし、撃破2機。

1945年 8 月

100機のB29が硫黄島に着陸。平均爆弾搭載量11,268ポンド。平均燃料残量545
ガロン。 3 機のB29が敵機により損傷。

作戦任務第320号

(1945年 8 月16日)

1．日付	1945年 8 月 8 日	
2．目標	中島飛行機武蔵製作所 90.17-357,第 1 レーダー 目標－東京陸軍造兵廠 90.17-218	
3．参加部隊	第314航空団	
4．出撃機数	69機	
5．第 1 目標爆撃機数の割合	86.95％(第 1 目視目標51機、第 1 レーダー目標 9 機、 臨機目標 2 機)	
6．爆弾の型と信管	M66 2,000ポンド通常爆弾 1/10秒延期弾頭と 1/40秒延期弾底	
7．投下爆弾トン数	第 1 目標289トン、臨機目標 8 トン	
8．第 1 目標上空時間	8 月 8 日16時27分〜16時44分	
9．攻撃高度	19,500〜22,450フィート	
10．目標上空の天候	0/10－2/10	
11．損失機数合計	3 機	
12．作戦任務の概要	第 1 目標を雲がおおっていたため、(一部は)第 1	

レーダー目標、東京陸軍造兵廠を爆撃した。目標に爆弾の集中投下が 1 か所、
一方、他の爆弾破裂は平均弾着点の北、約5,000フィートを中心とした10,000
フィート地域にみられた。そのほかの爆弾破裂は、不詳の施設に置かれた平均
弾着点の北東、約15,000フィートの地点と平均弾着点の南西、約9,000フィー
トの地点。爆撃はすべて目視によった。敵機 7 機視認、攻撃回数なし。対空砲
火は貧弱ないし大部分中程度、激烈、 2 機のB29が撃墜され、26機が損傷。他
のB29の損失機は機械の故障による。 7 機が無効果出撃。12機のB29が硫黄島
に着陸。平均爆弾搭載量9,884ポンド。平均燃料残量705ガロン。

［訳者注］ 原文では、 1 ．Date：8/9 August 1945となっているが、これは明ら
かな誤りなので、上記のように訂正しておいた。また、Primary Rader Tar-
getがTokyo Arsenal(90.17-218)となっているが、戦術作戦任務報告では、
Tokyo Arsenal Complex(90.17-3600)となっている。

— 237 —

作戦任務第321号

(1945年8月16日)

1.	日付	1945年8月8・9日
2.	目標	福山市街地(90.29)
3.	参加部隊	第58航空団
4.	出撃機数	98機
5.	第1目標爆撃機数の割合	92.85%(第1目標91機、臨機目標1機)
6.	爆弾の型と信管	M17 500ポンド焼夷集束弾 目標上空5,000フィートで解束するようセット。M47 100ポンド焼夷弾 瞬発弾頭
7.	投下爆弾トン数	第1目標555.7トン、臨機目標1.2トン
8.	第1目標上空時間	8月8日22時25分〜23時35分
9.	攻撃高度	13,100〜13,800フィート
10.	目標上空の天候	0/10−5/10
11.	損失機数合計	0機
12.	作戦任務の概要	爆撃成果は多大ないし甚大と報告された。目標地

域で、20,000フィート上空まで達した煙をともなった、濃縮された火災(複数)が目撃された。写真偵察によると、市の73.3%を破壊。49機が目標を目視、42機がレーダーによる。7機が無効果出撃!12機が先導機として行動。対空砲火は貧弱、不正確、中口径、重砲、さらに目標地域で自動火器が報告された。敵機5機視認、攻撃回数なし。風程観測機2機も出撃。4機のB29が硫黄島に着陸。平均爆弾搭載量11,669ポンド。平均燃料残量1,051ガロン。

[訳者注] 2. Target：Fukuyama Urban Industrial Areaと書かれているが、戦術作戦任務報告(Tactical Mission Report)では、他都市と同じく、Fukuyama Urban Areaである。第299号の一宮の場合と同じなので、市街地と訳しておいた。

作戦任務第322号

(1945年8月16日)

1.	日付	1945年8月9・10日
2.	目標	日本石油関西製油所(尼崎)・日本人造石油尼崎工場(Nippon Oil Refinery at Amagasaki)90.25-

1945年8月

1203

3．参加部隊	第315航空団
4．出撃機数	107機
5．第1目標爆撃機数の割合	88.78％（第1目標95機、臨機目標2機）
6．爆弾の型と信管	M64　500ポンド通常爆弾　1/10秒延期弾頭と無延期弾底
7．投下爆弾トン数	第1目標902トン、風程観測機の第1目標16トン、臨機目標22.3トン
8．第1目標上空時間	8月10日0時29分～2時11分
9．攻撃高度	15,200～17,300フィート
10．目標上空の天候	0/10－8/10
11．損失機数合計	0機
12．作戦任務の概要	写真偵察によると、今回の作戦任務と作戦任務第281号で工場のほぼ100％を破壊。

5機が目標を目視、90機がレーダーによる。10機が無効果出撃。2機の風程観測機が彼等の第1目標を爆撃した。敵機27機視認、攻撃回数なし。対空砲火は中口径、重砲、貧弱、不正確ないし正確、目標上空でサーチライトが照射。おおむね弾幕型、いくらかの移動阻止射撃。1機のB29が対空砲火で損傷。平均爆弾搭載量20,648ポンド。平均燃料残量941ガロン。14機のB29が硫黄島に着陸。

［訳者注］　風程観測機の第1目標とは、東亜燃料工業和歌山製油所である。作戦任務第281号（7月19日）のときも、風程観測機2機の第1目標は東亜燃料工業和歌山製油所であった。風程観測機（Wind-Run A/C）は、主力攻撃部隊に先行し、目標地域の風の速さや方向を通報し続ける任務を帯びていた。この第322号の風程観測機が初島の東燃和歌山製油所に投弾したのは、9日23時59分、10日0時9分である。つまり、初島に投弾したうえで、主力部隊に先行して尼崎に到達したことがわかる。第281号の場合も、尼崎への投弾が7月19日23時20分～20日0時0分に対し、風程観測機の初島への投弾は19日22時44分、22時50分であり、30分ほど早く初島に投弾して尼崎に向かったことがわかる。以上、戦術作戦任務報告（Tactical Mission Report）による。

作戦任務第323号

(1945年8月19日)

1.	日付	1945年8月10日
2.	目標	第1目視目標－中島飛行機荻窪工場 90.17-356, 第1レーダー目標－東京陸軍造兵廠 90.17-3600
3.	参加部隊	第314航空団
4.	出撃機数	78機
5.	第1目標爆撃機数の割合	89.78%（第1レーダー目標70機、臨機目標3機）
6.	爆弾の型と信管	M66　2,000ポンド通常爆弾とM64　500ポンド通常爆弾　瞬発弾頭と無延期弾底
7.	投下爆弾トン数	第1レーダー目標320トン、臨機目標13.5トン
8.	第1目標上空時間	8月10日9時50分～9時59分
9.	攻撃高度	22,000～26,200フィート
10.	目標上空の天候	5/10－7/10
11.	損失機数合計	0機
12.	作戦任務の概要	爆撃成果は未確認ないし多大。戦闘機による掩護

が、50機のP47とP51によって、陸地初認点(landfall)から陸地脱去点(land's end)まで行われた。B29は第1レーダー目標を爆撃した。敵機9機視認、攻撃回数なし。対空砲火は重砲、貧弱ないし激烈、正確ないし不正確、これにより29機のB29が損傷。33機が目標を目視、37機がレーダーによる。5機が無効果出撃。8機のB29が硫黄島に着陸。平均爆弾搭載量9,646ポンド。平均燃料残量845ガロン。

[訳者注]　原文では、中島飛行機荻窪工場のTarget Numberが90.12-356となっている（戦術作戦任務報告も同様）。これは明らかな誤りなので、上記のように訂正しておいた。なお、戦術作戦任務報告では、Primary　Rader　TargetをTokyo Arsenal Complex(90.17-3600)と記している。

作戦任務第324号

(1945年8月19日)

1.	日付	1945年8月10・11日
2.	目標	元山、下関海峡(西部)、境港、米子、中海
3.	参加部隊	第313航空団

1945年8月

4．出撃機数　　　　　　　31機

5．第1目標爆撃機数の割合　100％

6．機雷の型とセッティング　1,000ポンド機雷と2,000ポンド機雷　多様にセット

7．投下機雷トン数　　　　203トン

8．第1目標上空時間　　　8月10日23時32分〜11日0時47分

9．攻撃高度　　　　　　　7,500〜12,900フィート

10．目標上空の天候　　　　0/10−6/10

11．損失機数合計　　　　　0機

12．作戦任務の概要　　　　投下された269個の機雷のうち、265個が有効と信じられた。2機が目視で機雷を投下した。敵機29機視認、攻撃回数なし。敵機に与えた損害の申告なし。対空砲火は重砲、中口径、貧弱、中程度、不正確。2機が硫黄島に着陸。平均機雷搭載量13,145ポンド。平均燃料残量846ガロン。

作戦任務第325号

（1945年8月23日）

1．日付　　　　　　　　　1945年8月14日

2．目標　　　　　　　　　光海軍工廠　90.32-671

3．参加部隊　　　　　　　第58航空団

4．出撃機数　　　　　　　167機

5．第1目標爆撃機数の割合　94.01％（第1目標157機、臨機目標4機）

6．爆弾の型と信管　　　　M64　500ポンド通常爆弾　1/100秒延期弾頭と無延期弾底

7．投下爆弾トン数　　　　第1目標885トン、臨機目標28.5トン

8．第1目標上空時間　　　8月14日13時17分〜14時18分

9．攻撃高度　　　　　　　15,800〜17,700フィート

10．目標上空の天候　　　　0/10−4/10

11．損失機数合計　　　　　0機

12．作戦任務の概要　　　　弾着写真は、目標のひどい爆破(severe destruction)を示した。目標に投下された3,540個の爆弾のうち、2,273個が照準点の1,000フィート以内に命中した。6機が無効果出撃。爆撃はすべて目視による。対空砲火は重砲、貧弱ないし激烈、不正確、7機のB29が損傷。敵機を視認せ

ず。20機のB29が硫黄島に着陸。平均爆弾搭載量12,513ポンド。平均燃料残量
736ガロン。

作戦任務第326号

(1945年8月21日)

1.	日付	1945年8月14日
2.	目標	大阪陸軍造兵廠 90.25-382
3.	参加部隊	第73航空団
4.	出撃機数	161機
5.	第1目標爆撃機数の割合	90.06％（第1目標145機、臨機目標2機）
6.	爆弾の型と信管	M65 1,000ポンド通常爆弾とM66 2,000ポンド通常爆弾 1/40秒延期弾頭・弾底
7.	投下爆弾トン数	第1目標706.5トン、臨機目標10トン
8.	第1目標上空時間	8月14日13時16分〜14時1分
9.	攻撃高度	22,100〜25,100フィート
10.	目標上空の天候	0/10−5/10
11.	損失機数合計	0機
12.	作戦任務の概要	36機からの弾着写真によると、成果は甚大、目標

に650個の命中弾。投下された843個の爆弾のうち、216個が照準点の1,000フィ
ート以内に命中。14機が無効果出撃。爆撃はすべて目視による。対空砲火は重
砲、中程度、おおむね正確、追随射撃。対空砲火により、26機のB29が損傷。
敵機を視認せず。戦闘機P51とP47が掩護。4機のB29が硫黄島に着陸。平均
爆弾搭載量10,294ポンド。平均燃料残量954ガロン。

作戦任務第327号

(1945年8月21日)

1.	日付	1945年8月14日
2.	目標	麻里布鉄道操車場（岩国駅）90.30-2202
3.	参加部隊	第313航空団
4.	出撃機数	115機
5.	第1目標爆撃機数の割合	93.91％（第1目標108機、臨機目標2機）
6.	爆弾の型と信管	M64 500ポンド通常爆弾 1/10秒延期弾頭と

1945年8月

1/100秒延期弾底

7. 投下爆弾トン数　　　　　第1目標709.8トン、臨機目標12.7トン

8. 第1目標上空時間　　　　8月14日11時55分～12時19分

9. 攻撃高度　　　　　　　　15,800～18,500フィート

10. 目標上空の天候　　　　0/10－5/10

11. 損失機数合計　　　　　　0機

12. 作戦任務の概要　　　　弾着写真によると、甚大な成果、目標に多数の命中弾。爆撃はすべて目視による。5機が無効果出撃。P38とP47が支援（support）。対空砲火は重砲、中程度、おおむね正確、追随射撃。40機のB29が硫黄島に、1機が沖縄に着陸。平均爆弾搭載量14,370ポンド。平均燃料残量596ガロン。

作戦任務第328号

(1945年8月21日)

1. 日付　　　　　　　　　1945年8月14・15日

2. 目標　　　　　　　　　日本石油秋田製油所－土崎（Nippon Oil Co. at Tsuchizaki）90.6-1066

3. 参加部隊　　　　　　　第315航空団

4. 出撃機数　　　　　　　141機

5. 第1目標爆撃機数の割合　93.61％（132機）

6. 爆弾の型と信管　　　　M30　100ポンド通常爆弾とM57　250ポンド通常爆弾　無延期弾底

7. 投下爆弾トン数　　　　第1目標953.9トン、臨機目標3.2トン

8. 第1目標上空時間　　　　8月14日23時48分～15日2時39分

9. 攻撃高度　　　　　　　　10,200～11,800フィート

10. 目標上空の天候　　　　5/10－10/10

11. 損失機数合計　　　　　　0機

12. 作戦任務の概要　　　　成果は未確認。9機が無効果出撃。2機のB29だけが目標を目視。敵機を視認せず。目標で、重砲、貧弱、不正確な対空砲火に遭遇。13機のB29が硫黄島に着陸。平均爆弾搭載量15,338ポンド。平均燃料残量1,345ガロン。

作戦任務第329号

(1945年8月21日)

1.	日付	1945年8月14・15日
2.	目標	熊谷市街地
3.	参加部隊	第313・314航空団
4.	出撃機数	93機
5.	第1目標爆撃機数の割合	87.09%(81機)
6.	爆弾の型と信管	M17　500ポンド焼夷集束弾とM19　500ポンド焼夷集束弾　目標上空5,000フィートで解束するようセット。M47　100ポンド焼夷弾　瞬発弾頭。M56　4,000ポンド通常爆弾　近接信管弾頭と無延期弾底
7.	投下爆弾トン数	593.4トン
8.	第1目標上空時間	8月15日0時23分～1時39分
9.	攻撃高度	14,000～19,000フィート
10.	目標上空の天候	0/10－5/10
11.	損失機数合計	0機
12.	作戦任務の概要	成果は未確認ないし甚大、煙が15,000フィートの

高さまで上昇。8機が無効果出撃。19機が目標を目視、62機がレーダーによる。敵機5機視認、攻撃回数なし。第1目標で重砲、小口径、貧弱、不正確な対空砲火に遭遇。5機のB29が硫黄島に着陸。平均爆弾搭載量14,717ポンド。平均燃料残量615ガロン。

作戦任務第330号

1.	日付	1945年8月14・15日
2.	目標	伊勢崎市街地(90.13)
3.	参加部隊	第73・314航空団
4.	出撃機数	93機
5.	第1目標爆撃機数の割合	92.47%(第1目標86機、臨機目標2機)
6.	爆弾の型と信管	M19　500ポンド焼夷集束弾　目標上空5,000フィートで解束するようセット。M47　100ポンド焼

— 244 —

1945年 8 月

夷弾　瞬発弾頭

7．投下爆弾トン数	第 1 目標614.1トン、臨機目標11トン
8．第 1 目標上空時間	8 月15日 0 時 8 分〜 2 時15分
9．攻撃高度	15,450〜18,200フィート
10．目標上空の天候	7/10−10/10
11．損失機数合計	0 機
12．作戦任務の概要	報告によると、成果は未確認ないし甚大。 5 機が

無効果出撃。17機が目視により、69機がレーダーにより爆撃。対空砲火は重砲、
自動火器、貧弱、不正確。敵機 4 機視認、攻撃回数なし。 6 機のB29が硫黄島
に着陸。平均爆弾搭載量14,924ポンド。平均燃料残量648ガロン。

［訳者注］　この文書には、文書作成の日付がない。

作戦任務第331号

(1945年 8 月23日)

1．日付	1945年 8 月14・15日
2．目標	七尾(Nanko)、下関海峡(西)、宮津、浜田
3．参加部隊	第313航空団
4．出撃機数	39機
5．第 1 目標爆撃機数の割合	88.25％(35機)
6．機雷の型とセッティング	1,000ポンド機雷と2,000ポンド機雷　多様にセット
7．投下機雷トン数	223.5トン
8．第 1 目標上空時間	8 月14日23時42分〜15日 2 時 8 分
9．攻撃高度	8,000〜12,800フィート
10．目標上空の天候	0/10−6/10
11．損失機数合計	0 機
12．作戦任務の概要	この作戦任務で投下された全機雷343個が有効と

信じられた。 4 機が無効果出撃。敵機42機視認、攻撃回数 9 、これにより 2 機
のB29が損傷。下関で対空砲火に遭遇、重砲、中口径、貧弱ないし中程度、不
正確、30ないし75のサーチライト。宮津(Miyazuru)では、重砲、中口径、貧
弱ないし中程度、正確ないし不正確、10ないし20のサーチライトと報告。平均
機雷搭載量12,955ポンド。平均燃料残量927ガロン。 1 機のB29が硫黄島に着陸。

あとがき　—日本本土空襲について—

１．本土空襲の始まり

日中全面戦争下の1938年(昭和13) ５月20日未明、中国軍機が２機、熊本・宮崎両県上空に現れ、伝単(宣伝ビラ)を散布した(山崎元『発掘・昭和史のはざまで』、新日本出版社、1991年)。同月30日夜、中国軍機と思われる国籍不明２機が鹿児島県南端から進入し、熊本市付近を経て、１機は宮崎県、他の１機は福岡県上空に至り、投弾も伝単散布もなく、海上に去った(防衛庁戦史室『本土防空作戦』、朝雲新聞社、1968年)。ちょうど徐州占領の時期であり、日本国民の多くが勝利感に酔っていたとき、中国軍機が九州に来襲したのである。同年10月、日本軍が武漢と広東を占領し、中国軍主力を奥地へ後退させたため、中国軍機による本土空襲の可能性はほとんどなくなった。

太平洋戦争勃発４か月後の1942年(昭和17) ４月18日、空母ホーネットを発進したドゥリットル中佐指揮のB25爆撃機16機が、京浜地帯を中心に、日本本土を爆撃した。この爆撃は、のちの本格的な本土空襲につながるものではなく、アメリカ側の戦意高揚を主目的としていた。しかし、このドゥリットル空襲は、日本軍部に大きな衝撃を与えた。ミッドウエー攻略という行き過ぎた作戦計画が実施に移され、この年の６月５日、ミッドウエー海戦で日本海軍は大敗北を喫し、太平洋戦争は転機を迎えることになった。

それから２年後、1944年(昭和19) ６月16日未明、中国の成都基地発進のB29爆撃機75機のうち、47機が北九州を爆撃した。前日15日の午後、南のサイパン島にアメリカ軍が上陸を開始していた。B29の基地づくりのためのサイパン島攻略作戦に呼応して、インド・中国戦域のB29部隊が八幡製鉄所を目標として来襲したのであった。これが、本格的本土空襲の始まりである。翌年１月６日の大村爆撃まで、九州北部・西部への成都基地からのB29部隊による爆撃は10回を数えた。

1944年10月10日、アメリカ海軍機動部隊の空母発進の艦上機が沖縄本島一帯に激しい銃爆撃を行った。那覇市街地のほとんどが廃墟と化し、市民の９割が焼け出された。日本の都市の最初の壊滅であった。

— 247 —

2．マリアナ基地B29部隊の本土空襲　第1段階

　大本営発表によるサイパン島守備隊全滅は、1944年7月7日であった。その3か月後の10月から11月にかけて、同島にマリアナ基地B29部隊の第1陣が到着し、日本本土空襲を開始した。以後、テニアン島とグアム島にもB29が配属された。成都基地とちがって、マリアナ基地からは、日本本土のほぼ全域がB29の行動半径内にあった。マリアナ基地のB29は、1か月平均100機の割合で増加し、終戦時の保有機数は約1,000機に達するという驚くべき増強ぶりであった。この巨大な戦力で本土空襲が実施されたのである。

　1944年11月1日、F13と呼ばれる偵察用のB29が、サイパン島から初めて東京上空に飛来した。同月24日の白昼、B29多数機が東京の中島飛行機武蔵製作所を目標に来襲し、東京の市街地だけでなく、埼玉・千葉・静岡・神奈川県にも投弾した。マリアナ基地のB29部隊による最初の東京空襲であり、本土空襲であった。次いで、27日の昼間空襲も武蔵製作所を第1目標としたものであったが、気象条件が悪く、B29部隊の攻撃は完全な失敗であった。29〜30日には、東京工業地域（Industrial Area Tokyo）の名のもとに、特定の軍事目標でなく、市街地を目標に夜間空襲が行われた。この11月下旬から翌1945年3月上旬までが、マリアナ基地B29部隊の日本本土爆撃作戦の第1段階である。

　この第1段階の主要な攻撃25回のうち、16回は航空機工場、その多くは航空機エンジン工場を目標とする超高高度昼間精密爆撃であった。これが、第1段階の特色である。しかし、7,500メートルないし1万メートルの超高高度からの投弾は、日本上空の雲量が多いため、不正確なレーダー照準に頼らなければならなかったし、なによりもこの高度では偏西風帯のなかの特に強い気流が爆撃を困難にした。精密爆撃のはずが、結果的には無差別爆撃となることが多かった。

　第1段階では、ほかに市街地に対する超高高度夜間爆撃が1回（東京）と昼間爆撃が3回（東京・名古屋・神戸）行われており、これは実験的性格を帯びていた。そして、5回が硫黄島の飛行場と高射砲陣地に対するものであった。これ以外に、心理的効果をねらった単機による夜間爆撃が市街地に対して行われた。

3．マリアナ基地B29部隊の本土空襲　第2段階

　第2段階の1945年3月10日から8月15日までが、体験者の記憶に生々しく残る

あとがき

激烈な空襲が反復された時期である。

1．大都市市街地に対する焼夷弾攻撃

2．中小都市市街地に対する焼夷弾攻撃

3．軍事工場に対する通常爆弾攻撃

4．沖縄作戦支援のための飛行場爆撃作戦

5．機雷敷設作戦

6．臨海石油施設への通常爆弾攻撃

7．原子爆弾投下作戦(模擬原爆を含む)

このほかに、硫黄島基地のP51、空母発進の艦上機、沖縄基地発進航空隊による爆撃、さらには海軍艦艇による艦砲射撃があり、全都道府県、400市区町村が被災した。

3月中旬、東京、名古屋、大阪、神戸と、4大都市に加えられた5回の大空襲は、当時の朝日新聞が「従来の災害観念一変す」と報じたとおり、惨烈を極めた。しかし、これは事の始まりに過ぎず、以後、激烈さを加速しながら日本全土に及んだのである。

都市市街地に対する空襲について、米国戦略爆撃調査団報告書「B29部隊の対日戦略爆撃作戦」の記すところによると、次のようである。3月10日から6月15日までの間、東京・川崎、横浜、名古屋、大阪・尼崎、神戸の5大都市地域に17回、延べ6,960機が出撃して、焼夷弾・爆弾41,592トンを投下し、264平方キロを破壊したB29部隊は、次いで中小都市焦土作戦に着手した。6月17日から8月15日未明まで、延べ8,014機が出撃して、58都市を目標に54,184トンの焼夷弾・爆弾を投下し、197平方キロを焼け野原にした。

B29の市街地空襲の目標となったこれらの都市や原子爆弾を落とされた広島・長崎以外に、さまざまな空襲で被災した市町村は300を超える。原爆による死者を含めて、民間人だけで56万人近くが犠牲になったと推定される(『東京新聞』1994年8月14日)。

4．本土空襲50年を迎えて

1944年11月24日から1945年8月15日まで、マリアナ基地のB29部隊による多様な形態の本土空襲は激烈の一語に尽きた。これに、小型機の襲撃が加わった。7月半ば以降、北海道と本州の太平洋岸は戦艦・巡洋艦・駆逐艦に砲撃されるよう

—249—

になった。

　例えば、1945年7月11日の『朝日新聞』（大阪本社版）1面の主な見出しは、次のようになっていた。まず「戦爆呼応、千五百機来襲」、次いで「P51百機阪神再襲　艦上機八百、関東へ　B29堺、和歌山、岐阜、仙台焼爆」として、大本営発表、中部軍・東海軍・東北軍などの発表を掲載し、「B29　四十二機撃墜破　大阪南部、高知にも火災」、「P51大阪附近軍事施設攻撃」、「艦上機　関東近接の空母十以上　基地を攻撃　次の打つ手は？」、そして「九州へ百四十機」としてB24・B25などが来襲したと報じている。7月18日の同紙1面の主な見出しは、「敵機動部隊南下す　我が隠忍に不逞の横滑り攻撃」をトップに、「艦上機　関東・東北再襲　二百七十機で銃爆撃」、「B29　桑名、大分焼爆　沼津、平塚、小田原も」、「戦爆連合　九州へ二百機　十六日の来襲」、「茨城県下へ百機」である。翌19日は「常陸沿岸を艦砲撃　果然、六隻で又も接近」「日立、水戸等を狙う」、「艦上機　横須賀を攻撃　合計七百五十、関東も連襲」、「東北へ二百二十機」、「B29　中国、関東、近畿へ侵入　直江津港、富山湾にも投雷」などである。7月から8月にかけて、毎日のようにアメリカ軍機1,000機、2,000機が日本上空を自由自在に乱舞していたといってよい。

　1945年8月15日、ポツダム宣言の受諾を告げる昭和天皇の放送によって、日本国民は3年8か月にわたった太平洋戦争の惨憺たる結末を知った。連日の大量爆撃にさらされ、B29に家を焼かれ、P51やグラマンF6Fに機銃で追いかけ回されても、神州不滅を信じ、本土決戦での勝利を疑わなかった多くの国民にとって、日本の降伏は思いもかけぬ出来事であった。

　当時、私は大阪市生野区猪飼野に住んでいた。私たち日本人は敗戦を悲しみ、虚脱状態におちいった。ところが、あちこちの朝鮮人が住んでいる家々からは、夜を徹して酒を飲み、歌いおどっている、にぎやかな声が聞こえてきた。日本人にとっての敗戦は、朝鮮人にとっては勝利であり、解放だったのである。朝鮮人を日本人だと思い込んでいた軍国少年の私の考えは、根底からくつがえった。猪飼野に住んでいたからこその貴重な体験だった。日本の敗北が韓国・朝鮮人、中国人はじめアジア・太平洋地域の多くの人びとの歓喜するところであったという事実は、半世紀前に終わった戦争の性格を見事に語っている。

　戦争が終わって1か月、1945年9月14日の『朝日新聞』は、「米兵は何を考へてゐる　話合つて行かう　原子爆弾や真珠湾は真ッ平」との見出しで、東京に進駐したアメリカ兵との対談記事を掲載した。次に抜粋しよう。

あとがき

兵隊達が異口同音に記者に放つた第一問

米兵「我が方の原子爆弾使用について日本の国民はどんな感情を抱いてゐるか」

記者「怨んでゐる、広島市の惨状を目撃した僕にはよく分る」

米兵「さうだらうね、原子爆弾ではアメリカ本国でも囂々たる非難の声だ、まだ残つてゐたらいま太平洋の真中に捨てて来いといつてゐる、発明者の罪は死に値ひすると思ふ」（中略）

記者「君達の日本国民に対する気持は？」

米兵「ただただその戦禍から一日も早く復興し真珠湾や原子爆弾の方式でなく、なんでも話合つて事を進める友好関係をもつて握手したい」

　アメリカ兵と日本人記者が「真珠湾と原子爆弾は繰り返さない」と話し合ったというのである。これは、当時の両国民の心底からの気持ちだったといってよい。

　今年は1995年、戦争終結から半世紀の歳月がたった。これを機会に、日本人はかつて日本がおこなった侵略戦争の実態を厳しく見据えるべきだと思う。日本人の死、身内の死だけを悼むのではなく、日本軍と戦って死んだ連合国軍の兵士たち、そしてなによりもアジア・太平洋地域の戦争犠牲者に思いを馳せ、心に刻むべきである。

　このように、日本人としての痛苦に満ちた反省を伴って、私たちは自らの戦争体験、加害と被害の体験を明らかにし、記録化し、核兵器廃絶と反戦・平和のために役立つようにしなければならない。戦争末期の激烈を極めた本土空襲の記録と研究にも、この観点が必要である。

5．空襲・戦災を記録する運動の戦後空白期

　戦争が終わって25年間、1945年から1970年までは、空襲・戦災を記録する運動の空白期といってよい。中央政府の各機関や地方自治体が、主として戦後復興施策の必要上、被災状況を明らかにし、戦災復興誌を刊行したり、自治体史に叙述するなど、官公庁による記録が行われたが、市民レベルの記録運動はごくわずかであった。

　特に戦後初期、1952年（昭和27）4月までの占領期は、空襲被害を語ることがアメリカ軍批判、占領政策批判と考えられ、タブー視される傾向があった。1945年6月7日、第3次大阪大空襲で私の中学校同期生4人が動員先の工場で被災死し

た。翌年、四天王寺で一周忌の法要が営まれた。この法要は学校主催であったにもかかわらず、生徒たちの自主的な意思で自然に集まった形をとった。アメリカ軍の空襲で死んだ生徒の追悼法要を、学校行事として行うことが憚られたのである。また、1948年2月、大阪市当局が戦災死者2,498体を発掘し、荼毘に付した。このときの1月31日付、大阪市清掃局「仮埋葬戦災者慰霊事業実施計画」には、「GHQ政令等の関係で市が主催の慰霊祭は禁止せられているので、祭典は地元有志者の主催の下に行う」との文言がある。原子爆弾投下の非人道性・残虐性を明らかにすることがアメリカ軍の厳しい抑圧の対象となったのと軌を一にして、一般空襲に対する批判・非難につながる行為もタブーだったのである。

これに加えて、当時の日本人にとって、戦争による犠牲、空襲による被害はごく普通の体験であり、戦後の混乱期においては話題になることが少なかった。忘れたいことでもあった。そして、広島と長崎に投下された原子爆弾の破壊力の桁違いの大きさと放射能の存在、それに原水爆反対運動の盛り上がりは、1952年（昭和27）4月の講和条約発効後も、ともすれば、通常兵器による一般空襲の被害をかげにかくす形となった。

6．空襲・戦災を記録する市民運動

1960年代半ば、インドシナ戦争へのアメリカ軍の介入が本格化し、北ベトナム爆撃（北爆）が続行された。「ベトナムに平和を！ 市民連合」（べ平連）に代表される反戦運動が盛り上がった。学園紛争が激発した時期でもあった。1967年東京都、1971年大阪府はじめ、各地に革新首長が誕生した。このような状況下、かつての本土空襲の被害体験を北爆に重ね合わせて、アメリカ軍のインドシナ戦争介入に反対する日本人が多かった。本土空襲の体験者は、主として女性、当時の少年少女、高齢者であった。うち、女性とかつての軍国少年・軍国少女たちが空襲体験を語りはじめた。これには、空襲体験世代が社会的発言力を持つようになったことが大きく関係している。東京大空襲の早乙女勝元、大阪大空襲の小田実、神戸大空襲の野坂昭如と、代表的人物の名を挙げただけで、このことがわかる。

1970年（昭和45）8月、東京空襲を記録する会が生まれた。発起人には、有馬頼義、家永三郎、早乙女勝元、深尾須磨子、松浦総三、吉野源三郎らが名を連ねていた。翌71年1月、早乙女勝元が『東京大空襲』（岩波新書）を著した。この東京の動きに触発されて、空襲を記録する運動が日本各地で盛んになった。

あとがき

　東京空襲を記録する会は財団法人の認可を得て、東京都の補助対象事業として
『東京大空襲・戦災誌』全5巻(1973－74年)を刊行した。この第5巻の末尾に、
設立したばかりの会が提出した「美濃部亮吉東京都知事へのお願い」(1970年8
月5日)という文書が収録されている。その中で、1945年3月10日の東京大空襲
の死者数さえ不明なこと、来襲B29の機数が日本では大本営発表の130機、アメ
リカ側の発表では334機、このような奇怪なことを正史料で訂正する必要がある
と述べられている。ここでいうアメリカ側発表の334機とは、同書第3巻収録の
B29部隊(第20航空軍)の「日本本土爆撃概報・日付順」が記している出撃機数であ
る。本来、出撃機数とは、マリアナ基地を発進した攻撃機の機数であり、このな
かには機体の不調や搭乗員の過失などによる無効果出撃機と他目標爆撃機が含ま
れている(しかも、この資料に記されている出撃機数334機は、「戦術作戦任務報告」記
載の出撃予定機数339機とも、出撃機数325機とも合致しない)。同資料に記されてい
る爆撃機数298機から、「戦術作戦任務報告」の統計表記載の他目標爆撃機数19機
(他の箇所では20機と記されている)を引くと279機となり、「戦術作戦任務報告」や
本書の「作戦任務要約」の数字と一致する。また、同じく『東京大空襲・戦災誌』
第3巻収録の「日本本土爆撃詳報・地域別」記載の東京都市地域爆撃の部隊別機
数を合計すると、やはり279機になる。これが、3月10日未明に東京へ投弾した
B29の機数である。
　著名な作家・ジャーナリスト・研究者を結集した東京空襲を記録する会でさえ、
あの歴史的な大空襲の来襲機数を把握できていなかった。出撃機数・全爆撃機
数・第1目標爆撃機数の区別がわかっていなかった。これが1970年段階の実情で
あった。しかし、アメリカ側資料を入手し、日本側の資料や体験と照らし合わす
努力が始まったことの意義は大きかった。

7．記録する運動と資料

　『東京大空襲・戦災誌』全5巻に次いで、首都圏を中心に、日米双方の軍・政府
公式記録や報道・著作記録などをも広範囲に収録した資料集が刊行された。川崎
市編『川崎空襲・戦災の記録』全3巻(1974～77年)、横浜市・横浜の空襲を記録す
る会共編『横浜の空襲と戦災』全6巻(1975～77年)、早乙女勝元編『日本の空襲
3　東京』(三省堂、1980年)、八王子市郷土資料館編『八王子の空襲と戦災の記
録』全3巻(1985年)である。この間、日米双方の資料を駆使して横浜大空襲をみ

—253—

ごとに分析した今井清一『大空襲 5 月29日』（有隣新書、1981年）も出版された。首都圏以外では、1983年、高松市が「戦術作戦任務報告」の該当部分の訳文を収録した『高松空襲戦災誌』を刊行した。同年、「戦術作戦任務報告」はじめ日米双方の資料を収録・引用した花岡泰順『土崎空襲の記録』（秋田文化出版社）が刊行された。

　1981年（昭和56）8 月、大阪府は府社会福祉会館 3 階に平和祈念戦争資料室を設置した。そこでは、満州事変から太平洋戦争終結・日本国憲法制定までの諸状況と、とくに大阪大空襲の悲惨な様子が理解できるように実物・写真・模型などの資料が展示された。自治体設置のこの種の資料室としては、規模・内容ともに誇るべきものであった。設置理念の冒頭には日本の加害責任が記され、展示内容でもそれを明示した。当時の自治体としては画期的なことであった。そして、ワシントンの国立公文書館から、マリアナ基地のB29部隊の「戦術作戦任務報告」をはじめ、本土空襲に関する諸資料のマイクロフィルムを入手した。1 年に 2 回、第 1 次大阪大空襲があった 3 月と終戦の 8 月、数百人参加の講演・映画会を開いた。その多くは空襲がテーマであった。主要刊行物としては、『大阪大空襲に関するアメリカ軍資料』（1985年）、『大阪府の満州移民』（1989年）、『太平洋戦争期の町会・防空資料』（1990年）がある。

　この大阪府平和祈念戦争資料室がさらに発展して、1991年（平成 3 ）9 月、大阪城公園に大阪国際平和センター（ピースおおさか）が開館した。大阪府と大阪市の共同拠出による財団法人として設立されたものである。主たる展示室は、Ａゾーンが大阪大空襲であり、記録運動と研究成果の集大成といってよく、Ｂゾーンがアジア・太平洋地域への日本の侵略の実相を明らかにした。

　平和祈念戦争資料室設立からピースおおさか開館まで、その推進力は平和諸団体であった。戦争資料室準備段階での設立懇談会、開設後の運営懇談会、ピースおおさかの運営協力懇談会と一貫して住民参加の形が整っている。平和諸団体といっても、委員メンバーをみると、まさに異質の団体の代表で構成されている。この異質の団体がとにかく平和のためという一点でまとまって、今日まで懇談会が続いているということ、ここに大阪に先駆的な資料館が開設できた理由がある。大阪大空襲の体験を語る会の代表や大阪戦災傷害者・遺族の会の代表も、資料室開設準備段階からの懇談会委員であった。そして、大阪の資料室であり、資料館である以上、大阪大空襲に重点を置くということでは、当初からすべての委員の意見が一致していた。このような資料室・資料館がつくられたので、資料収集が

あとがき

容易になり、アメリカ側資料も集められ、首都圏にくらべておくれていた大阪の空襲研究が進捗するようになった。

8. 事実の確定

1985年(昭和60) 8 月、大阪で15回目の空襲・戦災を記録する会全国連絡会議大会がひらかれた。三つの分科会のテーマは、「若い世代への継承―戦後生まれの世代は何をなすべきか」「戦争遺跡・遺物の保存と資料館づくり」「戦災傷害者と援護法」であり、記録する会活動の重要課題が示されていた。参加者の最も多かった第 1 分科会が、サブテーマに「戦後生まれの世代は何をなすべきか」と掲げ、空襲を体験していない世代を主体にしていたところに、記録する運動の新段階が示されていた。終戦40周年の節目で、体験者が記録して若い世代に伝える運動から、戦後世代が主体的に取り組む運動への移行の必要が強調されたのである。

　それとともに、この時期、首都圏以外でも「戦術作戦任務報告」をはじめアメリカ側資料を訳したり、利用したりして、空襲の実相を明らかにする努力が目立つようになった。早い例としての1983年の『高松戦災空襲誌』と『土崎空襲の記録』については、すでに記した。1985年には、徳山の空襲を語り継ぐ会『街を焼かれて　戦災40周年　徳山空襲の証言』、福山空襲を記録する会『続　福山空襲の記録』が刊行された。小山仁示『大阪大空襲―大阪が壊滅した日』(東方出版)の刊行もこの年である。1988年には奥住喜重『中小都市空襲』、1990年には奥住喜重・早乙女勝元『東京を爆撃せよ―作戦任務報告書は語る』が刊行されて、中小都市空襲や東京空襲についてだけではなく、「戦術作戦任務報告」の訳し方や利用方法に関する貴重な手引き書の役割を果たすことになった。自治体史では、『富山市史　通史』下巻(1987年)が「戦術作戦任務報告」を使って、富山空襲を叙述している。

　米国戦略爆撃調査団の報告書の存在は、公刊されたものであるだけに、早くから知られていた。自治体史の分野でも、例えば『西宮市史』第 7 巻・資料編 4 (1967年)は、米国戦略爆撃調査団報告書「川西航空機株式会社」と「神戸における空襲防護と関連事項に亘る現地報告書」(いずれも1960年に航空自衛隊幹部学校が翻訳)から関係資料を抜き出して収録している。1960年代の段階で、アメリカ側資料を防衛研究所戦史室から入手した自治体史担当者がいたのである。

　1980年代後半になると、記録する運動の団体・個人や自治体史担当者が東京の

― 255 ―

国立国会図書館所蔵のマイクロフィルム「戦術作戦任務報告」を利用して、空襲を叙述する傾向が増えてきた。戦略爆撃調査団の報告書だけではわからなかった個々の空襲の実態が、明らかになりはじめたのである。戦時中の日本軍や警察の資料には、誤りが多い。とくに、来襲機数、爆撃時間、投下弾種、投下弾量などは、アメリカ側資料の方が問題なく信用できる。空襲・戦災史研究には、アメリカ側資料を欠くことはできない。戦略爆撃調査団の報告書や「戦術作戦任務報告」などアメリカ側の公式資料と、日本側の公式資料・新聞報道・体験記録を駆使して、空襲の状況を叙述した自治体史としては『和歌山県史』近現代2（1993年）と『新修大阪市史』第7巻（1994年）をあげることができる。これなど、記録する運動に参加している研究者が執筆・編集に当たったのが成功の理由である。『和歌山県警察史』第2巻（1991年）も、最新の研究成果やアメリカ側資料を用いて空襲・戦災を叙述している。

9. 空襲・戦災研究の深化のために

以上述べたように、ここ10年来、本土空襲に関するアメリカ側資料の相当部分がごくポピュラーな存在となった。各地の記録運動も、「戦術作戦任務報告」などのアメリカ側資料を参考とすることによって、従来、流布されていた日本側の伝聞・憶測や当時の軍発表の虚構を克服できるようになった。

しかし、拙稿「大阪大空襲の記録化」（岩波講座『日本通史』別巻2、1994年）でも触れたが、現在使用されている高校日本史教科書の空襲に関する記述のほとんどは、不十分であり、不正確である。また、発行部数が多く、大衆的によく読まれている山川出版社の「県民100年史」シリーズ、河出書房新社の「図説　日本の歴史」シリーズの近年刊行分をみても、おざなりな空襲記述が大部分であり、大本営・軍管区司令部の発表や日本側資料だけで、空襲を記述している場合が多いのには驚く。県史上の大事件であるはずの、県庁所在都市の焦土化に全く触れていない例さえある。教科書や県民史を執筆するような、第一線の近代史研究者の視野に空襲が入っていないこと、あるいは研究者と記録する運動が隔絶していることがわかる。

多くの自治体史も、その例にもれない。1994年1月に刊行された『新修神戸市史』歴史編Ⅳ（近代・現代）が、とくに甚だしい例である。これについては、拙稿「B29部隊による兵庫県への空襲」（『兵庫県の歴史』31号、兵庫県史編集専門委員

会、1995年）で指摘しておいた。神戸市をはじめとする兵庫県内への爆撃に関するアメリカ側資料の翻訳・紹介は、阪神地域の研究者によって、1985年から1994年の間に18編も発表されている。いずれも、日本側資料との比較検討をしているすぐれた業績である。掲載誌は、『神戸市史紀要　神戸の歴史』（新修神戸市史編集室）、『歴史と神戸』（神戸史学会）、『史泉』（関西大学史学・地理学会）、『地域史研究』（尼崎市立地域研究史料館）である。『新修神戸市史』Ⅳの編集・執筆担当者や事務当局が、ごく身近に存在しているこれらの文献を参照しないで、神戸の空襲・戦災について叙述した書物を刊行したのである。まことに不思議な話である。現在の段階で、公的な自治体史が大本営発表や根拠不明の数字で空襲を記述するとは、どういうことであろうか。空襲・戦災史に関する基礎的知識も欠如しており、理解不能の表現に満ちている。今後、四半世紀か半世紀、『新修神戸市史』歴史編Ⅳ（近代・現代）が神戸市の正史の位置を占めるとすると、市民や読者への影響が恐ろしい。

　各地の空襲を記録する運動の人たちにとって、「戦術作戦任務報告」で自分たちの地域への爆撃の実態を確かめることが、今日では常識となっている。ところが、近代史研究専門家の間では、空襲・戦災に対する関心が案外に少ない。記録する運動の常識が研究者の常識になっていない。私としては、自治体史の編集・執筆を担当したり、教科書の執筆に加わったりする日本近代史研究者に、太平洋戦争末期の空襲・戦災を軽視しないよう、お願いしたい。戦時中の日本側の軍発表、新聞記事、伝聞、回想談を鵜呑みにしないよう、アメリカ側資料と照合し、比較検討するよう、お願いしたい。

10．阪神大震災と半世紀前の大空襲

　阪神大震災は、50年前の空襲を思い起こさせた。戦争と天災は違う。空襲は警報で知らされ、来襲敵機も投下弾も目視できた。地震は突如として発生し、大地が揺れ、瞬時にして家屋が倒壊する。にもかかわらず、よく似ている。

　1945年（昭和20）3月10日未明の東京大空襲を報じた翌11日の『朝日新聞』は「官民猛省の時機」との社説を掲げ、「ほとんど先例稀なる惨禍」「到底あらしむべからざりし事柄がいまや現実のものとなつた」と表現した。2面トップの見出しには「石造の家も焼抜く　従来の災害観念一変す」とあり、「今度の災害はいままでの観念と方法では征服出来ない相貌を示してゐる。不燃家屋といはれた石

造の家も中はがらんどうに燃え抜けて、火はそこでも決して止つてはゐない」と報じた。その後、Ｂ29部隊による市街地への無差別爆撃が執拗に繰り返され、日本の大都市も中小都市も、世界の災害史上まれな体験をしたのである。

戦後すぐ、大統領命令で日本に派遣された米国戦略爆撃調査団は、空襲の効果や影響を調べて膨大な報告書を作成した。その中に「日本の民間防衛当局は、将来の空襲の規模を誤って推定していた」「防空計画は誤った考えのもとでつくられた」と書かれている。

50年後の阪神大震災も、国や県・市当局の予測を超えた地震であった。地震の規模を誤って推定し、誤った考えのもとで防災計画が作られていたのだから、想像を絶した被害が生じた。

戦略爆撃調査団の報告書は、大阪の空襲防御について、「日本人の理論どおりにはいかなかった」と述べたうえで、「通信系統は機能を喪失し、水道本管の水圧はゼロに近く、消防隊も火に囲まれた」と記している。神戸については、「この県の使用可能なすべての消火用具と大阪からの86のポンプは全市にわたる数百の火災を消し止めるのに何の役にも立たなかった」と記している。

この半世紀前の事態と同じことが、今回の阪神大震災で起こったのである。現場に到着した消防士がホースの筒先を向けたものの、水が一滴も出てこない。消防士たちの悔しさは察するに余りある。市民の失望はいかばかりであったろうか。50年前と同じではないか。

空襲のときも断水した。上空から焼夷弾・爆弾が降ってくるのが空襲であった。それでも断水して、消防隊は役にたたなかった。地震は地中から強烈な震動が突き出てくる。断水は必然である。地震に火事は付き物である。耐震性貯水槽を大量に設置していなかったのは、不思議としかいいようがない。

戦略爆撃調査団は、次のようにも述べている。「近代的救助用具がととのい、十分な動力運送があったなら死亡者数を削減し得たであろう」と。そして「英国とドイツで発達した最新の救助技術を学ばなかった」「生き埋めになった人々を探すための聴音機などの注意深い工夫もなされなかった」とも指摘している。

第2次大戦中、英独両国はお互いに空襲を繰り返した。生き埋めにされた人々を救助する技術が開発されたのだが、日本はそれを学ばなかったというのである。

先年のカリフォルニア地震のさい、光ファイバーの暗視鏡を倒壊家屋の中に差し入れて、生存者を早期発見したという。今回も日本は学んでいない。行方不明者捜索犬も同様である。

あとがき

　一言でいうと、歴史の教訓が生かされていなかったのである。歴史を無視すると、現在も未来もわからなくなる。50年前の大空襲の無視が、阪神大震災の惨事の拡大につながったといえる。

11．おわりに

　今から10年前、戦後40年の1985年、私は『大阪大空襲──大阪が壊滅した日』を東方出版から刊行した。同書を著すに当たって、大阪大空襲の体験を語る会の会員を中心に100人以上の方から空襲体験談を語って頂き、その一端を掲載した。体験者が語った土地へ現地の地図を片手に出向き、炎に追われて逃げたという道を辿り、追体験と確認を重ねたのも懐かしい思い出である。旧中部軍関係者や旧大阪府警察局関係者からも話を聞いた。戦時中は極秘資料であった日本側の公式記録も大いに利用した。朝日新聞・毎日新聞も大いに利用した。私自身の豊富な空襲体験が生かされたのは、いうまでもない。しかし、たくさんのアメリカ側資料を利用できたのが、もっともありがたかった。

　拙著『大阪大空襲』に関係するアメリカ側資料としては、米国戦略爆撃調査団の報告書、「大阪における空襲防ぎょ、その関連事項に関する現地報告」（1959年に航空自衛隊幹部学校が翻訳）、「日本における防空および関連事項の最終報告」（1960年に航空自衛隊幹部学校が翻訳）、「大阪・神戸・京都に関する空襲の影響」、「住友金属工業プロペラ製造所」などと「戦術作戦任務報告」が重要な役割を果たした。

　膨大な未分類の資料のうち、「航空情報レポート」（Air Intelligence Report）や「要旨説明資料」（Briefing Material）も役立った。とくに、「1945年6月15日尼崎・大阪焼夷弾攻撃」についての「要旨説明資料」に付せられた「45年6月12日大阪・尼崎市街地への焼夷弾攻撃の各別戦闘計画」（Fragmentary Combat Plan for Osaka-Amagasaki Urban Area Incendiary Attack 12 June 45）という3ページの文書の末尾の注（Note）、たった4行の注が6月15日大阪大空襲の意味を理解する鍵となった。拙著「大阪大空襲」177ページから180ページまでの叙述は、こうして生まれた。大要を記すと次のようになる。

　この日の攻撃目標は大阪・尼崎市街地であったが、6月15日に実施されたことについては若干の経緯があった。「戦術作戦任務報告」のなかの「作戦行動日の選択」（Selection of D-Day）の記述、「要旨説明資料」、「各別戦闘計画」の注記を

── 259 ──

検討すると、もともと6月12日に大阪・尼崎を爆撃する計画であった。それが気象上の理由で延期になった（6月12日の大阪は雨が降ったり、止んだりの天候であった）。15日、八幡空襲の予定が天候悪化で中止となった。そこで延期されていた大阪・尼崎空襲を実行することになった。

このことから、6月15日大空襲にM50焼夷弾が多用された理由がわかった。また、本来5大都市地域なみに扱われる筈の八幡爆撃（中小都市空襲としては異例の白昼攻撃）が、8月8日という、ずいぶん遅い時期に実施された理由の一端も判明した。アメリカ側資料を検討することは、たいへん重要かつ必要なのである。

さらに、大阪府平和祈念戦争資料室が入手した資料のうち、1945年7月15日までの「作戦任務要約」(Mission Summary)、7月16日からの「作戦任務概要」(Mission Resume)が大いに役立った。「まえがき」でも記したとおり、これは作戦任務(Mission)ごとに作成されているから、「戦術作戦任務報告」と対応しており、便利である。至極簡潔な記述から、B29部隊の空襲の激烈さがいやという程感じられる。マリアナ基地のB29部隊による日本本土空襲の全体像を把握するためにも、個々の空襲の概略や位置付けを知るためにも、まことに貴重な資料である。この貴重な「作戦任務要約」「作戦任務概要」の全訳を出版することは、私の長年の夢であった。それが、このような形で、遂に実現した。本書が多くの人々に利用されることを望む次第である。

さいごに、資料閲覧に格別の便宜をはかって下さった大阪国際平和センターに厚く御礼申し上げる。

　　　　　1995年3月13日

　　　　　　　　　　　　　　　　　　　　　　　　　　　　小山　仁示

地名・施設名索引

［ア］

アイズリー飛行場（イスレイ飛行場）	18, 32, 155
愛知航空機熱田工場（愛知時計電機）	139
愛知航空機熱田発電機製作所	140
愛知航空機永徳工場	42, 165, 210
愛知航空機発動機会社	139
愛知航空機船方工場	140
愛知時計電機船方工場	140
青ヶ島	143
青森	218, 219
明石	139, 183
アガニア	59
アガニア飛行場	59
安芸	111
阿久根飛行場	68
アグリハン島	85
朝日陶器工場（名古屋）	45
芦屋	233
尼崎	146, 239
淡路島	104
淡路島由良	210
硫黄島	15, 16, 20, 23, 29, 30, 35, 55, 62, 101〜107, 109〜124, 127〜141, 143〜145, 148〜150, 152〜158, 160〜172, 174〜193, 195〜210, 212〜245
伊豆諸島	35
伊豆半島	18
出水飛行場	56, 62, 67, 68, 73, 74, 84, 88
伊勢崎	244
伊勢湾	111
一宮	191, 217〜219
厳島	48
指宿飛行場	110, 112
今治	234

今治飛行場	81
岩国陸軍燃料廠	119, 120
元山（ウォンサン）	195, 201, 240
宇佐飛行場	71, 78, 113, 116
宇治山田	218〜220
宇都宮	191
宇津部精油所	158
宇部	175
宇部製鉄所	233
宇部石炭液化会社	196
宇和島	193, 217〜219, 222
大分	70, 116, 197
大分海軍航空補給廠	107
大分飛行場	45, 46, 69, 70, 79, 97, 98, 104, 107, 112, 114, 121
大浦貯油所	120, 121
大垣	218, 219, 221
大阪	41, 42, 104, 111, 134, 136, 146, 160, 185, 201, 207, 210
大阪港	208
大阪市此花区	161
大阪城	134, 162
大阪陸軍造兵廠	161, 209, 210, 242
大阪湾	104
大畠瀬戸	52
大牟田	149, 216, 217
大村航空廠	45, 46
大村飛行場	48, 49, 66, 105
岡崎	204
岡山	169
沖縄	46, 63, 68, 103, 130, 132, 137, 195, 243
麻郷（おごう）	104
小郡（おごおり）	104
小浜	160, 190, 201, 214, 230, 235

— 261 —

［カ］

海草郡大崎村（現・下津町）	178
海軍煉炭製造所（徳山）	119
各務原	158
各務原飛行場	165
鹿児島	56, 57, 69, 70, 149
霞ヶ浦水上機基地	141, 144
神奈川	128
鹿屋東飛行場	56, 64, 66, 67, 70, 93, 96, 102
鹿屋飛行場	56, 65, 67, 71, 77, 82, 87, 90, 94, 96, 102, 109, 111, 114, 117
唐津	131, 137, 147, 148, 159, 223
川崎	54, 61, 62
川崎航空機明石工場	27, 138, 159, 162, 183
川崎航空機岐阜工場	158, 167
川崎石油コンビナート	213, 214, 229
川崎石油センター	193, 229
川西航空機会社鳴尾製作所	138
川西航空機工場（神戸）	124
川西航空機甲南製作所（深江工場）	124
川西航空機宝塚製作所	208, 209
川西航空機姫路製作所	156
関東地方	128
関門海峡	48, 129, 131
岐阜	189
九州	45, 46, 48, 118, 207
京都	210
銀座	30
グアム	39, 59, 147, 194
グアム北飛行場	120
グアム北西飛行場	168
串良飛行場	72, 75, 83, 87, 91, 95
熊谷	244
熊本	174
倉橋島	48
久留米	218
呉	48, 51, 52, 111, 174
呉海軍工廠	118〜120, 155

呉港	50〜52
呉軍港	50, 51
呉羽織物工場（名古屋）	45
桑名	198, 199, 203, 208〜210
群馬	81
京浜	18
小泉飛行機製作所	53
興亜石油麻里布（岩国）製油所	119, 120
高知	179
甲府	184, 185
神戸	32, 41, 43, 104, 111, 124, 135, 148, 168, 201
神戸市東灘区	233
郡山	58, 59, 218
郡山化学工業会社	59
国分	93
国分飛行場	56, 57, 63, 64, 66〜68, 72, 82, 83, 86, 89, 93, 97, 103, 117
コブラー飛行場	155

［サ］

佐伯飛行場	79, 99, 106, 121
佐伯湾	99
埼玉	18, 81
サイパン	22, 32, 109, 206
サイパン島	155, 189
佐賀	230
堺	187
境港	159, 225, 230, 240
酒田	172
佐世保	48, 170
佐世保湾	48
四国	46
静岡	18, 52, 77, 128, 153
静岡県賀茂郡	18
静岡航空機工場	52
静岡航空機発動機工場	58
静岡飛行機工場	78
清水	78, 183, 184, 214

地名・施設名索引

清水アルミニウム工場	214
下関	47, 176, 207, 245
下関海峡（関門海峡）	46〜48, 57, 59, 60,
104, 124, 126〜132, 137, 140, 145〜148, 153,	
154, 160, 172, 173, 176, 178, 186, 190, 194,	
200, 206, 217, 223〜225, 235, 240, 245	
湘南	18
昭和石油製油所	214
神通川	200
吹田	210
周防灘	47, 48
住友金属工業（大阪）	160, 161, 207, 208
住友金属名古屋軽合金製造所	166
瀬戸内海	104, 111, 130, 140
仙崎	154, 217
仙台	186
ソフガン（孀婦岩）	34, 35

［タ］

第3海軍燃料廠（徳山）	118, 119
第11海軍航空廠（広）	109
第2海軍燃料廠（四日市）	157, 158, 167,
168, 189	
高松	178, 179
大刀洗	46, 63
大刀洗機械工場	48, 49
大刀洗製作所	49
太刀洗飛行場	45, 46, 49, 63, 66, 73, 100,
107	
立川	54, 96, 144, 145
立川飛行機会社	54, 78
立川飛行機会社工場	128
立川陸軍航空工廠	95, 96, 128, 144
多摩	18
多摩川	61, 62
父島	62
千葉	128, 182
銚子	199, 203
清津	194, 200, 214, 225

知覧飛行場	109
津	164, 165, 167, 211, 212, 218, 219
津海軍工廠	211
土崎	243
敦賀	192, 201, 214, 230, 235
敦賀港	127
敦賀湾	145
帝国燃料興業宇部工場	196, 206, 233
テニアン	194
テニアン北飛行場	32
テニアン西飛行場	109
テニアン島	36
デュブロン島	13〜15, 17, 37
東亜燃料工業和歌山製油所	223, 239
東京	17〜20, 24, 25, 30, 38〜41, 50, 53,
54, 57, 60〜62, 111, 128, 130, 131, 144, 145,	
219	
東京湾	111
東京陸軍造兵廠	60, 237, 240
東北アルミニウム工場	58
徳島	181
徳山	111, 118, 119, 216, 230
徳山海軍燃料廠	118, 119
徳山石炭液化・煉炭工場	119
徳山石炭集積場	119
栃木	81
富高飛行場	76, 80, 98
富山	226, 228
豊川海軍工廠	234
豊橋	151
豊和重工業	212
トラック	13〜15, 28, 33, 37, 38
鳥島	35

［ナ］

直江津	195
中海	225, 230, 240
長岡	218, 227
中島飛行機太田製作所	34

中島飛行機大宮工場	141
中島飛行機荻窪工場	144, 240
中島飛行機小泉製作所(群馬県)	53
中島飛行機半田製作所	212
中島飛行機武蔵製作所(東京)	17, 18, 20,
24, 25, 30, 38, 40, 50, 54, 57, 142, 237	
名古屋　　21～23, 25, 26, 28～30, 36, 41～45,	
47, 55, 111, 125, 126, 139	
名古屋港	165
名古屋城	125
名古屋陸軍造兵廠熱田製造所	163
名古屋陸軍造兵廠千種製造所	45, 163
名古屋陸軍造兵廠鳥居松製造所	45
名古屋湾	130
羅津（ナジン）　190, 195, 206, 217, 218, 223～225,	
230, 235, 236	
夏島	13
七尾　　130, 131, 154, 176, 186, 200, 214,	
245	
新潟　　130, 146, 153, 154, 159, 168, 186,	
195, 201, 217	
新潟港	131, 146, 186
西能美島	48, 51
西宮	218, 232, 233
日本楽器会社(浜松)	96
日本車輌会社	163
日本人造石油尼崎工場	205, 238
日本石油秋田製油所(土崎)	243
日本石油関西製油所(尼崎)	205, 238
日本石油下松製油所	172, 195, 207
日本飛行機富岡工場	141
日本海	235
新田原飛行場（にゅうたばる）　65, 69, 74, 81, 122	
沼津	19, 196, 197
鼠ヶ関	201
野久妻	69
野久美田	69
延岡	171

［ハ］

パガン島	20, 27, 62
萩	168, 225
函館	218
柱島水道	48, 51, 52
八王子	225
初島	223, 239
浜田	225, 245
浜松　　18, 28, 34, 37, 95, 96, 128, 139, 150	
隼人町	69
春島	13
東岩瀬	200
光海軍工廠	241
彦島	47
日立	202
日立航空機会社千葉工場	143
日立航空機立川工場	77, 143
日立航空機立川発動機製造所	142
響灘	47
姫路	180
平塚	199
平戸島	48
広海軍エンジン・タービン工場	108
広海軍航空廠	108, 109
広海軍工廠	108, 109
広島	48, 51, 52, 111
広島湾	52
琵琶湖	210
深川（ふかわ）	217
福井	201
福岡　　131, 137, 147, 148, 152, 159, 194,	
217, 223, 224	
福山	238
釜山（プサン）　190, 195, 206, 214	
伏木　130, 131, 147, 148, 154, 176, 200, 214	
伏木港	131, 186
富士紡績名古屋工場	212
伏見	210
蓋井島（ふたおいじま）	104

地名・施設名索引

船川	178
興南（フンナム）	195, 201
部崎泊地（へさき）	128
豊年製油清水工場	184
防府	104
保土ヶ谷化学工業会社（郡山）	58

［マ］

舞鶴	153, 154, 160, 172, 178, 190, 201, 217, 230, 235
舞鶴港	126, 128, 129
前橋	231
馬山（マサン）	194, 206
松阪	32
松崎村	18
松山	81, 215
松山城	215
松山飛行場	81, 106, 115
マリアナ基地	19, 109
マリアナ諸島	13, 20, 27, 85
麻里布鉄道操車場（岩国駅）（まりふ）	242
丸善石油和歌山（下津）製油所	177, 178, 185
御影	232, 233
水島水道	47
三菱重工業各務原格納庫（整備工場）	157, 164, 165
三菱重工業静岡発動機製作所	53, 58
三菱重工業名古屋機器製作所	211, 212
三菱重工業名古屋航空機製作所	22, 26
三菱重工業名古屋発動機製作所	21〜23, 28, 30, 36, 44, 47, 55
三菱重工業発動機製作所	125
三菱重工業水島航空機製作所	155, 156
三菱石油川崎製油所	194, 213, 214, 229
三菱電機会社	45, 125

水戸	227, 228
箕島町（現・有田市）	178
都城	84, 123
都城飛行場	84, 86, 90, 92, 101, 114, 123
宮崎	64, 83, 84, 122
宮崎飛行場	64, 69, 76, 82〜85, 88, 91, 100, 116, 122
宮津	153, 154, 190, 201, 230, 235, 245
宮津港	126
モエン島	13, 28, 33
門司	125, 132, 170

［ヤ］

屋代島	48, 51
矢作製鉄（やはぎ）	166
八幡（福岡県）（やはた）	125, 236
八幡海岸	224
山口県	104
山梨	128
八幡（京都府）（やわた）	210
油谷湾（ゆや）	154
横浜	19, 133, 144
麗水（ヨス）	194
四日市	151, 158, 167, 168, 189
米子	225, 230, 240
迎日湾（ヨンイル）	230

［ラ］

ロタ島	189

［ワ］

若松半島	47
和歌山	188
和歌山県下津	185

小山　仁示（こやま　ひとし）

1931年1月、和歌山県に生まれる。
大阪大学文学部卒業、関西大学大学院修士課程修了。
大阪府立高校教諭を経て、関西大学文学部教授。日本近代史専攻。
2001年、関西大学退職、関西大学名誉教授。
2012年5月、逝去。
著書に『日本社会運動思想史論』（ミネルヴァ書房）、『改訂 大阪大空襲
【新装版】』『西淀川公害』（東方出版）、『 空襲と動員―戦争が終わって
60年 』（解放出版社）など多数。

米軍資料
日本空襲の全容 マリアナ基地 B29 部隊【新装版】

1995 年 4 月 25 日　　初版第 1 刷発行
2018 年 9 月 1 日　　新装版第 1 刷発行

訳　者　小　山　仁　示
発行者　稲　川　博　久
発行所　東　方　出　版（株）
　　　　〒543-0062 大阪市天王寺区逢阪 2-3-2
　　　　TEL06-6779-9571　FAX06-6779-9573
装　幀　森　本　良　成
印刷所　亜　細　亜　印　刷（株）

落丁・乱丁本はおとりかえいたします。　　　ISBN978-4-86249-341-5 C1031

改訂 大阪大空襲 大阪が壊滅した日【新装版】 小山仁示 二、八〇〇円

語りつぐ戦争 一〇〇〇通の手紙から 朝日放送編 一、八〇〇円

矢車草ひとみに揺れて 空襲を語り継ぐ 金野紀世子 一、二〇〇円

和歌山県の空襲 非都市への爆撃 中村隆一郎 一、九四二円

続・和歌山県の空襲 聞き書き拾遺 中村隆一郎 二、〇〇〇円

重爆特攻さくら弾機 大刀洗飛行場の放火事件 林えいだい 二、八〇〇円

看護婦たちの南方戦線 落日の帝国を背負って 大谷 渡 二、八〇〇円

台湾の戦後日本 敗戦を越えて生きた人びと 大谷 渡 二、七〇〇円

韓国併合100年の現在 前田憲二・和田春樹・高秀美 一、六〇〇円

定点観測・釜ヶ崎【増補版】 中島敏編 七、〇〇〇円

＊表示の価格は消費税抜きの本体価格です＊

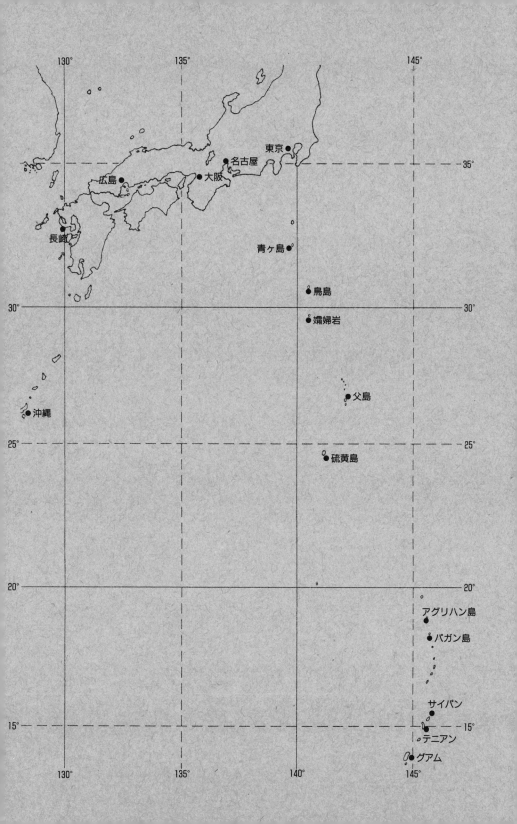